北京大学信息技术系列教材

Java 程序设计

（第3版）

唐大仕　编著

清华大学出版社
北京交通大学出版社
·北京·

内 容 简 介

本书详细介绍了 Java 程序设计的基本环境、概念、方法和应用。内容分为三个部分：第一部分介绍了 Java 语言基础，包括数据、控制结构、数组、类、包、对象、接口等；第二部分介绍了 Java 深入知识，包括参数传递、虚方法调用、异常处理、Lambda 表达式、流式处理；第三部分是 Java 的应用，包括工具类与算法、线程、文件、Swing 图形用户界面，以及 Java 在网络、多媒体、数据库等方面的应用。本书对 Java 8、Java 11、Java 17 中的新内容也进行了介绍。

本书内容详尽，循序渐进，在介绍编程技术的同时，还着重讲解了有关面向对象程序设计的基本概念和方法。书中提供了丰富的典型实例，具有可操作性，便于读者的学习与推广应用。各章附有习题，便于读者思考和复习。

本书的内容和组织方式立足于高校教学教材的要求，同时可作为计算机技术的培训教材。本书也适用于作者在中国大学 MOOC 上开设的慕课 "Java 程序设计"（国家精品在线开放课程）。

本书封面贴有清华大学出版社防伪标签，无标签者不得销售。
版权所有，侵权必究。侵权举报电话：010-62782989　13501256678　13801310933

图书在版编目(CIP)数据

Java 程序设计/唐大仕编著．—3 版．—北京：北京交通大学出版社：清华大学出版社，2021.9(2024.7 重印)

ISBN 978-7-5121-4526-9

Ⅰ．①J… Ⅱ．①唐… Ⅲ．①JAVA 语言-程序设计 Ⅳ．①TP312.8

中国版本图书馆 CIP 数据核字（2021）第 145838 号

Java 程序设计
Java CHENGXU SHEJI

责任编辑：谭文芳

出版发行：	清 华 大 学 出 版 社	邮编：100084	电话：010-62776969	http://www.tup.com.cn
	北京交通大学出版社	邮编：100044	电话：010-51686414	http://www.bjtup.com.cn

印 刷 者：北京时代华都印刷有限公司
经　　销：全国新华书店
开　　本：185 mm×260 mm　印张：20.75　字数：664 千字
版 印 次：2003 年 4 月第 1 版　2021 年 9 月第 3 版　2024 年 7 月第 4 次印刷
印　　数：8 001～9 000 册　定价：56.00 元

本书如有质量问题，请向北京交通大学出版社质监组反映。对您的意见和批评，我们表示欢迎和感谢。
投诉电话：010-51686043，51686008；传真：010-62225406；E-mail：press@bjtu.edu.cn。

前　　言

在程序设计的教学中，选择一种适合的语言是十分重要的。比较多种程序设计语言，笔者认为 Java 具有如下突出的优点。

其一，Java 是面向对象的语言，与现代面向对象的设计与分析的软件工程相一致，也是当前的主流程序设计语言之一。

其二，简单易学。其中的数据类型、数据运算、程序控制结构等基本概念对于任何语言都是一致的；而其语法比 C++ 等语言更简单，更容易掌握。

其三，Java 语言本身就支持一些高级特性，如自动垃圾回收、异常处理、多线程、并行计算等，这些特性使 Java 成为极优秀的语言之一。

此外，Java 具有广泛的用途。Java 具有跨平台的特点，在各种平台上都有应用，它还可以有效地进行数据库、多媒体及网络的程序设计。不仅如此，Java 还可以编写桌面应用、手机应用及网络应用。

综上所述，Java 是特别适合于程序设计学习的基础语言。

对于学习者而言，选择一本好的教材至关重要。笔者基于多年程序设计语言的教学经验，结合个人的软件开发实践，力图使本书突出以下特色。

（1）对 Java 语言的基础知识，包括数据类型、流程控制、类的封装与继承、多态、虚方法调用、传值调用等进行系统讲解，让学习者知其然，并知其所以然。

（2）对 Java 类库中的基本类，包括 Math、字符串、集合，进行详细讲解，以利于学习者打下牢固的基础。

（3）对 Java 中的基本应用，包括 I/O、文本界面、图形界面等，精选大量典型而实用的例子，力图使学习者触类旁通、举一反三。

（4）对一些高级应用，如数据库编程、网络编程、多媒体编程、多线程、并行计算等内容，介绍了其概念、原理，以利于学习者能了解 Java 的实际应用及最新发展。

（5）在讲解语言的同时，介绍它所采用的面向对象技术的基础理论、主要原则和思维方法，以及在编程中写好代码的一些技巧与经验。

（6）在讲解、举例时充分考虑到各个层次的需要，力求语言简洁，内容循序渐进。同时，考虑到部分读者的需要，本书提供了较多的习题。

本书在内容安排上，大致可以分为三部分：第一部分介绍了 Java 语言基础，包括数据、控制结构、数组、类、包、对象、接口等；第二部分介绍了 Java 深入知识，包括参数传递、虚方法调用、异常处理、工具类与算法；第三部分是 Java 的应用，包括线程、并行编程、流式文件、图形用户界面，以及 Java 在网络、多媒体、数据库等方面的应用。

本书历经了第 1 版、第 1 版修订本、第 2 版和本次的第 3 版，书中融合了多年的教学经验，同时也针对广大读者的反馈进行了改进。另外，本书对 Java 语言的新特性进行了介绍，如 Java 5 中的泛型、增强的 for 语句、装箱等，Java 7 中增加的 switch 与字符串、自动尝试关闭资源、新字面常量、多重异常捕获，Java 8 中增加的 Lambda 表达式、流式处理、函数式接口等,同时也将 Java 9 以上版本增加的语法特性融入到各章的示例中。

本书第 3 版在保持第 2 版整体框架的同时,在一些细节上进行了较多的修改。

(1) 增加了一些新的知识:实用的线程工具类、NIO、异步、HttpClient、Record 类型等。

(2) 对涉及图形用户界面的程序,统一改成 Swing 实现,而不再使用较老的 AWT 组件、Applet 等技术,也不再使用独立于 Java SE 的 Java FX 界面。

(3) 在文字叙述上,使用更通行的名词术语,例题的讲解更详细,书中的代码重新进行了整理,使用更有意义的命名和更通行的代码风格。

(4) 对新的工具(如 IDEA、Eclipse、NetBeans 等)进行了介绍,对实践中用得较多的技术(如 JUnit、正则表达式、数据库等)也进行了更详细的介绍。

相信第 3 版在全面性、先进性、实用性方面比前几个版本做得更好一些。

本书的内容和组织方式适合作为高等学校各专业"计算机程序设计"课程的教材,或者作为计算机技术的培训教材,也可以作为 Java 认证考试(OCP/JP,即原来的 SCJP)用书。

作者在中国大学 MOOC 平台上开设的慕课"Java 程序设计"是国家精品在线开放课程,本书也可以作为慕课教材。慕课的网址是:https://www.icourse163.org/course/PKU-1001941004,可以扫描下面的二维码参加课程。

读者可以从作者的个人网站(http://www.dstang.com)下载与本书配套的源程序。如果需要电子教案也可直接与作者联系(dstang2000@263.net)。

书中存在的缺点和不足,恳请读者批评指正。

唐大仕

2021 年 7 月于北京大学

目　　录

第 1 章　Java 语言与面向对象的程序设计 … 1
1.1　Java 语言简介 … 1
1.1.1　Java 语言的发展 … 1
1.1.2　Java 三大平台 … 2
1.1.3　Java 语言的特点 … 3
1.1.4　Java 和 C、C++比较 … 4
1.2　面向对象程序设计 … 6
1.2.1　面向对象概述 … 6
1.2.2　对象、类与实体 … 6
1.2.3　对象的状态与行为 … 7
1.2.4　对象的关系 … 7
1.2.5　面向对象的软件开发过程 … 8
习题 … 9

第 2 章　简单的 Java 程序 … 10
2.1　简单程序的书写 … 10
2.1.1　HelloWorld 程序 … 10
2.1.2　Java 程序的基本构成 … 10
2.2　程序的编辑、编译与运行 … 12
2.2.1　Java 开发工具包 JDK … 12
2.2.2　程序的编译与运行 … 13
2.2.3　使用 jar 打包程序 … 16
2.3　Java 程序中的基本输入与输出 … 17
2.3.1　字符界面的输入与输出 … 17
2.3.2　图形界面的输入与输出 … 18
2.4　Java 集成开发环境 … 20
2.4.1　文本编辑工具 … 20
2.4.2　集成开发工具 … 22
2.4.3　建构工具及代码混淆 … 24
习题 … 25

第 3 章　数据运算、流程控制和数组 … 26
3.1　数据类型、变量与常量 … 26
3.1.1　数据类型 … 26
3.1.2　标识符 … 27
3.1.3　常量 … 27

3.1.4 变量 ··· 29
3.1.5 程序的注释 ·· 29
3.2 运算符与表达式 ··· 30
3.2.1 算术运算符 ·· 31
3.2.2 关系运算符 ·· 33
3.2.3 逻辑运算符 ·· 33
3.2.4 位运算符 ··· 34
3.2.5 赋值与强制类型转换 ·· 38
3.2.6 条件运算符 ·· 39
3.2.7 表达式及运算的优先级、结合性 ··· 39
3.3 流程控制语句 ·· 40
3.3.1 结构化程序设计的三种基本流程 ··· 40
3.3.2 简单语句 ··· 41
3.3.3 分支语句 ··· 41
3.3.4 循环语句 ··· 46
3.3.5 跳转语句 ··· 50
3.4 数组 ··· 51
3.4.1 一维数组 ··· 51
3.4.2 多维数组 ··· 54
3.4.3 数组与增强的 for 语句 ··· 56
3.4.4 数组的复制 ·· 56
习题 ··· 57

第 4 章 类、包和接口 ·· 58
4.1 类、字段、方法 ··· 58
4.1.1 定义类中的字段和方法 ··· 58
4.1.2 构造方法与对象的创建 ··· 59
4.1.3 使用对象 ··· 61
4.1.4 方法的重载 ·· 61
4.1.5 this 的使用 ·· 62
4.2 类的继承 ·· 63
4.2.1 派生子类 ··· 63
4.2.2 字段的继承、隐藏与添加 ·· 64
4.2.3 方法的继承、覆盖与添加 ·· 64
4.2.4 super 的使用 ·· 65
4.2.5 父类对象与子类对象的转换 ··· 66
4.3 包 ··· 68
4.3.1 package 语句 ··· 68
4.3.2 import 语句 ··· 69
4.3.3 编译和运行包中的类 ·· 70

4.3.4 CLASSPATH 变量 ………………………………………………………………… 71
4.3.5 模块 ……………………………………………………………………………… 71
4.4 访问控制符 …………………………………………………………………………… 71
4.4.1 成员的访问控制符 ……………………………………………………………… 72
4.4.2 类的访问控制符 ………………………………………………………………… 75
4.4.3 setter 与 getter ………………………………………………………………… 75
4.4.4 构造方法的隐藏 ………………………………………………………………… 76
4.5 非访问控制符 ………………………………………………………………………… 76
4.5.1 static …………………………………………………………………………… 76
4.5.2 final ……………………………………………………………………………… 79
4.5.3 abstract ………………………………………………………………………… 80
4.5.4 其他修饰符 ……………………………………………………………………… 82
4.5.5 一个应用模式——单例模式 …………………………………………………… 83
4.6 接口 …………………………………………………………………………………… 83
4.6.1 接口的概念 ……………………………………………………………………… 83
4.6.2 定义接口 ………………………………………………………………………… 84
4.6.3 实现接口 ………………………………………………………………………… 85
4.6.4 对接口的引用 …………………………………………………………………… 87
4.6.5 Java 8 对接口的扩展 …………………………………………………………… 87
4.7 枚举 …………………………………………………………………………………… 88
4.7.1 枚举的基本用法 ………………………………………………………………… 88
4.7.2 枚举的深入用法 ………………………………………………………………… 88
习题 ………………………………………………………………………………………… 89

第 5 章 深入理解 Java 语言 …………………………………………………………… 91

5.1 变量及其传递 ………………………………………………………………………… 91
5.1.1 基本类型变量与引用型变量 …………………………………………………… 91
5.1.2 字段变量与局部变量 …………………………………………………………… 92
5.1.3 变量的传递 ……………………………………………………………………… 92
5.1.4 变量的返回 ……………………………………………………………………… 93
5.1.5 不定长参数变量 ………………………………………………………………… 94
5.2 多态与虚方法调用 …………………………………………………………………… 94
5.2.1 上溯造型 ………………………………………………………………………… 95
5.2.2 虚方法调用 ……………………………………………………………………… 95
5.2.3 动态类型确定 …………………………………………………………………… 97
5.3 对象构造与初始化 …………………………………………………………………… 98
5.3.1 调用本类或父类的构造方法 …………………………………………………… 98
5.3.2 构造方法的执行过程 …………………………………………………………… 100
5.3.3 构造方法内部调用的方法的多态性 …………………………………………… 101
5.3.4 实例初始化与静态初始化 ……………………………………………………… 103

5.4 对象清除与垃圾回收 …… 103
　5.4.1 对象的自动清除 …… 103
　5.4.2 System.gc()方法 …… 104
　5.4.3 finalize()方法 …… 104
5.5 内部类与匿名类 …… 106
　5.5.1 内部类 …… 106
　5.5.2 方法中的局部类及匿名类 …… 109
　5.5.3 匿名类 …… 110
5.6 Lambda 表达式与函数式接口 …… 111
　5.6.1 Lambda 表达式的书写与使用 …… 111
　5.6.2 函数式接口 …… 112
　5.6.3 高阶函数 …… 113
5.7 注解与反射 …… 115
　5.7.1 注解的定义与使用 …… 115
　5.7.2 反射 …… 116
习题 …… 121

第6章 异常处理 …… 122

6.1 异常处理 …… 122
　6.1.1 异常的概念 …… 122
　6.1.2 捕获和处理异常 …… 124
　6.1.3 应用举例 …… 127
6.2 创建用户自定义异常类 …… 129
　6.2.1 自定义异常类 …… 129
　6.2.2 重抛异常及异常链接 …… 130
6.3 异常与资源管理 …… 131
　6.3.1 使用 finally …… 131
　6.3.2 使用 try with resource …… 132
6.4 断言及程序的测试 …… 133
　6.4.1 使用 assert …… 133
　6.4.2 程序的测试及 JUnit …… 133
习题 …… 134

第7章 工具类及常用算法 …… 135

7.1 Java 语言基础类 …… 135
　7.1.1 Java API …… 135
　7.1.2 Object 类 …… 137
　7.1.3 基本数据类型的包装类 …… 140
　7.1.4 Math 类 …… 140
　7.1.5 System 类 …… 141
7.2 字符串和日期 …… 142

7.2.1	String 类	142
7.2.2	StringBuilder 类	146
7.2.3	StringTokenizer 类	147
7.2.4	日期相关类	147

7.3 集合类 149

7.3.1	Collection API	149
7.3.2	Set 接口及 HashSet、TreeSet 类	151
7.3.3	List 接口及 ArrayList，LinkedList 类	151
7.3.4	栈与队列	153
7.3.5	Map 接口及 HashMap，TreeMap 类	155

7.4 泛型及集合遍历 157

7.4.1	泛型	157
7.4.2	装箱与拆箱	160
7.4.3	Iterator 及 Enumeration	160
7.4.4	集合与增强的 for 语句	162

7.5 排序与查找 163

7.5.1	使用 Arrays 类	163
7.5.2	使用 Collections 类	164
7.5.3	编写排序程序	165

7.6 遍试、迭代、递归及回溯 168

7.6.1	遍试	168
7.6.2	迭代	170
7.6.3	递归	172
7.6.4	回溯	176

习题 177

第 8 章 线程 179

8.1 线程的创建与运行 179

8.1.1	Java 中的线程	179
8.1.2	创建线程对象	180
8.1.3	多线程	183
8.1.4	使用 Timer 类	185
8.1.5	应用举例	185

8.2 线程的控制与同步 188

8.2.1	线程的状态与生命周期	188
8.2.2	对线程的基本控制	189
8.2.3	synchronized 关键字	194
8.2.4	线程间的同步控制	196

8.3 线程的实用工具类 201

8.3.1	线程安全的集合	201

8.3.2 原子变量 ……………………………………………………………… 203
8.3.3 读写锁 …………………………………………………………………… 204
8.3.4 Executor 与 Future ……………………………………………………… 205
8.3.5 使用 CountDownLatch ………………………………………………… 207
8.4 流式操作及并行流 ……………………………………………………………… 208
8.4.1 使用流的基本方法 ……………………………………………………… 208
8.4.2 流及操作的种类 ………………………………………………………… 210
习题 ………………………………………………………………………………… 212

第 9 章 流、文件及基于文本的应用 ……………………………………………… 213
9.1 流式输入与输出 ………………………………………………………………… 213
9.1.1 字节流与字符流 ………………………………………………………… 213
9.1.2 节点流和处理流 ………………………………………………………… 215
9.1.3 标准输入和标准输出 …………………………………………………… 217
9.1.4 文本文件及二进制文件应用示例 ……………………………………… 219
9.1.5 对象序列化 ……………………………………………………………… 221
9.2 文件及目录 ……………………………………………………………………… 223
9.2.1 文件与目录管理 ………………………………………………………… 223
9.2.2 使用 NIO2 文件系统 API ……………………………………………… 225
9.2.3 文件输入与输出流 ……………………………………………………… 227
9.2.4 RandomAccessFile 类 …………………………………………………… 229
9.3 基于文本的应用 ………………………………………………………………… 230
9.3.1 Java Application 命令行参数 …………………………………………… 230
9.3.2 环境参数 ………………………………………………………………… 231
9.3.3 处理 Deprecated 的 API ………………………………………………… 232
9.4 正则表达式 ……………………………………………………………………… 233
9.4.1 正则表达式的基本元素 ………………………………………………… 233
9.4.2 Pattern 及 Matcher ……………………………………………………… 235
9.5 XML 处理 ………………………………………………………………………… 237
9.5.1 XML 的基本概念 ………………………………………………………… 237
9.5.2 XML 编程 ………………………………………………………………… 239
习题 ………………………………………………………………………………… 243

第 10 章 图形用户界面 ……………………………………………………………… 244
10.1 界面组件 ………………………………………………………………………… 244
10.1.1 图形用户界面概述 ……………………………………………………… 244
10.1.2 界面组件分类 …………………………………………………………… 246
10.1.3 Component 的方法 ……………………………………………………… 248
10.2 布局管理 ………………………………………………………………………… 249
10.2.1 FlowLayout ……………………………………………………………… 249
10.2.2 BorderLayout …………………………………………………………… 250

- 10.2.3 GridLayout ... 251
- 10.2.4 通过嵌套来设定复杂的布局 ... 252
- 10.2.5 其他布局管理 ... 253
- 10.3 事件处理 ... 254
  - 10.3.1 事件及事件监听器 ... 254
  - 10.3.2 事件监听器的注册 ... 256
  - 10.3.3 事件适配器 ... 260
  - 10.3.4 内部类及匿名类在事件处理中的应用 ... 260
- 10.4 常用组件的使用 ... 263
  - 10.4.1 标签、按钮与动作事件 ... 263
  - 10.4.2 文本框、文本区域与文本事件 ... 264
  - 10.4.3 单选按钮、复选按钮，列表与选择事件 ... 266
  - 10.4.4 调整事件与滚动条 ... 269
  - 10.4.5 鼠标、键盘事件 ... 270
  - 10.4.6 JFrame 与窗口事件 ... 272
  - 10.4.7 JPanel 与容器事件 ... 273
  - 10.4.8 组件事件、焦点事件与对话框 ... 274
- 10.5 绘图、图像和动画 ... 274
  - 10.5.1 绘制图形 ... 275
  - 10.5.2 显示文字 ... 278
  - 10.5.3 显示图像及实现动画 ... 279
- 10.6 基于 GUI 的应用程序 ... 281
  - 10.6.1 使用可视化设计工具 ... 281
  - 10.6.2 菜单的定义与使用 ... 281
  - 10.6.3 菜单、工具条及对话框的应用 ... 284
- 习题 ... 289

第 11 章 网络、多媒体和数据库编程 ... 291

- 11.1 Java 网络编程 ... 291
  - 11.1.1 使用 URL ... 291
  - 11.1.2 用 Java 实现底层网络通信 ... 293
  - 11.1.3 实现多线程服务器程序 ... 295
  - 11.1.4 与 E-mail 服务器通信 ... 300
  - 11.1.5 使用 HttpClient ... 302
- 11.2 多媒体编程 ... 303
  - 11.2.1 Java 图像编程 ... 303
  - 11.2.2 Java 播放声音 ... 304
  - 11.2.3 Java Media API 简介 ... 305
- 11.3 Java 数据库编程 ... 305
  - 11.3.1 Java 访问数据库的基本步骤 ... 306

11.3.2 使用 JTable 显示数据表 ·· 308
11.4 Java EE 及 Java ME 简介 ··· 311
　11.4.1 Java EE 简介 ·· 311
　11.4.2 Java ME 简介 ··· 313
习题 ··· 315
附录 A　Java 语言各版本增加的重要特性 ····································· 316
参考文献 ·· 317

第 1 章　Java 语言与面向对象的程序设计

　　Java 语言是当今流行的编程语言，它的面向对象、跨平台、分布应用等特点给编程人员带来了一种崭新的计算概念，使 WWW 从最初的单纯提供静态信息发展到现在的提供各种各样的动态服务，产生了巨大的变化。Java 不仅能够编写小应用程序，而且还能够应用于大中型应用程序，其强大的网络功能能够把整个 Internet 作为一个统一的运行平台，极大地拓展了传统单机或服务应用程序的外延和内涵。自 1995 年正式问世以来，Java 已经逐步从一种单纯的计算机高级编程语言发展为一种重要的 Internet 平台，并进而引发、带动了 Java 产业的发展壮大，成为当今计算机业界重要的力量。

1.1　Java 语言简介

1.1.1　Java 语言的发展

　　1991 年，SUN MicroSystem 公司的 James Gosling、Bill Joe 等人，为在电视机、控制烤面包箱等家用消费类电子产品上进行交互式操作而开发了一个名为 Oak（一种橡树的名字）的软件，但当时并没有引起人们的注意，直到 1995 年，Internet 的迅猛发展，WWW 的快速增长，促进了 Java 语言研制的进展，使得它逐渐成为 Internet 上受欢迎的开发与编程语言，一些著名的计算机公司纷纷购买了 Java 语言的使用权，如 Microsoft、IBM、Netscape、Novell、Apple、DEC、SGI 等。因此，Java 的诞生对整个计算机产业产生了深远的影响，可以说，Java 为 Internet 和 WWW 开辟了一个崭新的时代。

　　Java 对传统的计算模型提出了新的挑战。业界不少人预言：“Java 语言的出现，将会引起一场软件革命。”这是因为传统的软件往往都是与具体的实现环境有关，而 Java 语言能在执行码（二进制码）上兼容，这样，以前所开发的软件就能运行在不同的机器上，只要所用的机器能提供 Java 语言解释器即可。

　　Java 语言将对软件的开发产生影响，可反映在如下几个方面。

　　(1) 软件的需求分析。可将用户的需求进行动态的、可视化描述，以满足设计者更加直观的要求。Java 语言不受地区、行业、部门、爱好的限制，都可以将用户的需求描述清楚。

　　(2) 软件的开发方法。由于 Java 语言的面向对象的特性，所以完全可以用面向对象的技术与方法来进行开发，符合最新的软件开发规范的要求。

　　(3) Java 语言的动态效果。就界面而言，GUI 技术达到动画效果；就数据而言，Java 能根据数据动态地提供信息。

　　(4) 软件最终产品。用 Java 语言开发的软件可以具有可视化、可听化、可操作化的效果，其多媒体应用也十分广泛。

　　(5) 其他。使用 Java 语言进行开发对开发效益、开发价值都有比较明显的影响。

正如 Java 的创始人之一 James Gosling 所说，Java 不仅仅是一种程序设计语言，更是现代化软件再实现的基础；Java 将构成各种应用软件的开发平台与实现环境；是人们必不可少的开发工具。

因此，Java 语言有着广泛的应用前景，包括面向对象的应用开发，计算过程的可视化、可操作化的软件的开发，动态画面的设计，图形图像的调用，交互操作的设计，Internet 的系统管理功能，直接面向企业内部用户的软件，与各类数据库连接查询，等等。事实上，Java 语言已经是各类应用开发的主流语言之一。

Java 语言从 1995 年诞生以来，经历了多次版本，其中比较重要的版本是：

- JDK1.1.4，1997 年 9 月发布；
- J2SE1.2，1998 年 12 月发布（从这时起，Java 平台又叫 Java2 平台）；
- J2SE1.3，2000 年 5 月发布；
- J2SE1.4，2002 年 2 月发布（这是应用很广泛的版本）；
- Java SE 5.0，2004 年 9 月发布（从这时起，Java 版本从 1.5 改称为 5.0）；
- Java SE 6.0，2006 年 12 月发布（这是现行的 Java 程序都需要的最基本版本）；
- Java SE 7.0，2011 年 7 月发布（2010 年，Oracle 宣布并购 Sun）；
- Java SE 8.0，2014 年 3 月发布（这是 Java 语言进步比较大的版本）。
- Java SE 9.0，2017 年 9 月发布。

从 Java SE 9.0 开始，Java 每 6 个月发布一个大的版本，一些版本（如 Java 9、Java 10）不受长期支持，而 Java 11 及 Java 17 是长期支持的版本。Java 11 于 2018 年发布，而 Java 17 于 2021 年发布。

本书中主要以各版本共同的语法为主，也兼顾最新的 Java 版本中新增的语法。关于 Java 语言的规范可以参考 https://docs.oracle.com/javase/specs/。

主导 Java 语言特性及版本发展的主要组织是 JCP（Java Community Process），这是一个开放组织，其官方网址是 https://jcp.org。任何提议加入 Java 的功能及特性，首先以 JSR（Java Specification Requsts）正式文件的方式提交给 JCP，由 JCP 的执行委员会投票成为 Java 标准的一部分。例如 Java 8 的规范则包括了 JSR335 及 JSR310，Java 15 的规范是在 JSR390 中体现的。

1.1.2　Java 三大平台

在 Java 发展过程中，由于 Java 语言的应用越来越广，根据不同级别的应用开发区分了不同的应用版本，Java SE（Java standard edition，Java 标准版），Java EE（Java enterprise edition，Java 企业版）及 Java ME（Java micro edition，Java 微型版），由于历史的原因，它们也被称为 J2SE、J2EE 及 J2ME。

Java SE 是各种应用平台的基础，编写桌面应用很方便；Java EE 是在 Java SE 基础上增加一系列服务，适合于编写 Web 应用；Java ME 是三种平台中最小的一个，是小型数字设备（包括手机、PDA 等）开发和运行的平台。本书主要介绍 Java SE。

Java SE 主要包括 JVM、Java SE API、JRE、JDK 等部分，如图 1-1 所示。

其中 JVM，即 Java 虚拟机（Java virtual machine），是运行 Java 字节码程序（.class 文件）的"操作系统"，它在实际的操作系统（Windows、Linux 等）上实际装入、即时编译、

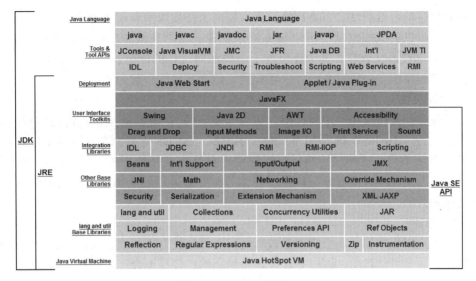

图 1-1　Java SE 的组成

并运行字节码程序的系统，就像一个虚拟的机器。

Java SE API 是由一系列的类库（库函数）组成的，它为编写程序提供了基础的 API，使得程序员不必从最底层写代码。

JRE 即 Java 运行环境（Java runtime environment），包括了 JVM 及 Java SE API，如果要运行 Java 程序，就需要在操作系统中下载并安装 JRE。访问 https://www.java.com 可以进行 JRE 的下载。

JDK 即 Java 开发工具包（Java development kit），是用来开发 Java 程序的。它包括 JRE，同时还包括编译器等开发工具，可以将 Java 的源程序编译成 Java 目标程序（字节码）。为了开发 Java 程序，需要下载 JDK，可以访问 https://www.oracle.com/java）。关于 JDK 的使用，第 2 章会详细讲到。

1.1.3　Java 语言的特点

简单地说，Java 是定位于网络计算的计算机语言，它的几乎所有的特点也是围绕着这一中心展开并为之服务的，这些特点使得 Java 语言特别适合用来开发网络上的应用程序。另外，作为一种问世较晚的语言，Java 也集中体现和充分利用了若干当代软件技术新成果，如面向对象、多线程等，这些也都在它的特点中有所反映。Java 的主要特点如下。

1. 简单易学

衍生自 C++的 Java 语言，出于安全稳定性的考虑，去除了 C++中不容易理解和掌握的部分，如最典型的指针操作等，降低了学习的难度；同时，Java 还有一个特点就是它的基本语法部分与 C 语言几乎一模一样。这样，无论是掌握了 Java 再学 C 语言，还是已经掌握了 C 语言再学 Java，都会感到易于入门。

2. 面向对象

Java 是面向对象的编程语言。面向对象技术的核心是以更接近于人类思维的方式建立计算机逻辑模型，它利用类和对象的机制将数据与其上的操作封装在一起，并通过统一的接口与外界交互，使反映现实世界实体的各个类在程序中能够独立、自治、继承。这种方法非常有利于提高程序的可维护性和可重用性，大大提高了开发效率和程序的可管理性，使得面向过程语言难以操纵的大规模软件可以很方便地创建、使用和维护。C++也是面向对象的语言，但是为了与C语言兼容，其中还包含了一些面向过程的成分；而Java去除了C++中复杂的成分，其程序编写过程就是设计、实现类，定义其属性、行为的过程。

3. 平台无关性

Java源程序会编译成一种中间代码，称为"字节码"，由Java虚拟机进行装载并转为计算指令进行执行。不同的系统（如Windows、Linux、macOS等）只要装上Java虚拟机就可以执行Java的字节码。这种独特的运行机制使得它具有良好的二进制级的可移植性，利用Java语言，开发人员可以编写出与具体平台无关、普遍适用的应用程序，大大降低了开发、维护和管理的开销。

4. 安全稳定

对网络上应用程序的另一个需求是较高的安全可靠性。用户通过网络获取并在本地运行的应用程序必须是可信赖的，同时它还应该是稳定的，轻易不会产生死机等错误，使得用户乐于使用。Java特有的机制是其安全性的保障，同时它去除了C++中易造成错误的指针，增加了自动内存管理等措施，保证了Java程序运行的可靠性。

5. 支持多线程

多线程是当今软件技术的又一重要成果，已成功应用在操作系统、应用开发等多个领域。多线程技术允许同一个程序有多个执行线索，即同时做多件事情，满足了一些复杂软件的需求。Java不但内置多线程功能，而且提供语言级的多线程支持，即定义了一些用于建立、管理多线程的类和方法，使得开发具有多线程功能的程序变得简单、容易和有效。

6. 很好地支持网络编程

Java是面向网络的语言。通过它提供的类库可以处理网络通信协议，用户可以通过网络地址很方便地访问网络上的资源。Java EE更是提供了开发网络应用程序的强大框架。

7. Java丰富的类库

Java提供了大量的类库以满足网络化、多线程、面向对象系统的需要。

（1）语言包提供的支持包括字符串处理、多线程处理、例外处理、数学函数处理等，可以用它方便地实现Java程序。

（2）实用工具包提供的支持包括列表、哈希表、堆栈、集合、时间和日期等。

（3）输入输出包用统一的"流"模型来实现所有格式的I/O，包括文件系统、网络及输入/输出设备等。

（4）图形用户界面包实现了不同平台的计算机的图形用户接口部件，包括窗口、菜单、滚动条和对话框等，使得Java可以移植到不同平台的机器。

（5）网络包支持Internet的TCP/IP协议，提供了与Internet的接口。它支持URL连接，WWW的即时访问，并且简化了客户-服务器模型的程序设计。

Java的上述种种特性不但能适应网络应用开发的需求，而且还体现了当今软件开发方法的若干新成果和新趋势。在以后的章节里，将结合对Java语言的讲解，分别介绍这些应用的开发方法。

1.1.4 Java和C、C++比较

对于变量声明、参数传递、操作符、流控制等，Java使用了和C、C++相同的传统，使

得熟悉 C、C++的程序员能很方便地进行编程。同时，Java 为了实现其简单、健壮、安全等特性，也摒弃了 C 和 C++中许多不合理的内容。下面选择性地讲述几点，对于学过 C 语言或 C++语言的读者而言，起一个快速参考的作用。对于未学过 C 语言的读者，可以略过此节。

1. 全局变量

Java 程序中，不能在所有类之外定义全局变量，只能通过在一个类中定义公用、静态的变量来实现一个全局变量。Java 对全局变量进行了更好的封装。而在 C 和 C++中，全局变量使用不当常常会造成系统的崩溃。

2. Goto 语句

Java 不支持 C、C++中的 Goto 语句，而是通过异常处理语句 try、catch、finally 等来代替 C、C++中用 Goto 来处理遇到错误时跳转的情况，使程序更可读且更结构化。

3. 指针

指针是 C、C++中最灵活，也是最容易产生错误的数据类型。由指针所进行的内存地址操作常会造成不可预知的错误，同时通过指针对某个内存地址进行显示类型转换后，可以访问一个 C++中的私有成员，从而破坏了安全性，造成系统的崩溃。而 Java 对指针进行完全的控制，程序员不能直接进行任何指针操作，例如，把整数转化为指针，或者通过指针释放某一内存地址等。同时，数组作为类在 Java 中实现，很好地解决了数组访问越界这一在 C、C++中不做检查的错误。

4. 内存管理

在 C 中，程序员通过库函数 malloc( ) 和 free( ) 来分配和释放内存，C++中则通过运算符 new 和 delete 来分配和释放内存。再次释放已释放的内存块或未被分配的内存块，会造成系统的崩溃；同样，忘记释放不再使用的内存块也会逐渐耗尽系统资源。而在 Java 中，所有的数据结构都是对象，通过运算符 new 为它们分配内存。通过 new 得到对象的处理权，而实际分配给对象的内存可能随程序运行而改变，Java 对此自动地进行管理并且进行垃圾收集，有效地防止了由于程序员的误操作而导致的错误，并且更好地利用了系统资源。

5. 数据类型的支持

在 C、C++中，对于不同的平台，编译器为简单数据类型，如 int（整数）分别分配不同长度的字节数，例如，int 在有的系统中为 16 位，而在另外的系统中却为 32 位，这导致了代码的不可移植性，但在 Java 中，对于这些数据类型总是分配固定长度的位数，如对 int 型，它总占 32 位，这就保证了 Java 的平台无关性。

6. 类型转换

在 C、C++中，由于可以通过指针进行任意的类型转换，因此常常带来不安全性；而 Java 中，系统在运行时对对象的处理要进行类型相容性检查，以防止不安全的转换。

7. 结构和联合

C、C++中的结构和联合中所有成员均为公有，这就带来了安全性问题。Java 中不包含结构和联合，所有的内容都封装在类中。

8. 头文件

C、C++中用头文件来声明类的原型及全局变量、库函数等，在大的系统中，维护这些头文件是很困难的。而 Java 不支持头文件，类成员的类型和访问权限都封装在一个类中，运行时系统对访问进行控制，防止对私有成员的操作。同时，在 Java 中用 import 语句来导入其他类，以使用它们的方法。

9. 预处理

C、C++中用宏定义来实现的代码给程序的可读性和安全性带来了困难。Java 不支持宏，它通过关键字 final 来声明一个常量，以实现宏定义中广泛使用的常量定义。

1.2 面向对象程序设计

Java 是面向对象的程序设计语言，面向对象的软件开发和相应的面向对象的问题求解是当今计算机技术发展的重要成果和趋势之一。本节介绍面向对象软件开发和面向对象程序设计中的基本概念和基本方法，使读者对面向对象软件开发方法的特点有一定的了解。

1.2.1 面向对象概述

面向过程的程序设计是以具体的解题过程为研究和实现的主体，而面向对象的程序设计是以需解决的问题中所涉及的各种对象为主体。

在面向对象的方法学中，"对象"是现实世界的实体或概念在计算机逻辑中的抽象表示。具体地，对象是具有唯一对象名和对外接口的一组属性和操作的集合。例如，将现实中的"人"抽象出来；它具有姓名、年龄、住址等属性，同时具有设置住址、获得年龄、跑动、跳舞等对外的接口和操作。

面向对象的问题求解就是力图从实际问题中抽象出这些封装了数据和操作的对象，通过定义接口来描述它们的地位及与其他对象的关系，最终形成一个广泛联系的对象模型系统。

相对于传统的面向过程的程序设计方法，面向对象的程序设计具有如下的优点。

（1）对象的数据封装特性消除了传统结构方法中数据与操作分离所带来的种种问题，提高了程序的可复用性和可维护性，降低了程序员保持数据与操作相容的负担。

（2）对象的数据封装特性还可以把对象的私有数据和公共数据分离开，保护了私有数据，减少了可能的模块间干扰，达到降低程序复杂性、提高可控性的目的。

（3）对象作为独立的整体具有良好的自洽性。即，它可以通过自身定义的操作来管理自己。一个对象的操作可以完成两类功能，一是修改自身的状态，二是向外界发布消息。当一个对象欲影响其他对象时，它需要调用其他对象自身的方法，而不是直接去改变那个对象。这样可以维护对象的完整性。

（4）对象之间通过一定的接口和相应的消息机制相联系。这个特性与对象的封装性结合在一起，较好地实现了信息的隐藏。使用对象时只需要了解其接口提供的功能操作即可，而不必了解对象内部的数据描述和具体的功能实现。

（5）继承是面向对象方法中除封装外的另一个重要特性。通过继承可以很方便地实现应用的扩展和已有代码的重复使用，在保证质量的前提下提高开发效率。

1.2.2 对象、类与实体

对象的概念是面向对象技术的核心所在。以面向对象的观点来看，所有面向对象的程序都是由对象组成的，这些对象首先是自治、自洽的，同时它们还可以互相通信、协调和配合，从而共同完成整个程序的任务和功能。

更确切地,面向对象技术中的对象就是现实世界中某个具体的物理实体在计算机逻辑中的映射和体现。比如,电视机是一个具体存在的、拥有外形、尺寸、颜色等外部特性和开关、频道设置等实在功能的实体,而这样一个实体,在面向对象的程序中,就可以表达成一个计对象。

类也是面向对象技术中一个非常重要的概念。简单地说,类是同种对象的集合与抽象。类是所有具有一定共性的对象的抽象,而属于类的某一个对象则被称为是类的一个实例,是类的一次实例化的结果。如果类是抽象的概念,如"电视机",那么对象实例就是某一个具体的电视机,如"我家那台电视机"。

1.2.3 对象的状态与行为

对象都具有状态和行为。

对象的状态又称为对象的属性,主要指对象内部所包含的各种信息,也就是变量。仍然以电视机为例,每一个电视机都具有以下这些状态信息:种类、品牌、外观、大小、颜色等,这些状态在计算机中都可以用变量来表示。

行为又称为对象的操作,它主要表述对象的动态功能,操作的作用是设置或改变对象的状态。比如一个电视机可以有打开、关闭、调整音量、调节亮度、改变频道等行为或操作。对象的操作一般都基于对象内部的变量,并试图改变这些变量(即改变对象的状态)。如"打开"的操作只对处于关闭状态的电视机有效,而执行了"打开"操作之后,电视机原有的关闭状态将改变。对象的行为在计算机内部是用方法(函数)来表示的。

1.2.4 对象的关系

一个复杂的系统必然包括多个对象,这些对象之间的关系常见的有三种形式:继承、包含和关联。

1. 继承

当对象 A 是对象 B 的特例时,称对象 A 继承了对象 B。例如,黑白电视机是电视机的一种特例,彩色电视机是电视机的另一种特例。如果分别为黑白电视机和彩色电视机抽象出黑白电视机对象和彩色电视机对象,则这两种对象与电视机对象之间都是继承的关系。

作为特例的类称为子类,而子类所继承的类称为父类。父类是子类公共关系的集合,子类将在父类定义的公共属性的基础上,根据自己的特殊性特别定义自己的属性。例如,彩色电视机对象除了拥有电视机对象的所有属性之外,还特别定义了静态属性"色度"和相应的动态操作"调节色度"。

2. 包含

当对象 A 是对象 B 的属性时,称对象 B 包含对象 A。例如,每台电视机都包括一个显像管。当把显像管抽象成一个计算机逻辑中的对象时,它与电视机对象之间就是包含的关系。

当一个对象包含另一个对象时,它将在自己的内存空间中为这个被包含对象留出专门的空间,即被包含对象将被保存在包含它的对象内部,就像显像管被包含在电视机中一样。

3. 关联

当对象 A 的引用是对象 B 的属性时,称对象 A 和对象 B 之间是关联关系。所谓对象的引用是指对象的名称、地址、句柄等可以获取或操纵该对象的途径。相对于对象本身,对象的引用所占用的内存空间要少得多,它只是找到对象的一条线索。通过它,程序可以找到真正的对象,并访问这个对象的数据,调用这个对象的方法。

例如,每台电视机都对应一个生产厂商,如果把生产厂商抽象成厂商对象,则电视机对象应该记录自己的生产厂商是谁,此时电视机对象和厂商对象之间就是关联的关系。

关联与包含是两种不同的关系。不过,如果不考虑内存里的存储方式,就可以区分这两种关系,Java 中就是不区分的。

1.2.5 面向对象的软件开发过程

面向对象的软件开发过程可以大体划分为面向对象的分析(object oriented analysis,OOA)、面向对象的设计(object oriented design,OOD)、面向对象的实现(object oriented programming,OOP)三个阶段。

1. 面向对象的分析

面向对象的分析的主要作用是明确用户的需求,并用标准化的面向对象的模型规范地表述这一需求,最后将形成面向对象的分析模型,即 OOA 模型。分析阶段的工作应该由用户和开发人员共同协作完成。

需求分析是要抽取存在于用户需求中的各对象实体,分析、明确这些对象实体的属性和动态操作,以及它们之间的相互关系。这种方法通过对需要解决的实际问题建立模型来抽取、描述对象实体,最后形成 OOA 模型,将用户的需求准确地表达出来。

2. 面向对象的设计

如果说分析阶段应该明确所要开发的软件系统"干什么",那么设计阶段将明确这个软件系统"怎么做"。面向对象的设计将对 OOA 模型加以扩展并得到面向对象的设计阶段的最终结果:OOD 模型。

面向对象的设计将在 OOA 模型的基础上引入界面管理、任务管理和数据管理三部分的内容,进一步扩充 OOA 模型。其中,界面管理负责整个系统的人机界面的设计;任务管理负责处理并行操作之类的系统资源管理功能的工作;数据管理则负责设计系统与数据库的接口。

面向对象的设计还需要对最初的 OOD 模型做进一步的细化分析、设计。细化设计包括对类静态数据属性的确定,对类方法(即操作)的参数、返回值、功能和功能的实现的明确规定等。

3. 面向对象的实现

面向对象的实现就是具体的编码阶段,其主要任务包括:

(1)选择一种合适的面向对象的编程语言,如 C++、C#、Java 等;

(2)根据详细设计步骤所得的公式、图表、说明和规则等,用选定的语言进行编码实现,即对各个对象类进行详尽描述;

(3)将编写好的各个类的代码、模块根据类的相互关系进行集成;

(4)利用开发人员和用户提供的测试样例对各个模块和整个软件系统进行测试。

由于对象的概念能够以更接近实际问题的原貌和实质的方式来表述和处理这些问题,所以面向对象的软件开发方法比以往面向过程的方法有更好的灵活性、可重用性和可扩展性,使得上述"分析—设计—实现"的开发过程也更加高效、快捷。

习题

1. Java 语言有哪些主要特点？
2. 简述面向过程问题求解和面向对象问题求解的异同。试列举出面向对象和面向过程的编程语言各两种。
3. 简述对象、类和实体及它们之间的相互关系。尝试从日常接触到的人或物中抽象出对象的概念。
4. 对象有哪些属性？什么是状态？什么是行为？二者之间有何关系？设有对象"学生"，试为这个对象设计状态与行为。
5. 对象间有哪三种关系？对象"班级"与对象"学生"是什么关系？对象"学生"与对象"大学生"是什么关系？
6. 有人说"父母"和"子女"之间是继承的关系。这种说法是否正确？为什么？
7. 面向对象的软件开发包括哪些过程？
8. 面向对象的程序设计方法有哪些优点？

第 2 章 简单的 Java 程序

本章从介绍和分析最简单的 Java 程序例子出发，讲述开发 Java 程序的基本步骤、Java 程序的构成、基本输入输出编程及 Java 的开发工具。

2.1 简单程序的书写

根据结构组成和运行环境的不同，Java 程序可以分为两类：Java Application 和 Java Applet。简单地说，Java Application 是完整的程序，需要 Java 解释器来解释运行；而 Java Applet 则是嵌在网页（Web 页面）中的非独立程序，由 Web 浏览器内部包含的 Java 解释器来解释运行。由于 Applet 已不太常用，并且在新的 JDK 中已不再支持，所以本书主要介绍 Java Appliction。

下面介绍一个简单的 Java 程序，并对其进行分析。

2.1.1 HelloWorld 程序

【例 2-1】 HelloWorldApp.java 简单的 Application 程序。

```
public class HelloWorldApp { // a simple application
    public static void main(String[] args) {
        System.out.println("Hello World!");
    }
}
```

本程序的作用是输出下面一行信息：

Hello World!

程序中，首先用保留字 class 来声明一个新的类，其类名为 HelloWorldApp，它是一个公共类（public）。整个类定义由大括号{ }括起来。

在该类中定义了一个 main() 方法，其中 public 表示访问权限，指明所有的类都可以使用这一方法；static 指明该方法是一个类方法，它可以通过类名直接调用；void 则指明 main() 方法不返回任何值。

对于一个应用程序来说，main() 方法是必须的，而且必须按照如上的格式来定义。Java 解释器以 main() 作为入口来执行程序。

main() 方法定义中，括号中的 String[ ] args 是传递给 main() 方法的参数，参数名为 args，一般是在命令行传递过来的，暂时不用理解它。在 main() 方法的实现（大括号中），只有一条语句：

System.out.println("Hello World!");

它用来实现字符串的输出，这条语句实现与 C 语言中的 printf 语句和 C++ 中 cout<<语句相同的功能。另外，"//" 后的内容为注释。

2.1.2 Java 程序的基本构成

一个复杂的程序可由一个至多个 Java 源程序文件构成，每个文件中可以有多个类定义。

下面的程序是一个一般的 Java 程序文件：

```java
package ch02;
import java.io.*;

public class AppCharInOut {
    public static void main(String[] args) {
        char c = ' ';
        System.out.print("Please input a char: ");
        try {
            c = (char) System.in.read();
        } catch (IOException e) {
        }
        System.out.println("You have entered: " + c);
    }
}
```

从这个程序可以看出，一般的 Java 源程序文件由 3 部分组成：①package 语句（0 句或 1 句）；②import 语句（0 句或多句）；③类定义（1 个或多个类定义）。

其中，package 语句表示本程序所属的包。它只能有 1 句或者没有。如果有，必须放在最前面；如果没有，表示本程序属于默认包。

import 语句表示引入其他类的库，便于使用。import 语句可以有 0 或多句，它必须放在类定义的前面。

类定义是 Java 源程序的主要部分，每个文件中可以定义若干个类。

Java 程序中定义类使用关键字 class，每个类的定义由类头定义和类体定义两部分组成。类头包括类的名字。类体则用花括号括起来，用来定义属性和方法这两种类的成员。

类头部分除了声明类名之外，还可以说明类的继承特性，当一个类被定义为是另一个已经存在的类（称为这个类的父类）的子类时，它就可以从其父类中继承一些已定义好的类成员而不必自己重复编码。

在类体中通常有两种组成成分，一种是字段（field），类似于变量，表示事物的属性；另一种是方法（method），类似于函数，这两种组成成分通称为类的成员。在上面的例子中，类 AppCharInOut 中只有一个类成员：方法 main()。用来标志方法头的是一对小括号，在小括号前面并紧靠左括号的是方法名称，如 main() 等；小括号里面是该方法使用的形式参数，方法名前面的 public 用来说明这个方法属性的修饰符，其具体语法规定将在后面介绍。方法体部分由若干以分号结尾的语句组成，并由一对花括号括起来。

同其他高级语言一样，语句是构成 Java 程序的基本单位之一。每一条简单 Java 语句都由分号";"结束，其构成应该符合 Java 的语法规则。类和方法中的所有语句应该用一对大括号{}括起。除 package 及 import 语句之外的其他的执行具体操作的语句，都只能存在于类的花括号之中。

比语句更小的语言单位是表达式、变量、常量和关键字等，Java 的语句就是由它们构成的。其中，关键字是 Java 语言语法规定的保留字，用户程序定义的常量和变量的取名不能与保留字相同。

Java 源程序的书写格式比较自由，如语句之间可以换行，也可以不换行，但养成一种良好的书写习惯比较重要。

> **注意：**
>
> Java 是大小写严格区分的语言。书写时，大小写不能混淆。同时注意，括号、分号、引号、加号等符号要用英文符号，不能用中文全角字符。文件名也要注意大小写。

一个程序中可以有多个类，但一般只有一个类是主类。这个主类是指包含 main 方法的类。main 方法是 Java 程序执行的入口点，也就是说，运行一个程序时，它是从 main( ) 方法来执行的。

同一个 Java 程序中定义的若干类之间没有严格的逻辑关系要求，但它们通常是在一起协同工作的，每一个类都可能需要使用其他类中定义的属性或方法。

2.2 程序的编辑、编译与运行

一般高级语言编程需要经过源程序编辑、目标程序编译生成和可执行程序运行几个过程。Java 编程也不例外，一般可以分为编辑源程序、编译生成字节码和解释运行字节码几个步骤。本节就其一般步骤进行介绍。

2.2.1 Java 开发工具包 JDK

Java 编程的基本工具包是 JDK。如 1.1 节所述，JDK 是开发、运行 Java 程序的基本软件，它可以在 Windows、Linux 及 macOS 平台上使用。可以从 https://www.oracle.com/java 网站下载 Oracle 提供的 JDK（或者直接用这个网址 https://www.oracle.com/java/technologies/javase-downloads.html）。除了 Oracle 提供的 JDK，还有开源的 OpenJDK（网址是：https://openjdk.java.net/）以及一些公司（如阿里、腾讯等）在 OpenJDK 基础之上建立的 JDK。

JDK 有不同版本，常用的版本包括 Java SE 8、Java SE 11、Java SE 17 等。如果是生产环境，不要使用 Java SE 15 等非长期支持的版本。如果是用于学习，用最新版本是可以的。

下载并安装 JDK 工具包，将软件安装到一定的目录（如 C:\Program Files\Java\jdk1.8.0），此目录称为 JDK 安装目录。该目录下有几个子目录（具体的子目录与 JDK 版本有关）：

- bin，该目录存放运行程序；
- demo，该目录存放一些示例文件；
- include，该目录存放与 C 语言相关的头文件；
- jre，该目录存放 Java 运行环境相关的文件；
- lib，该目录存放程序库。

另外，在安装目录下或 lib 目录下还有 src.zip 文件，该压缩文件中含有 Java 库程序的源程序，有兴趣的读者可以解开此文件，阅读并学习其中的源程序。

为了使用方便，读者还应该下载 JDK 的文档，安装后，会在 jdk 目录下生成一个 doc 子目录，这里有详细的 Java 文档，可以经常查阅。也可以随时在线查询 Java SE API 的文档，网址是 https://docs.oracle.com/javase，如果要查看不同的版本的文档，可以访问这个网址：https://docs.oracle.com/en/java/javase/，或者直接访问某个具体版本的文档，如 https://

docs.oracle.com/javase/15/docs/api/index.html。

注意：

经常阅读 JDK 的源代码及 JDK 的文档，是一种很好的学习方式。

2.2.2 程序的编译与运行

一般地说，编写程序先要将代码编辑并保存到 .java 文件中，这个过程称为编辑。编辑好的程序要用 javac 进行编译，生成字节码文件（.class 文件），然后用 Java 来运行。这个过程可如图 2-1 所示。

图 2-1 编译与运行的步骤

以 HelloWorldApp.java 为例，下面是编译的命令：

    C:\>javac HelloWorldApp.java

编译的结果是生成字节码（byte code）文件 HelloWorldApp.class。

下面是运行的命令：

    C:\>java HelloWorldApp

所谓运行，就是用 Java 虚拟机来运行该字节码文件中的指令。结果在屏幕上显示 Hello World！

注意，如果使用 Java11 以上的版本，上面的编译及运行两个步骤可以一步完成：

    C:\>java HelloWorldApp.java

注意，这里用的是 Java 命令，后面跟的是 .java 文件名。

另外，Java11 以上的版本，可以使用 jshell 命令，在其中不用写 main 函数，直接写表达式或语句，如：

    D:\JavaExample\ch02>jshell
    jshell> 5+6
    $1 ==> 11

    jshell> System.out.println("Hello World!")
    Hello World!

    jshell>

编辑、编译、运行等步骤还有一些细节要注意，下面详细叙述。

1. 程序的编辑

Java 源程序是以 .java 为后缀的文本文件，可以用各种 Java 集成开发环境中的源代码编辑器来编写，也可以用其他文本编辑软件，如 EditPlus、Visual Studio Code 等。

打开文本编辑工具，输入下面一段程序（即例 2-1 所示的程序）：

```
public class HelloWorldApp { // a simple application
    public static void main(String[] args) {
        System.out.println("Hello World!");
    }
}
```

在输入程序时，要注意 Java 程序是严格区分大小写的，字母符号要用西文半角。

程序输入并修改完毕，要将此文件保存，在保存文件时要注意，文件的类型要选"所有类型"，文件名要与程序中的 public class 的类名一致，这里的文件名应为 HelloWorldApp.java。文件名的大小写最好也要保持与类名一致。

2. 程序的编译

源程序（.java 文件）要经过编译才能运行。编译的过程实际上是将 Java 源程序转变为字节码（byte code）文件。字节码文件的扩展名为 .class，其中包含的是 Java 虚拟机的指令。

编译可以使用 JDK 中的工具 javac.exe。在 Windows 中，该工具的使用方法如下。

（1）进入控制台命令环境，方法是：选择菜单【开始】→【运行】，然后键入命令：

cmd <回车>

（2）然后进入到存放源文件的目录（假定是 d:\JavaExample\ch02 目录），运行命令：

d: <回车>
cd \JavaExample\ch02 <回车>

（3）编译源程序，键入命令：

"C:\Program Files\Java\jdk1.8.0\bin\javac" HelloWorldApp.java<回车>

这里，C:\Program Files\Java\jdk1.8.0 为 JDK 的安装目录，javac 为编译工具。

为了简化写 javac 前面的路径，可以先键入命令：

set path= C:\Program Files\Java\jdk1.8.0\bin;%path%<回车>

这样，编译命令可以直接写 javac，如：

javac HelloWorldApp.java<回车>

javac 后面可以跟 Java 源程序文件名，文件名可以有多个，还可以用 * 及 ? 通配符，如：

javac   Hello*.java<回车>

javac 还可以跟一系列选项，其使用方法如下：

javac <选项> <源文件>

常用的选项如下。

⇨ -nowarn：不显示警告信息。

⇨ -verbose：输出关于编译器正在做的详细信息。

⇨ -deprecation：输出使用了过时的 API 的源文件位置。

⇨ -classpath：指定用户类文件的位置。

⇨ -sourcepath：指定输入文件源文件的位置。

⇨ -d：指定输出类文件的位置。

⇨ -encoding：指定源文件使用的字符集编码。

⇨ -source：提供指定版本的源兼容性（即 Java 语言的版本）。

⇨ -target：生成指定虚拟机的类文件。

⇨ -help：列出选项帮助。

若编译不成功，javac 会提示信息，根据此信息，可进一步修改源程序，再重新编译。编译成功后，javac 会产生相应的 .class 文件，这就是字节码文件。

3. 程序的运行

程序的运行就是执行 .class 文件中的指令的过程。由 Java 源代码编译生成的字节码不能直接运行在一般的操作系统平台上，而必须运行在 Java 虚拟机（JVM）的软件平台上。在运行 Java 程序时，首先应该启动这个虚拟机，然后由它来负责解释执行 Java 的字节码。这样，利用 Java 虚拟机就可以把 Java 字节码与具体的软硬件平台相互独立，只要在不同的计算机上安装针对其特定的 Java 虚拟机，就可以把这种不同软硬件平台的具体差别隐藏起来，使得 Java 字节码程序在不同的计算机上能够面对 Java 虚拟机，而不必考虑具体的平台差别，从而实现了真正的二进制代码级的跨平台可移植性。

JDK 提供的解释器是 java.exe。Java 程序必须有一个包含 main 方法的主类。执行 Java 程序时，Java 解释器从这个 main 作为入口开始执行。

在上面的例子中，运行所编译好的程序，使用命令：

  java HelloWorldApp

与编译时一样，需要提前设定好 path。

注意：

这里不能写为 HelloWorldApp.class，因为这里用的是类名，不是文件名。

HelloWorldApp 运行的效果如图 2-2 所示。

图 2-2 HelloWorldApp 运行的效果

程序执行的结果显示以下一行信息：

  Hello World!

在本书中，对于简单的程序，不再截图，而是直接写出程序的文本输出。

值得一提的是：在 Java11 以后的版本中，上面两步可以一步完成，即直接使用 Java 命令来编译和运行 Java 程序，其命令行是：

  java HelloWorldApp.java

注意，这里跟的是 Java 源文件的名字。

有时，还需要设定另外一个环境变量 classpath，设定方法是：

  set classpath=%classpath%;.;c:\xxxx\lib.jar

如果仅是引用系统的库，则可以不设定 classpath。classpath 的作用是告诉 Java 解释器在哪里找到 .class 文件及相关的库程序。如果要引入第三方的库，则仍需要设置 classpath。

4. 设定 path 及 classpath

如上所述，在编译及运行时，经常需要设定 path 及 classpath 两个环境变量，为了方便，可以将以上两个命令及其他一些命令放入一个.bat文件中，这样只需要运行这个.bat文件即可。

下面是一个.bat文件的例子：

```
set JAVA_HOME= C:\Program Files\Java\jdk1.8.0
set J2EE_HOME=c:\j2sdkee1.7
set ANT_HOME=c:\ant
set OTHER_LIB=c:\java_lib\jaxp.jar;
set PATH=%JAVA_HOME%\bin;%J2EE_HOME%\bin;%ANT_HOME%\bin;%PATH%
set CLASSPATH=%CLASSPATH%;%JAVA_HOME%\jre\lib\rt.jar;
    %J2EE_HOME%\lib\j2ee.jar;.
set CLASSPATH=%CLASSPATH%;%OTHER_LIB%
```

还有一种设定环境变量的方法。以 Windows 为例，设定方法是：用鼠标右击【我的电脑】，在弹出的快捷菜单中选择【属性】，打开【属性】对话框，选择【高级】选项卡，单击【环境变量】按钮，然后在【环境变量】中进行设置即可，如图 2-3 所示。

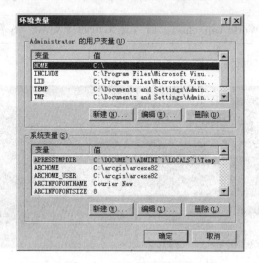

图 2-3 环境变量的设置

2.2.3 使用 jar 打包程序

当程序很复杂时，可以将多个.class 文件及相关的其他文件（如图像文件等）打包并压缩成一个文件，这个文件称为 jar（Java archive）文件。

JDK 中提供了一个工具（jar.exe）可以用来生成一个 jar 文件。例如，以下命令将两个 class 文件存档到一个名为 "classes.jar" 的存档文件中：

```
jar cvf classes.jar Foo.class Bar.class
```

在使用 jar 时还可以指定一个"元信息清单文件"（manifest 文件），它可以将元信息同时记入 jar 文件中。如，用一个存在的清单（manifest）文件 "mymanifest" 将 foo/ 目录下的所有文件存档到一个名为 "classes.jar" 的存档文件中：

```
jar cvfm classes.jar mymanifest -C foo/
```

其中，清单文件的内容比较简单，它的每一行是由一个关键字、一个冒号及一个字符串构成。例如，为了指明 main() 所在的类，可以这样建立一个清单文件，其内容如下。

Manifest-Version：1.0

Main-Class: MyClass

运行 jar 文件的方式是在 Java 命令中用 -jar 选项，如：

　　　java -jar MyJarFile.jar

这时，由于在清单信息中指明了 Main-Class，它会执行其中的主类的 main() 方法。

在程序较复杂时，在命令行上进行程序的编译与打包比较麻烦，可以使用集成开发工具，将在 2.4 节介绍。

2.3　Java 程序中的基本输入与输出

输入和输出是程序的基本功能，本节将介绍如何编写具有基本输入与输出功能的 Java 程序，Java Application 程序输入和输出的可以是文本界面，也可以是图形界面。

2.3.1　字符界面的输入与输出

所谓字符界面是指字符模式的用户界面。在字符界面中，用户用字符串向程序发出命令，传送数据，程序运行的结果也用字符的形式表达。虽然图形用户界面已经非常普及，但是在某些情况下仍然需要用到字符界面的应用程序，例如字符界面的操作系统，或者仅仅支持字符界面的终端等。

字符界面的输入输出要用到 java.io 包，用 System.in 及 System.out 来表示输入及输出，System.in 的 read() 方法可以输入字符，System.out 的 print() 方法可以输出一个字符串，字符串之间或字符串与其他变量间可以用加号（+）表示连接。System.out 的 println() 方法可以输出一个字符串并换行。System.out.printf（格式串，数据）则可以像 C 语言那样显示信息（如 %d 表示整数，%f 表示实数，%s 表示字符串）。如例 2-2，输入一个字符，并显示这个字符。

【例 2-2】AppCharInOut.java 字符的输入与输出。

```
import java.io.*;

public class AppCharInOut {
    public static void main(String[] args) {
        char c = ' ';
        System.out.print("Please input a char: ");
        try {
            c = (char) System.in.read();
        } catch (IOException e) {
        }
        System.out.println("You have entered: " + c);
    }
}
```

程序运行结果如下：

　　　Please input a char: b
　　　You have entered: b

该例中，要用 try{}catch 方式来捕获输入与输出中出现的异常，写起来有点麻烦。从 Java 6 开始，提供了一个方便的类 java.util.Scanner，它的 next() 方法可以用来输入一个单词，nextInt() 方法可以用来输入一个整数，nextDouble() 方法可以用来输入一个实数。一般在程序的最后需要加上语句 scanner.close() 以释放相应的资源。下面是使用 Scanner 类的例子。

【例 2-3】 ScannerTest.java 使用 Scanner 类进行输入。

```java
import java.util.Scanner;

class ScannerTest {
    public static void main(String[] args) {
        Scanner scanner = new Scanner(System.in);
        System.out.print("请输入一个数");
        int a = scanner.nextInt();
        System.out.printf("%d 的平方是%d\n", a, a * a);
        scanner.close();
    }
}
```

程序运行结果如下：

```
请输入一个数 18
18 的平方是 324
```

如果使用传统的 System.in 来进行输入，则一般需要更多的步骤。由于 System.in 的 read() 方法只能读入一个字符，不便于使用，要将 System.in 进行"包装"，用它构造出一个 InputStreamReader 对象，进而构造出一个 BufferedReader 对象，而 BufferedReader 对象有一个 readLine 方法，可用于读入一串字符。如果需要将输入的字符串转成数字（如整数 int 或实数 double）。这时，可用 Integer.parseInt 及 Double.parseDouble 方法，如例 2-4 所示。

【例 2-4】 AppNumInOut.java 数字的输入与输出。

```java
import java.io.*;

public class AppNumInOut {
    public static void main(String[] args) {
        String s = "";
        int n = 0;
        double d = 0;
        try {
            BufferedReader in = new BufferedReader(new InputStreamReader(System.in));
            System.out.print("Please input an int: ");
            s = in.readLine();
            n = Integer.parseInt(s);
            System.out.print("Please input a double: ");
            s = in.readLine();
            d = Double.parseDouble(s);
        } catch (IOException e) {
        }
        System.out.println("You have entered: " + n + " and " + d);
    }
}
```

程序运行结果如下：

```
Please input an int: 15
Please input a double: 26.8
You have entered: 15 and 26.8
```

2.3.2 图形界面的输入与输出

使用图形界面可以让程序具有更好的交互性。要创建自己的图形界面，一般需要先建立一个框架窗体（JFrame）。在图形界面中最基本的输入与输出手段是使用文本框对象（JTextField）获取用户输入的数据，使用标签对象（JLabel）或文本框对象输出数据，使用命令按钮

（JButton）来执行命令。

【例2-5】 AppGraphInOut.java 图形界面输入与输出。

```java
import java.awt.*;
import javax.swing.*;

class AppGraphInOut extends JFrame {
    JTextField in = new JTextField(10);
    JButton btn = new JButton("求平方");
    JLabel out = new JLabel("用于显示结果的标签");

    public AppGraphInOut() {
        setLayout(new FlowLayout());
        add(in);
        add(btn);
        add(out);
        btn.addActionListener(e -> {
            String s = in.getText();
            double d = Double.parseDouble(s);
            double sq = d * d;
            out.setText(d + "的平方是:" + sq);
        });
        setSize(400, 100);
        setDefaultCloseOperation(DISPOSE_ON_CLOSE);
        setVisible(true);
    }

    public static void main(String args[]) {
        SwingUtilities.invokeLater(() -> {
            new AppGraphInOut();
        });
    }
}
```

程序运行结果如图2-4所示。

本例中，通过创建一个JFrame（带框架的窗口），从而创建自己的用户界面。程序中，生成了一个文本框in用于输入，一个标签out用于输出，一个按钮btn用于触发命令。在构造方法AppGraphInOut()中，设定布局方式为流式布局（FlowLayout），然后用add()方法将这三个对象加入。在程序中，还有一点很关

图2-4 图形界面输入与输出

键，就是用addActionListener()方法加入事件的监听。当用户单击此按钮时，会执行箭头函数中的代码，通过JTextField的getText()方法得到用户的输入，然后用Double.parseDouble()方法转为一个实数（double），再计算其平方，用JLabel的setText()方法显示其平方值。

在构造AppFrame时，用setSize()方法设置了窗口的大小，用setDefaultCloseOperation()方法来设置关闭窗口时结束程序，用setVisible(true)方法显示出来。在main()主程序中，使用SwingUtilities.invokeLater()方法来调用图形界面，其中箭头函数中代码创建了AppFrame对象。由于图形用户界面涉及的概念较多，在第10章会详细讲解，对于初学者而言，能够理解这个示例并能模仿写出类似的程序即可。

2.4　Java 集成开发环境

有了基本的 JDK 工具包，就可以进行 Java 程序的开发了。在实际编程时，还可以借助一些辅助工具来加快程序的设计。这些工具有的功能简单，有的功能强大。本节简要介绍几种常用的文本编辑工具及集成开发环境。

2.4.1　文本编辑工具

在 Java 的文本编辑工具中，有许多是比较小巧的，它们的主要功能有两点：

（1）提供一个编辑器，能编辑 Java 程序及 HTML 文件；

（2）用菜单或快捷键方便地调用 javac 和 Java 命令来编译和运行 Java 程序。

这样的辅助工具主要有：Visual Studio Code、EditPlus 等。它们是免费软件或共享软件，可以从网上下载后安装并使用。当然要编译和运行 Java 程序，系统中必须首先安装 JDK。

1. EditPlus

EditPlus 是共享软件，它的主要功能是文本编辑，对编辑 Java 程序及 HTML 网页也有较好的支持。在编辑时，对于一些重要的关键词还以醒目的颜色显示出来，这样可以使阅读程序更加方便，也有助于减少键入错误。

EditPlus 界面如图 2-5 所示。左边为文件夹及文件的显示区，中间为编辑窗口，下边为信息窗口。

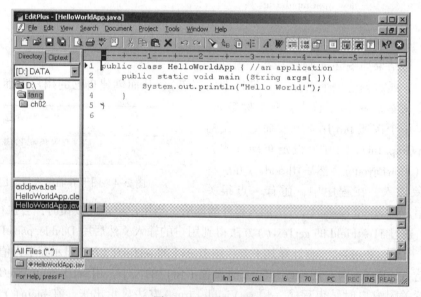

图 2-5　EditPlus 界面

为了方便在 EditPlus 中调用编译及运行功能，需要设置 User Tools（用户工具）。选择菜单【Tools】中的【Configure User Tools】，在弹出的对话框中，单击【Add Tool】加入用户工具，如图 2-6 所示。

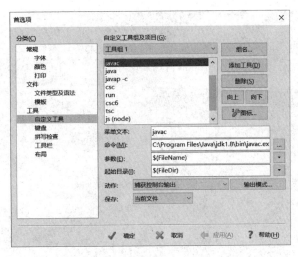

图 2-6　设置 User Tools

编译及运行分别设置的值如表 2-1 所示。

表 2-1　设置 User Tools 的值

值	编译	运行
Menu text	Compile Java	Run Java
Command	C:\Program Files\Java\jdk1.8.0\bin\javac.exe	C:\Program Files\Java\jdk1.8.0\bin\java.exe
Argument	$(FileName)	$(FileNameNoExt)
Initial directory	$(FileDir)	$(FileDir)
Capture output	选择	不选择

设置好以后，可以按快捷键 Ctrl+1 及 Ctrl+2 等来进行编译和运行。当然也可以只用 EditPlus 来编辑程序，然后在命令行状态下用 JDK 的命令进行编译和运行。

2. Visual Studio Code

Visual Studio Code 是 Microsoft 提供的免费文本编辑工具，可以方便编写 Java 程序、网页文件、JavaScript 脚本等，并且在 Windows、Linux、macOS 上都可以使用。可以从 https://code.visualstudio.com/ 下载该软件。其运行界面如图 2-7 所示。

在 Visual Studio Code 中打开一个文件夹，新建一个文件，并保存为 .java 文件，系统就会提示安装 Java 的插件，可以选用系统所推荐的 Java 插件。

安装了 Java 插件后，Visual Studio Code 就有很多方便编写、运行 Java 的功能，如：

（1）程序自动有语法高亮功能；

（2）在输入时有智能提示功能；

（3）可以自动进行语法的检查，有不对的地方会用波浪线提示出来；

（4）右击编辑区选择"Format Document"即对文件进行格式化；

（5）单击 main() 函数上方的"Run"或"Debug"即可以运行或调试该程序。

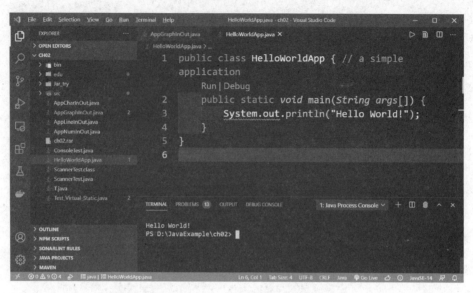

图 2-7　Visual Studio Code 的界面

2.4.2　集成开发工具

在实际的项目开发时，还经常用到一些功能更强、集成度更好的开发工具，它们集编辑、编译、调试、打包、发布等功能于一体，被称为集成开发环境（IDE）。有些 IDE 还具有可视化的界面设计、数据库访问等功能。常用的 IDE 包括：Eclipse、IntelliJ IDEA、NetBeans 等。

1．Eclipse

Eclipse 最初由 OTI 和 IBM 两家公司的 IDE 产品开发组创建，起始于 1999 年 4 月。IBM 提供了最初的 Eclipse 代码基础，Eclipse 现在由 Eclipse 基金会管理。Eclipse 是一个开放源码的项目，Eclipse IDE for Java Developers 可以从网站 https://www.eclipse.org 免费下载。

下面编写一个 HelloWorld 程序，步骤如下（具体步骤因 Eclipse 的版本不同而略有不同）。

（1）选择菜单【文件】→【新建】→【项目】，设置【项目类别】为【Java】,【项目列表】为【Java 项目】，单击【下一步】，输入项目名称，如，HelloProject，单击"完成"。

（2）在工具条里单击"创建 Java 类"的按钮（带有一个"C"标记），在名称框中输入【HelloWorld】，单击【public static void main(String[] args)】复选框，让 Eclipse 创建 main() 方法，单击"完成"；

（3）一个 Java 编辑窗口将打开，在 main() 方法中输入 System.out.println("HelloWorld!") 行；

（4）按 Ctrl+S 键保存，在保存时系统将自动编译 HelloWorld.java，所以不需要单独编译；

（5）单击工具条里的"运行"按钮，选择【Java 应用程序】，然后选择【新建】，输入项目名称 HelloProject 和 main 类名 HelloWorld，单击"运行"按钮，将会打开一个控制台窗口，一句"HelloWorld!"将会显示在里面（如图 2-8 所示）。也可以在编辑区右击，选择"Run As""Java Application"来运行程序。

第 2 章　简单的 Java 程序　　23

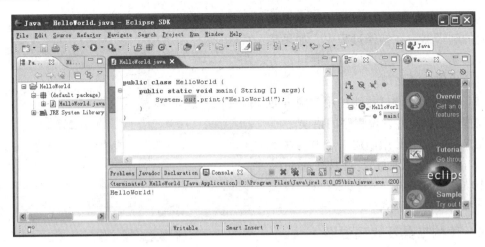

图 2-8　Eclipse 集成开发环境

2. IntelliJ IDEA

IntelliJ IDEA 是 JetBrains 推出的一个集成化的 Java 开发工具，可以从网站 https://www.jetbrains.com/idea/上下载。在下载时可以选择 Community（社区）版，这是免费的。IDEA 的特点是功能全面、易于使用，在开发者中间比较受欢迎。IDEA 的界面如图 2-9 所示。

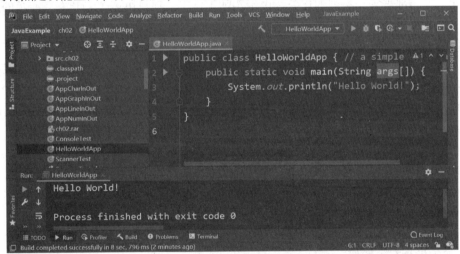

图 2-9　IDEA 集成开发环境

3. NetBeans IDE

NetBeans IDE 是 Oracle 推出并捐献给 Apache 软件基金会的一个集成化的 Java 开发工具，可以从 https://netbeans.apache.org/网站上免费下载。

它包括以下工具。

（1）Project 管理器。Project 是应用程序或 Applet 的集合，它还包括编译、调试、运行和发布方式等信息。

（2）源文件编辑器。源文件编辑器中可以输入源文件，并有一些实用的功能方便编辑。

（3）图形界面构造工具。该工具能可视化建造一个复杂的图形化界面。

（4）Build 管理工具。Build 管理工具是项目的编译器，在编译过程中，如果某个文件出错，会显示错误信息，并可以方便地定位出错的源文件。

（5）调试器。调试器能让用户很方便地跟踪程序的执行并发现程序的错误。

在 NetBeans IDE 中创建一个项目（如 JavaApplication 应用项目），并且在 main() 方法中填写代码，按 F5 键即可以运行该程序（如图 2-10 所示）。

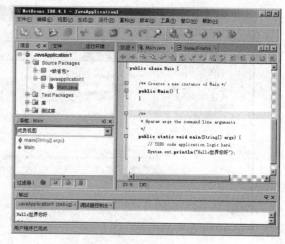

图 2-10　NetBeans 集成开发环境

2.4.3　建构工具及代码混淆

除了直接使用 JDK 的命令行和集成开发环境外，在实际的项目开发时，还经常用到其他一些构建工具，下面对这些工具进行简单的介绍。

1. 建构工具 Ant

建构一个 Java 项目，是指编译、自动测试、文档生成、字节码混淆、打包压缩、临时文件删除、发布部署等一系列的任务。由于实际工作中，项目由多个人开发，涉及的文件很多，任务也有很多步，所以需要一系列工具来自动完成。例如：编译需要用 javac；自动测试需要用到 JUnit（将在第 6 章介绍）；文档生成需要用到 javadoc；字节码混淆需要用到 Proguard（本节后面会介绍）；打包压缩需要用到 jar；临时文件删除、发布部署需要用到操作系统的一些命令。

另外，还需要一个工具来将以上所有工具进行整合，这就是在 Java 开发中广泛应用的工具 Ant。Ant 用来将多个步骤放入一个配置文件中，然后它可以自动执行这些步骤。

Ant 是一个开源项目，可以从网站 https://ant.apache.org/ 下载。

Ant 的具体使用可以参见其文档。值得注意的是，几乎所有的集成开发环境（包括 IDEA，Eclipse，NetBeans IDE 等）中也都集成了 Ant 的功能。

2. 反编译

Java 源程序经过编译后生成字节码文件（.class），其中含有 Java 虚拟机的指令，可以用 javap 命令来查看，例如：

```
D:\JavaExample\ch02>javap -c HelloWorldApp
Compiled from "HelloWorldApp.java"
public class HelloWorldApp {
    public HelloWorldApp();
    Code:
       0: aload_0
       1: invokespecial #1      // Method java/lang/Object."<init>":()V
       4: return

    public static void main(java.lang.String[]);
    Code:
       0: getstatic     #2      // Field java/lang/System.out:Ljava/io/PrintStream;
       3: ldc           #3      // String Hello World!
       5: invokevirtual #4      // Method java/io/PrintStream.println:(Ljava/lang/String;)V
```

```
8: return
}
```

由于普通的 Java 编译器（javac.exe）在编译时，保留了类名、方法的签名等信息，所以 .class 文件很容易被反编译。现在常用的反编译工具有 Jad.exe 等（但它们不是 JDK 中的工具，读者可以从网上搜索找到这些工具），它们可以根据 .class 文件生成 Java 文件。例如：

```
jad.exe -sjava *.class
```

其中，-sjava 是指将生成文件的后缀名命名为 .java。

3. 代码的混淆

由于 .class 文件（或打包后的 .jar 文件）很容易被反编译，为了很好地保护源程序，在发布应用程序时，可以进行代码的混淆（obfuscate）。Java 的代码混淆器（obfuscator，也称模糊器）的基本原理是对 .class 文件或 .jar 文件中的字节码进行修改，使其不能被很好地反编译，或者即使是反编译后的程序很难读懂。常见的混淆方法有：

（1）对其中的非公用方法名及变量名进行修改，使其不能被读懂，如改成 a、b、c、d、aaaa、_if、_then、_go 等；

（2）对其中的字符串进行变换，使得其原来的含义难以被了解；

（3）在字节码中加入一些特殊字节，使得反编译程序难以进行反编译；

（4）对其中的分支、循环等流程进行变换，使得反编译程序不能理解其流程。

在这些手段中，尤其以第一种方式最为常用。

现阶段的代码混淆器十分多，有的是商业软件，有的是免费软件。其中 Proguard 是一种开放源码的 Java 代码混淆器。可以从网址 http://proguard.sourceforge.net/ 进行下载。

值得注意的是，由于代码混淆是一种常见的任务，所以它也被集成到 Ant、Eclipse 等工具中。对于初学者，了解这些工具即可。当需要时，可以到网上查找相关的资料。

习题

1. 简述 Java 编译和运行的基本方法。
2. 下载并安装 JDK，尝试查看其中的 JDK 文档。
3. 编写一个 Java Application，利用 JDK 中的工具编译并运行这个程序，在屏幕上输出"Welcome to Java World！"。
4. 编写一个程序，能够从键盘上接收两个数字，然后计算这两个数的积。
5. 编写一个图形界面程序，从两个文本框中接收两个数字，然后计算这两个数的积。
6. 常用的集成开发工具有哪些？各有什么特点？在 IDEA 或 Eclipse 中建立一个 HelloWorld 程序。

第3章 数据运算、流程控制和数组

本章主要介绍编写 Java 程序必须了解的若干语言基础知识,包括数据类型、变量、常量、表达式和流程控制语句、数组等。掌握这些基础知识,是编写正确 Java 程序的前提条件。

3.1 数据类型、变量与常量

3.1.1 数据类型

在程序设计中,数据是程序的必要组成部分,也是程序处理的对象。不同的数据有不同的数据类型,不同的数据类型有不同的数据结构、不同的存储方式,并且参与的运算也不相同。

Java 中的数据类型分为两大类,一类是基本数据类型(primitive types),另一类是引用类型(reference types)。

Java 中定义了 4 类、8 种基本数据类型见表 3-1。

表 3-1 Java 的基本数据类型

数 据 类 型	关 键 字	占用字节数	默 认 数 值	取 值 范 围
布尔型	boolean	1	false	true, false
字节型	byte	1	0	-128~127
短整型	short	2	0	-32 768~32 767
整型	int	4	0	-2 147 483 648~2 147 483 647
长整型	long	8	0L	-9 223 372 036 854 775 808~ 9 223 372 036 854 775 807
单精度浮点型	float	4	0F	$1.4\times10^{-45} \sim 3.4\times10^{38}$
双精度型	double	8	0D	$4.9\times10^{-324} \sim 1.8\times10^{308}$
字符型	char	2	'\u0000'	'\u0000' ~ '\uffff'

1. 逻辑型——boolean

boolean 是用来表示布尔型(逻辑)数据的数据类型。boolean 型的变量或常量的取值只有 true 和 false 两个。其中,true 代表"真",false 代表"假"。

2. 整数型——byte、short、int、long

4 种整数型 byte(字节型)、short(短整型)、int(整型)、long(长整型)在内存中所占长度不同,分别是 1、2、4、8 字节。Java 的各种数据类型占用固定的内存长度,与具体的软硬件平台环境无关,体现了 Java 的跨平台特性。Java 的每种数据类型都对应一个默认的数值,使得这种数据类型变量的取值总是确定的,体现了其安全性。

3. 浮点数型——float、double

float（单精度实数）及 double（双精度实数）在计算机中分别占 4 字节和 8 字节，它们所表达的实数的精度和范围是不同的。

4. 字符型——char

char（字符型）是用 Unicode 编码表达的字符，在内存中占 2 字节。由于 Java 的字符类型采用了国际标准编码方案——Unicode 编码，这样便于东方字符和西方字符的处理。

除基本数据类型外，Java 中还存在着一种引用数据类型，包括数组（array）、类（class）和接口（interface）。这些类型在以后的章节中再进行介绍。

3.1.2 标识符

任何一个变量、常量、方法、对象和类都需要有名字，这些名字就是标识符。标识符可以由编程者自由指定，但是需要遵循一定的语法规定。标识符要满足如下的规定：

（1）标识符可以由字母、数字和下划线（_）、美元符号（$）组合而成；

（2）标识符必须以字母、下划线或美元符号开头，不能以数字开头。

在实际应用标识符时，应该使标识符能一定程度上反映它所表示的变量、常量、对象或类的意义，这样程序的可读性会更好。

同时，应注意 Java 是大小写敏感的语言。例如，book 和 Book，System 和 system 分别代表不同的标识符，在定义和使用时要特别注意这一点。

注意：

在 Java 编程时，经常遵循以下的编码习惯（虽然不是强制性的）。

① 类名首字母应该大写（所谓 Pascal 风格）。

② 变量、方法及对象的首字母应小写（所谓 Camel 风格）。

③ 对于所有标识符，其中包含的所有单词都应紧靠在一起，而且大写中间单词的首字母。例如，ThisIsAClassName，thisIsMethodOrFieldName。

④ 若在定义中出现了常数初始化字符，则大写所有字母。这样便可标志出它们属于编译期的常数。Java 包（Package）属于一种特殊情况，它们全都是小写字母，即便中间的单词亦是如此。

⑤ $符号一般只用于编译器自动生成的代码，用户一般不用。

3.1.3 常量

常量是在程序运行的整个过程中保持其值不改变的量。Java 中常用的常量有布尔常量、整型常量、字符常量、字符串常量和浮点常量。

1. 布尔常量

布尔常量包括 true 和 false，分别代表真和假。

2. 整型常量

整型常量可以用来给整型变量赋值。整型常量可以采用十进制、八进制和十六进制表示。十进制的整型常量用非 0 开头的数值表示，如 100，-50；八进制的整型常量用以 0 开头的数字表示，如 017 相当于八进制的数字 15；十六进制的整型常量用 0x 开头的数值表示，如 0x2F 相当于十进制的数字 47。

整型常量按照所占用的内存长度，又可分为一般整型常量和长整型常量，其中一般整型常量占用 32 位，长整型常量占用 64 位，长整型常量的尾部有一个大写的 L 或小写的 l，如 -386L, 0l, 7777l。

从 Java 7 开始，可以使用 0b 开始的二进制表示整数，如 0b0101 相当于十进制的 5。

3. 浮点常量

浮点常量表示的是可以含有小数部分的数值常量。根据占用内存长度的不同，可以分为一般浮点（单精度）常量和双精度浮点常量两种。其中，单精度常量后跟一个 f 或 F，双精度常量后跟一个 d 或 D。双精度常量后的 d 或 D 可以省略。

浮点常量可以有普通的书写方法，如 3.14f, -2.17d，也可以用指数形式，如 5.3e-2 表示 5.3×10^{-2}，123E3D 代表 123×10^{3}（双精度）。

从 Java7 开始，可以使用用下划线表示实数中间的千分位，如 215_003.141_592。

4. 字符常量

字符常量用一对单引号括起的单个字符表示，如'A', '1'。字符可以直接是字母表中的字符，也可以是转义符，还可以是要表示的字符所对应的八进制数或 Unicode 码。

转义符是一些有特殊含义、很难用一般方式表达的字符，如回车、换行等。为了表达清楚这些特殊字符，Java 中引入了一些特别的定义。所有的转义符都用反斜杠（\）开头，后面跟着一个字符来表示某个特定的转义符，如表 3-2 所示。

表 3-2 转义符

转义字符	含　义
\ddd	1 到 3 位八进制数所表示的字符（ddd）
\uxxxx	1 到 4 位十六进制数所表示的字符（xxxx）
\'	单引号字符
\"	双引号字符
\\	反斜杠字符
\n	换行
\r	回车
\t	横向跳格
\f	走纸换页
\b	退格

5. 字符串常量

字符串常量是用双引号括起的一串若干个字符（可以是 0 个）。字符串中可以包括转义符，标志字符串开始和结束的双引号必须在源代码的同一行上。

如："Hello world\n"。

从 Java 13 开始，可以使用三引号来写一段文本块，引号内可以跨行，如：

```
String html = """
              <html>
                  <body>
                      <p>Hello, world</p>
                  </body>
              </html>
              """;
```

3.1.4 变量

变量是在程序的运行过程中数值可变的数据,通常用来记录运算中间结果或保存数据。Java 中的变量必须先声明后使用,声明变量包括指明变量的数据类型和变量的名称,必要时还可以指定变量的初始数值。变量声明后要用分号。

如:

```
int a, b, c;
double x = 12.3;
```

【例 3-1】 DeclareAssign.java 声明并赋值。

```
public class DeclareAssign {
    public static void main(String args[]) {
        boolean b = true;        // 声明 boolean 型变量并赋值
        int x, y = 8;            // 声明 int 型变量
        float f = 4.5f;          // 声明 float 型变量并赋值
        double d = 3.1415;       // 声明 double 型变量并赋值
        char c;                  // 声明 char 型变量
        c = '\u0031';            // 为 char 型变量赋值
        x = 12;                  // 为 int 型变量赋值
        System.out.println("b=" + b);
        System.out.println("x=" + x);
        System.out.println("y=" + y);
        System.out.println("f=" + f);
        System.out.println("d=" + d);
        System.out.println("c=" + c);
    }
}
```

3.1.5 程序的注释

Java 程序中最基本的成分是常量、变量、运算符等。除这些成分外,Java 程序中还有注释。注释虽然对程序的运行不起作用,但对于程序的易读性具有重要的作用。

Java 中可以采用三种注释方式:

(1) // 用于单行注释,注释从//开始,终止于行尾;

(2) /* … */用于多行注释,注释从/*开始,到*/结束,且这种注释不能互相嵌套;

(3) /** … */是 Java 所特有的文档注释(doc 注释),它以/**开始,到*/结束。

其中,第 3 种注释主要是为支持 JDK 工具 javadoc 而采用的。javadoc 能识别注释中用标记@ 标识的一些特殊变量,并把 doc 注释加入它所生成的 HTML 文件。常用的@ 标记如下。

- @see:引用其他类。
- @version:版本信息。
- @author:作者信息。
- @param:参数名说明。
- @return:返回值说明。
- @exception:完整类名说明。

对于有@ 标记的注释,javadoc 在生成有关程序的文档时,会自动地识别它们,并生成相应的文档。

【例 3-2】 HelloDate.java 加入了注释的程序，以用于 javadoc。

```java
package TestJavaDoc;

import java.util.*;

/**
 * 一个简单的 Java 程序.
 *
 * @(#)HelloDate.java
 *
 *              显示当前的日期.
 * @author Tang Dashi
 * @version 1.0
 */
public class HelloDate {

    /**
     * 主程序
     *
     * @param args
     *              命令行参数
     * @return 无返回值
     */
    public static void main(String[] args) {
        System.out.println("现在是：");
        System.out.println(new Date());
    }
}
```

使用 javadoc 的命令为：

javadoc HelloDate.java

这就可以自动生成文档。生成的文档如图 3-1 所示。

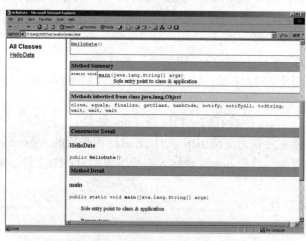

图 3-1 用 javadoc 生成的文档

3.2 运算符与表达式

运算符指明对操作数所进行的运算。按操作数的数目来分，可以有一元运算符（如++）

二元运算符（如+、>）和三元运算符（如?:），它们分别对应于一个、两个和三个操作数。对于一元运算符来说，可以采用前缀表达式（如++i）和后缀表达式（如i++），对于二元运算符来说则采用中缀表达式（如a+b）。按照运算符功能来分，基本的运算符有下面几类。

(1) 算术运算符（+，-，*，/，%，++，--）。
(2) 关系运算符（>，<，>=，<=，==，!=）。
(3) 布尔逻辑运算符（!，&&，||，&，|）。
(4) 位运算符（>>，<<，>>>，&，|，^，~）。
(5) 赋值运算符（=，及其扩展赋值运算符如+=）。
(6) 条件运算符（?:）。
(7) 其他（包括分量运算符.，下标运算符[ ]，实例运算符 instanceof，内存分配运算符 new，强制类型转换运算符（类型），方法调用运算符()等）。

本节中主要讲述前6类运算符。

3.2.1　算术运算符

算术运算符作用于整型或浮点型数据，完成算术运算。

1. 二元算术运算符

二元算术运算符如表 3-3 所示。

表 3-3　二元算术运算符

运算符	用法	描述
+	var1 + var2	加
-	var1 - var2	减
*	var1 * var2	乘
/	var1 / var2	除
%	var1 % var2	取模（求余）

对取模运算符%来说，其操作数可以为浮点数，如 37.2%10=7.2。

值得注意的是，Java 对加运算符进行了扩展，使它能够进行字符串的连接，如"abc"+"de"，得到字符串"abcde"。

2. 一元算术运算符

一元算术运算符如表 3-4 所示。

表 3-4　一元算术运算符

运算符	用法	描述
+	+var1	正值
-	-var1	负值
++	++var1，var1 ++	加1
--	--var1，var1 --	减1

注意:

++及--运算符可以置于变量前,也可以置于变量后。i++与++i,都会使 i 的值加 1,但作为表达式,i++与++i 是有区别的:

i++在使用 i 之后,使 i 的值加 1,因此执行完 i++后,整个表达式的值为 i,而 i 的值变为 i+1;

++i 在使用 i 之前,使 i 的值加 1,因此执行完++i 后,整个表达式和 i 的值均为 i+1;

对 i--与--i 来说,与上述情况一样。

为了程序的清楚起见,++i 最好单独写成一句而不要写到复杂的表达式中。

下面的例子说明了算术运算符的使用。

【例 3-3】 ArithmaticOp. java 算术运算符的使用。

```java
public class ArithmaticOp {
    public static void main( String args[ ] ) {
        int a = 5 + 4;        // a=9
        int b = a * 2;        // b=18
        int c = b / 4;        // c=4
        int d = b - c;        // d=14
        int e = -d;           // e=-14
        int f = e % 4;        // f=-2
        double g = 18.4;
        double h = g % 4;     // h=2.4
        int i = 3;
        int j = i++;          // i=4,j=3
        int k = ++i;          // i=5,k=5
        System. out. println("a = " + a);
        System. out. println("b = " + b);
        System. out. println("c = " + c);
        System. out. println("d = " + d);
        System. out. println("e = " + e);
        System. out. println("f = " + f);
        System. out. println("g = " + g);
        System. out. println("h = " + h);
        System. out. println("i = " + i);
        System. out. println("j = " + j);
        System. out. println("k = " + k);
    }
}
```

其运行结果为:

```
a = 9
b = 18
c = 4
d = 14
e = -14
f = -2
g = 18.4
h = 2.3999999999999986
i = 5
j = 3
k = 5
```

值得注意的是,单精度及双精度的浮点数在运算过程中都有精度问题,所以 h 显示的不是 2.4。

3.2.2 关系运算符

关系运算符用来比较两个值,返回布尔类型的值 true 或 false。关系运算符都是二元运算符,如表 3-5 所示。

表 3-5 关系运算符

运算符	用法	返回 true 的情况
>	var1 > var2	var1 大于 var2
>=	var1 >= var2	var1 大于或等于 var2
<	var1 < var2	var1 小于 var2
<=	var1 <= var2	var1 小于或等于 var2
==	var1 == var2	var1 与 var2 相等
!=	var1 != var2	var1 与 var2 不相等

Java 中,任何数据类型的数据(包括基本类型和引用类型)都可以通过==或!=来比较是否相等。关系运算的结果返回 true 或 false,而不是 C 或 C++中的 1 或 0。

关系运算符常与布尔逻辑运算符一起使用,作为流控制语句的判断条件。

例如:

  if(a>b && b==c)…

3.2.3 逻辑运算符

逻辑运算是针对布尔型数据进行的运算,运算的结果仍然是布尔型量,如表 3-6 所示。

表 3-6 逻辑运算符

运算符	运算	用法	描述
&	逻辑与	var1 & var2	两操作数均为 true 时,结果才为 true
|	逻辑或	var1 | var2	两操作数均为 false 时,结果才为 false
!	取反	! var1	与 var1 的 true 或 false 相反
^	异或	var1 ^ var2	两操作数同真假时,结果才为 false
&&	简洁与	var1 && var2	两操作数均为 true 时,结果才为 true
||	简洁或	var1 || var2	两操作数均为 false 时,结果才为 false

! 为一元运算符,实现逻辑非。&、| 为二元运算符,实现逻辑与、逻辑或。简洁运算(&&、||)与非简洁运算(&、|)的区别在于:非简洁运算在计算左右两个表达式之后,最后才取值;简洁运算可能只计算左边的表达式而不计算右边的表达式,即对于&&,只要左边表达式为 false,就不计算右边表达式,则整个表达式为 false;对于||,只要左边表达式为 true,就不计算右边表达式,则整个表达式为 true。简洁运算又称为短路运算。

下面的例子说明了关系运算符和布尔逻辑运算符的使用。

【例 3-4】 RelationAndConditionOp.java 关系和逻辑运算符的使用。

```
public class RelationAndConditionOp {
    public static void main(String args[]) {
        int a = 25, b = 3;
        boolean d = a < b;              // d=false
```

```
            System. out. println("a<b = " + d);
            int e = 3;
            if (e != 0 && a / e > 5)
                System. out. println("a/e = " + a / e);
            int f = 0;
            if (f != 0 && a / f > 5)
                System. out. println("a/f = " + a / f);
            else
                System. out. println("f = " + f);
        }
    }
```

其运行结果为:

```
a<b = false
a/e = 8
f = 0
```

注意:

例 3-3 中, 第二个 if 语句在运行时不会发生除 0 溢出的错误, 因为 e!=0 为 false, 所以就不需要对 a/e 进行运算。

3.2.4 位运算符

位运算符用来对二进制位进行操作, Java 中提供了如表 3-7 所示的位运算符。

表 3-7 位运算符

运算符	用 法	描 述
~	~var1	按位取反
&	var1 & var2	按位与
|	var1 | var2	按位或
^	var1 ^ var2	按位异或
>>	var1 >> var2	var1 右移 var2 位
<<	var1 << var2	var1 左移 var2 位
>>>	var1 >>> var2	var1 无符号右移 var2 位

位运算符中, 除~以外, 其余均为二元运算符。操作数只能为整型和字符型数据。有的符号 (如 &, |, ^) 与逻辑运算符的写法相同, 但逻辑运算符的操作数为 boolean 型。

为了帮助不熟悉位运算的读者, 特介绍位运算及其应用。

1. 补码

Java 使用补码来表示二进制数, 在补码表示中, 最高位为符号位, 正数的符号位为 0, 负数为 1。补码的规定如下。

(1) 对正数来说, 最高位为 0, 其余各位代表数值本身 (以二进制表示), 如+42 的补码为 00101010。

(2) 对负数而言, 把该数绝对值的补码按位取反, 然后对整个数加 1, 即得该数的补码。如, -42 的补码为 11010110 (因为: 00101010 按位取反 11010101, 再加 1 后为 11010110)。这里为了写起来简单, 以 8 位长度来举例。

0 的补码是 00000000, -1 的补码是 11111111。

2. 按位取反运算符 ~

~是一元运算法，对数据的每个二进制位取反，即把 1 变为 0，把 0 变为 1。

例如：00101010 取反后为 11010101。

注意：

~运算符与–运算符不同，~21≠–21。

3. 按位与运算符 &

参与运算的两个值，如果两个相应位都为 1，则该位的结果为 1，否则为 0。即，0 & 0 = 0，0 & 1 = 0，1 & 0 = 0，1 & 1 = 1。

  例如： 00101010
  （&） 00010111
     00000010

按位与可以用来对某些特定的位清零。如，对数 11010110 的第 2 位（从右向左数）和第 5 位清零，可让该数与 11101101 进行按位与运算。

  例如： 11010110
  （&） 11101101
     11000100

按位与可以用来取某个数中某些指定的位。如，要取数 11010110 的第 2 位和第 5 位，可让该数与 00010010 进行按位与运算。

  例如： 11010110
  （&） 00010010
     00010010

4. 按位或运算符 |

参与运算的两个值，只要两个相应位中有一个为 1，则该位的结果为 1。即：0 | 0 = 0，0 | 1 = 1，1 | 0 = 1，1 | 1 = 1。

  例如： 00101010
  （|） 00010111
     00111111

按位或可以用来把某些特定的位置 1，如对数 11010110 的第 4、5 位置 1，可让该数与 00011000 进行按位或运算。

  例如： 11010110
  （|） 00011000
     11011110

5. 按位异或运算符 ^

参与运算的两个值，如果两个相应位相同，则结果为 0，否则为 1。即：0 ^ 0 = 0，1 ^ 0 = 1，0 ^ 1 = 1，1 ^ 1 = 0。

  例如： 00101010
  （^） 00010111
     00111101

按位异或可以用来使某些特定的位翻转（求反），如对数 11010110 的第 4、5 位求反，可以将数与 00011000 进行按位异或运算。

例如： 11010110
(^)   00011000
        11001110

通过按位异或运算，可以实现两个值的交换，而不使用临时变量。例如，交换两个整数 a、b 的值，可通过下列语句实现：

```
a = 11010110,b = 01011001
a = a ^ b;     // a = 10001111
b = b ^ a;     // b = 11010110
a = a ^ b;     // a = 01011001
```

6. 左移运算符 <<

用来将一个数的各二进制位全部左移若干位。例如，a = a<<2，使 a 的各二进制位左移 2 位，右补 0，若 a = 00001111，则 a<<2 = 00111100。高位左移后溢出，舍弃不起作用。

在不产生溢出的情况下，左移一位相当于乘 2，而且用左移来实现乘法比乘法运算速度要快。

7. 右移运算符 >>

用来将一个数的各二进制位全部右移若干位。例如，a = a>>2，使 a 的各二进制位右移 2 位，移到右端的低位被舍弃，最高位则移入原来最高位的值。如，a = 00110111，则 a>>2 = 00001101；b = 11010011，则 b>>2 = 11110100。

右移一位相当于除 2 取商，而且用右移实现除法比除法运算速度要快。

8. 无符号右移运算符 >>>

用来将一个数的各二进制位无符号右移若干位，与运算符>>相同，移出的低位被舍弃，但不同的是最高位补 0。如，a = 00110111，则 a>>>2 = 00001101；b = 11010011，则 b>>>2 = 00110100。无符号右移运算，主要是解决 Java 中没有"无符号数"的问题。

9. 不同长度的数据进行位运算

如果两个数据长度不同（如 byte 型和 int 型），对它们进行位运算时，如 a & b，a 为 byte 型，b 为 int 型，则系统首先会将 a 的左侧 24 位填满，若 a 为正，则填满 0，若 a 为负，则左侧填满 1。

【例 3-5】 BitwiseOperators.java 位运算示例。

```java
public class BitwiseOperators {
    public static void main(String args[]) {
        int a = 0b1100;
        int b = 0b1010;
        print("a   ", a);
        print("b   ", b);
        print("a&b", a & b);
        print("a|b", a | b);
        print("a^b", a ^ b);
        print(" ~a", ~a);
        print("a<<2", a << 2);
        print("a>>2", a >> 2);
        print("a>>>2", a >>> 2);
    }
}
```

```
        static void print(String info, int n) {
            String s = Integer.toBinaryString(n);
            while (s.length()<4)
                s = "0" + s;
            System.out.println(info + " " + s);
        }
    }
```

其结果为：

```
a    1100
b    1010
a&b  1000
a|b  1110
a^b  0110
~a   11111111111111111111111111110011
a<<2 110000
a>>2 0011
a>>>2 0011
```

10. 位运算的应用

位运算可以用来处理一组布尔标志。如果一个程序中有几个不同的布尔标志分别代表对象的几个性质的状态，则可以把它们放在一个变量中，通过对该变量进行位操作实现对各布尔变量的访问。下面的例子说明了这一过程。

【例 3-6】 BitwiseOp.java 位运算的应用。

```
public class BitwiseOp {
    static String binary[] = { "0000", "0001", "0010", "0011", "0100",
            "0101", "0110", "0111", "1000", "1001", "1010",
            "1011", "1100", "1101", "1110", "1111" };

    static final int FLAG1 = 1;    // make FLAG1 a constant(0x0001)
    static final int FLAG2 = 2;    // make FLAG2 a constant(0x0010)
    static final int FLAG4 = 8;    // make FLAG4 a constant(0x1000)

    public static void main(String args[]) {
        int flags = 0;             // clear all flags
        System.out.println("Clear all flags... flags=" + binary[flags]);
        flags = flags | FLAG4;     // set flag4
        System.out.println("Set flag4... flags=" + binary[flags]);
        flags = flags ^ FLAG1;     // revert flag1
        System.out.println("Revert flag1... flags=" + binary[flags]);
        flags = flags ^ FLAG2;     // revert flag2
        System.out.println("Revert flag2... flags=" + binary[flags]);
        int cf1 = ~FLAG1;
        flags = flags & cf1;       // clear flag1
        System.out.println("Clear flag1... flags=" + binary[flags]);
        int f4 = flags & FLAG4;
        f4 = f4 >>> 3;             // get flag4
        System.out.println("Get flag4... flag4=" + f4);
        int f1 = flags & FLAG1;    // get flag1
        System.out.println("Get flag1... flag1=" + f1);
    }
}
```

其结果为：

```
Clear all flags... flags=0000
Set flag4... flags=1000
Revert flag1... flags=1001
```

```
Revert flag2… flags = 1011
Clear flag1… flags = 1010
Get flag4… flag4 = 1
Get flag1… flag1 = 0
```

3.2.5 赋值与强制类型转换

1. 赋值运算符

赋值运算符"="把一个数据赋给一个变量，简单的赋值运算是把一个表达式的值直接赋给一个变量或对象，使用的赋值运算符是"="，其格式如下：

> 变量或对象 = 表达式

在赋值运算符两侧的类型不一致的情况下，则需要进行自动或强制类型转换。变量从占用内存较少的短数据类型转化成占用内存较多的长数据类型时，可以不做显式的类型转换，Java 会自动转换；而将变量从较长的数据类型转换成较短的数据类型时，则必须做强制类型转换。强制类型的基本方式是：

> (类型)表达式

例如：

```
byte b = 100;         // 自动转换
int i = b;
int i = 100;          // 强制类型转换
byte b = (byte)a;
```

一般地说，在 byte、short 类型在运算时会首先自动转为整数（int）进行运算，这称为"整型提升"。

注意：

当从其他类型转为 char 型时，必须用强制类型转换（用数值常量给字符变量赋初值除外）。

2. 扩展赋值运算符

在赋值符"="前加上其他运算符，即构成扩展赋值运算符，例如：a += 3 等价于 a = a + 3。也就是：

> var1 = var1 op expression

用扩展赋值运算符可表达为：

> var1 op= expression

就是说，在先进行某种运算之后，再对运算的结果进行赋值。

表 3-8 列出了 Java 中的扩展赋值运算符的用法及等效的表达式。

表 3-8 扩展赋值运算

运算符	用法	等效表达式
+=	var1 += var2	var1 = var1 + var2
-=	var1 -= var2	var1 = var1 - var2
*=	var1 *= var2	var1 = var1 * var2
/=	var1 /= var2	var1 = var1 / var2

续表

运 算 符	用 法	等效表达式
%=	var1 %= var2	var1 = var1 % var2
&=	var1 &= var2	var1 = var1 & var2
|=	var1 |= var2	var1 = var1 | var2
^=	var1 ^= var2	var1 = var1 ^ var2
>>=	var1 >>= var2	var1 = var1 >> var2
<<=	var1 <<= var2	var1 = var1 << var2
>>>=	var1 >>>= var2	var1 = var1 >>> var2

3.2.6 条件运算符

条件运算符 ?：为三元运算符，它的一般形式为：

  x ? y:z

其规则是，先计算表达式 x 的值，若 x 为真，则整个三元运算的结果为表达式 y 的值；若 x 为假，则整个运算结果为表达式 z 的值。其中，y 与 z 需要返回相同的数据类型。

例如：

  ratio = denom==0 ? 0 : num/denom;

这里，如果 denom==0，则 ratio=0，否则 ratio=num/denom。

又如：

  z = a>0 ? a : -a; // z 为 a 的绝对值
  z = a>b ? a : b; // z 为 a、b 中较大值

如果要通过测试某个表达式的值来选择两个表达式中的一个进行计算时，用条件运算符来实现是一种简练的方法。这时，它实现了 if…else 语句的功能。

3.2.7 表达式及运算的优先级、结合性

表达式是由变量、常量、对象、方法调用和操作符组成的式子，它执行这些元素指定的计算并返回某个值。如，a+b、c+d 等都是表达式，表达式用于计算并对变量赋值，以及作为程序控制的条件。

在对一个表达式进行运算时，要按运算符的优先顺序从高向低进行，表 3-9 给出了 Java 中运算符的优先次序。大体上来说，从高到低是：一元运算符、算术运算、关系运算和逻辑运算、赋值运算。

表 3-9 运算符的优先级及结合性（表顶部的优先级较高）

运算符的优先级	运算符的结合性
. [ ] ( )	
++ -- ! ~ instanceof	右
new （type）	右
* / %	左
+ -	左

续表

运算符的优先级	运算符的结合性
>>> >> <<	左
< > <= >=	左
== !=	左
&	左
^	左
|	左
&&	左
||	左
?:	右
= += -= *= /= %= ^= &= |= <<= >>= >>>=	右

在表达式中，可以用括号()显式地标明运算次序，括号中的表达式首先被计算。适当地使用括号可以使表达式的结构清晰。例如：

a>=b && c<d || e==f

可以用括号显式地写成：

((a<=b) && (c<d)) || (e==f)

这样就清楚地表明了运算次序，使程序的可读性加强。

注意：

括号都使用圆括号。

运算符除有优先级外，还有结合性，运算符的结合性决定了并列的相同运算的先后执行顺序。大部分运算的结合性都是从左向右（称为"左结合性"），赋值运算、条件运算则有右结合性。

3.3 流程控制语句

流程控制语句是用来控制程序中各语句执行顺序的语句，是程序中既基本又非常关键的部分。流程控制语句可以把单个的语句组合成有意义的、能完成一定功能的小逻辑模块。最主要的流程控制方式是结构化程序设计中规定的三种基本流程结构。

3.3.1 结构化程序设计的三种基本流程

任何程序都可以且只能由三种基本流程结构构成，即顺序结构、分支结构和循环结构。

顺序结构是三种结构中最简单的一种，即语句按照书写的顺序依次执行。分支结构又称为选择结构，它根据计算所得的表达式的值来判断应选择执行哪一个流程的分支。循环结构则是在一定条件下反复执行一段语句的流程结构。这三种结构构成了程序局部模块的基本框架，如图3-2所示。

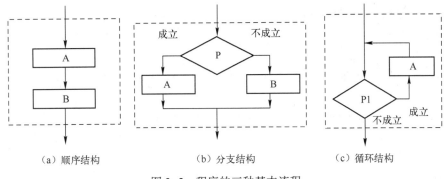

(a)顺序结构　　　　　(b)分支结构　　　　　(c)循环结构

图 3-2　程序的三种基本流程

Java 语言虽然是面向对象的语言,但是在局部的语句块内部,仍然需要借助于结构化程序设计的基本流程结构来组织语句,完成相应的逻辑功能。Java 的语句块是由一对大括号括起的若干语句的集合。Java 中,有专门负责实现分支结构的条件分支语句和负责实现循环结构的循环语句。

3.3.2　简单语句

最简单的流程是顺序结构,在 Java 中一句一句地书写。而最简单的语句是方法调用语句及赋值语句,是在方法调用或赋值表达式后加一个分号(;),分别表示完成相关的任务及赋值。如:

```
System. out. println("Hello World");
a = 3 + x;
b = a > 0 ? a : -a;
s = TextBox1. getText();
d = Integer. parseInt(s);
```

3.3.3　分支语句

Java 中的分支语句有两个,一个是负责实现双分支的 if 语句,另一个是负责实现多分支的 switch 语句。

1. if 语句

if 语句的一般形式是:

```
if (条件表达式)
    语句块;      // if 分支
else
    语句块;      // else 分支
```

其中,语句块是一条语句(带分号)或者是用一对花括号 {} 括起来的多条语句;条件表达式用来选择判断程序的流程走向,在程序的实际执行过程中,如果条件表达式的取值为真,则执行 if 分支的语句块,否则执行 else 分支的语句块。在编写程序时,也可以不书写 else 分支。此时,若条件表达式的取值为假,则绕过 if 分支直接执行 if 语句后面的其他语句。语法格式如下:

```
if (条件表达式)
    语句块;
```

下面是一个 if 语句的简单例子,实现求某数的绝对值。

```
if (a >= 0) b = a; else b = -a;
```

【例 3-7】 LeapYear.java 判断闰年。

```java
public class LeapYear {
    public static void main(String args[]) {
        int year = 2023;
        if (((year % 4 == 0 && year % 100 != 0) || (year % 400 == 0)) {
            System.out.println(year + " is a leap year.");
        } else {
            System.out.println(year + " is not a leap year.");
        }
    }
}
```

该程序判断某一年是否为闰年。闰年的条件是符合下面二者之一：①能被 4 整除，但不能被 100 整除；②能被 400 整除。运行结果如下：

2023 is not a leapyear.

2. switch 语句

switch 语句是多分支的开关语句，一般形式是：

```
switch(表达式) {
    case 判断值 1:一系列语句 1;break;
    case 判断值 2:一系列语句 2;break;
    …
    case 判断值 n:一系列语句 n;break;
    default:一系列语句 n+1
}
```

注意：

其中，表达式必须是整数型或字符类型，从 Java 6 开始，表达式可以是字符串 (String) 类型或者枚举类型。判断值必须是常数，而不能是变量或表达式。

switch 语句在执行时，首先计算表达式的值，这个值必须是整型、字符型、字符串或枚举类型，同时应与各个 case 分支的判断值的类型相一致。计算出表达式的值之后，将它先与第一个 case 分支的判断值相比较，若相同，则程序的流程转入第一个 case 分支的语句块；否则，再将表达式的值与第二个 case 分支相比较，……依次类推。如果表达式的值与任何一个 case 分支都不相同，则转而执行最后的 default 分支；在 default 分支不存在的情况下，则跳出整个 switch 语句。

注意：

switch 语句的每一个 case 判断，在一般情况下都有 break 语句，以指明这个分支执行完成后，就跳出该 switch 语句。在某些特定的场合下可能不需要 break 语句，如在若干判断值共享同一个分支时，就可以实现由不同的判断语句流入相同的分支。

【例 3-8】 GradeLevel.java 根据考试成绩的等级打印出百分制分数段。

```java
public class GradeLevel {
    public static void main(String args[]) {
        System.out.println("\n* * * * first situation * * * *");
        char grade = 'C';
        switch (grade) {
            case 'A':
                System.out.println(grade + " is 85~100");
```

第3章　数据运算、流程控制和数组

```
                break;
        case 'B':
                System.out.println(grade + " is 70~84");
                break;
        case 'C':
                System.out.println(grade + " is 60~69");
                break;
        case 'D':
                System.out.println(grade + " is <60");
                break;
        default:
                System.out.println("input error");
        }
    }
}
```

3. 应用举例

【例 3-9】AutoScore.java 自动出题并判分。

该程序随机产生两个数和一个运算符（即所谓"出题"），并让用户输入一个数作为答案，然后程序判断结果是否正确（即所谓"判分"），并在一个列表框中显示判断结果，如图 3-3 所示。

程序如下：

```
import java.awt.*;
import javax.swing.*;

public class AutoScore extends JFrame {
    public AutoScore() {
        init();
        setSize(400, 350);
        setDefaultCloseOperation(EXIT_ON_CLOSE);
        setVisible(true);
    }

    public void init() {
        //{{INIT_CONTROLS
        setLayout(null);
        setSize(400, 350);
        btnNew.setText("出题");
        getContentPane().add(btnNew);
        // btnNew.setBackground(java.awt.Color.lightGray);
        btnNew.setBounds(36, 96, 98, 26);
        btnJudge.setText("判分");
        getContentPane().add(btnJudge);
        // btnJudge.setBackground(java.awt.Color.lightGray);
        btnJudge.setBounds(216, 96, 94, 25);
        lblA.setText("text");
        getContentPane().add(lblA);
        lblA.setFont(new Font("Dialog", Font.PLAIN, 24));
        lblA.setBounds(36, 24, 36, 36);
        lblOp.setText("text");
        getContentPane().add(lblOp);
        lblOp.setFont(new Font("Dialog", Font.PLAIN, 24));
        lblOp.setBounds(72, 24, 36, 36);
        lblB.setText("text");
```

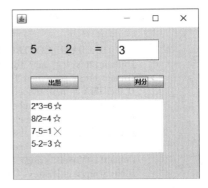

图 3-3　自动出题并判分

```java
        getContentPane().add(lblB);
        lblB.setFont(new Font("Dialog", Font.PLAIN, 24));
        lblB.setBounds(108, 24, 33, 36);
        lblEq.setText("=");
        getContentPane().add(lblEq);
        lblEq.setFont(new Font("Dialog", Font.PLAIN, 24));
        lblEq.setBounds(168, 24, 34, 36);
        getContentPane().add(txtAnswer);
        txtAnswer.setFont(new Font("Dialog", Font.PLAIN, 24));
        txtAnswer.setBounds(216, 24, 85, 42);
        lstHistory.setFont(new Font("Dialog", Font.PLAIN, 16));
        getContentPane().add(lstHistory);
        lstHistory.setBounds(36, 144, 272, 106);
        //}}

        //{{REGISTER_LISTENERS
        btnNew.addActionListener(e -> btnNew_ActionPerformed(e));
        btnJudge.addActionListener(e -> btnJudge_ActionPerformed(e));
        //}}
    }

    //{{DECLARE_CONTROLS
    JButton btnNew = new JButton();
    JButton btnJudge = new JButton();
    JLabel lblA = new JLabel();
    JLabel lblOp = new JLabel();
    JLabel lblB = new JLabel();
    JLabel lblEq = new JLabel();
    JTextField txtAnswer = new JTextField();
    DefaultListModel<String> history = new DefaultListModel<>();
    JList<String> lstHistory = new JList<>(history);
    //}}

    void btnNew_ActionPerformed(java.awt.event.ActionEvent event) {
        a = (int)(Math.random() * 9 + 1);
        b = (int)(Math.random() * 9 + 1);
        int c = (int)(Math.random() * 4);
        switch (c) {
        case 0:
            op = "+";
            result = a + b;
            break;
        case 1:
            op = "-";
            result = a - b;
            break;
        case 2:
            op = "*";
            result = a * b;
            break;
        case 3:
            op = "/";
            result = a / b;
            break;
        }
        lblA.setText("" + a);
        lblB.setText("" + b);
        lblOp.setText("" + op);
        txtAnswer.setText("");
```

第 3 章 数据运算、流程控制和数组

```java
    }
    int a = 0, b = 0;
    String op = "";
    double result = 0;

    void btnJudge_ActionPerformed(java.awt.event.ActionEvent event) {
        String str = txtAnswer.getText();
        double d = Double.valueOf(str).doubleValue();
        String info = "" + a + op + b + "=" + str + " ";
        if (d == result) {
            info += " ☆";
        } else {
            info += " ×";
        }
        history.addElement(info);
    }

    public static void main(String[] args) {
        SwingUtilities.invokeLater(() -> {
            new AutoScore();
        });
    }
}
```

在该程序的界面设计中，用到了如表 3-10 所示的界面对象。上面的程序代码可以用普通的文本编辑器录入，但最好使用可视化界面设计工具，如 NetBeans 或 Eclipse 中的 WindowBuilder 插件。

表 3-10 界面对象及其属性

界面对象	名 称	属 性 名	属 性 值
数 a	lblA		
运算符 op	lnlOp		
数 b	lblB		
输入的数	txtAnswer	text	
出题按钮	btnNew	text	出题
判分按钮	btnJudge	text	判分
信息显示列表框	listHistory		

注意：

如果使用可视化界面设计工具，需将 JFrame 的 Layout 属性设为 null。

界面对象中的列表框 listHistory 关联了一个模型对象 hitory（可以理解为列表框绑定的数据），通过 history.addElement() 方法可以将要加入的信息显示到列表框中。

程序中，产生随机数的方法是用 Math.random() 函数，而随机产生符号的方法是先产生一个随机数，然后根据这种数的大小得到一个符号（用 switch 语句实现）。

在计算正确的答案时，也用了 switch 语句。在判断答案是否正确时，用到了 if 语句。

值得一提的是，在 Java 12 以上版本中，switch 还可以用于表达式：

```
String s = switch (i) {
    case 1 -> "Monday";
    case 2 -> "Tuesday";
    default -> "other";
};
```

3.3.4 循环语句

循环结构是在一定条件下反复执行某段程序的流程结构，被反复执行的程序被称为循环体。循环结构是程序中非常重要和基本的一种结构，它是由循环语句来实现的。Java 的循环语句共有三种：for、while 和 do…while 语句，如图 3-4 所示。

三种语句在使用时，都要表达以下几个要素。

（1）循环的初始化。
（2）循环的条件。
（3）循环体。
（4）循环的改变。

下面的例题是用三种方式来表达的 1+2+3+…+100 的循环相加的过程。

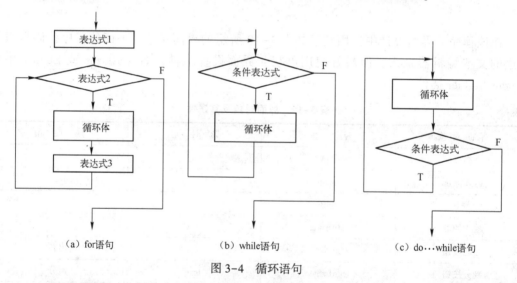

（a）for语句　　　（b）while语句　　　（c）do…while语句

图 3-4 循环语句

【例 3-10】Sum100.java 循环语句用于求 1+2+3+…+100。

```java
public class Sum100 {
    public static void main(String args[]) {
        int sum, n;

        System.out.println("\n* * * * for statement * * * *");
        sum = 0;
        for (int i = 1; i <= 100; i++) { // 初始化,循环条件,循环改变
            sum += i; // 循环体
        }
        System.out.println("sum is " + sum);

        System.out.println("\n* * * * while statement * * * *");
```

```
            sum = 0;
            n = 100;                        // 初始化
            while ( n > 0 ) {               // 循环条件
                sum += n;                   // 循环体
                n--;                        // 循环改变
            }
            System.out.println("sum is " + sum);

            System.out.println("\n* * * * do_while statement * * * *");
            sum = 0;
            n = 1;                          // 初始化
            do {
                sum += n;                   // 循环体
                n++;                        // 循环改变
            } while ( n <= 100 );           // 循环条件
            System.out.println("sum is " + sum);
        }
    }
```

运行结果如下:

```
* * * * for statement * * * *
sum is 5050

* * * * while statement * * * *
sum is 5050

* * * * do_while statement * * * *
sum is 5050
```

可以从中比较这三种循环语句，从而在不同的场合选择合适的语句。

下面比较详细地讲解这三种循环语句的用法。

1. for 语句

for 语句是 Java 语言三个循环语句中功能较强、使用较广泛的一个，它的流程结构可参看图 3-4 (a)。for 语句的一般语法格式如下：

```
for( 表达式 1;表达式 2;表达式 3)
    循环体
```

其中，表达式 1 完成初始化循环变量和其他变量的工作；表达式 2 是返回布尔值的条件表达式，用来判断循环是否继续；表达式 3 用来修改循环变量，改变循环条件。3 个表达式之间用分号隔开。

for 语句的执行过程是首先计算表达式 1，完成必要的初始化工作；再判断表达式 2 的值，若为真，则执行循环体，执行完循环体后再返回表达式 3，计算并修改循环条件。这样一轮循环就结束了。第二轮循环从计算并判断表达式 2 开始，若表达式的值仍为真，则继续循环；否则，跳出整个 for 语句执行下面的句子。for 语句的三个表达式都可以为空，但若表达式 2 也为空，则表示当前循环是一个无限循环，需要在循环体中书写另外的跳转语句终止循环。

注意：

for 循环的第 1 个表达式中，可以定义变量，这里定义的变量只在该循环体内有效。如 for (int n = 0; n < 100; n++) { System.out.println(n); }

【例3-11】 Circle99.java 画很多同心圆，如图3-5所示。

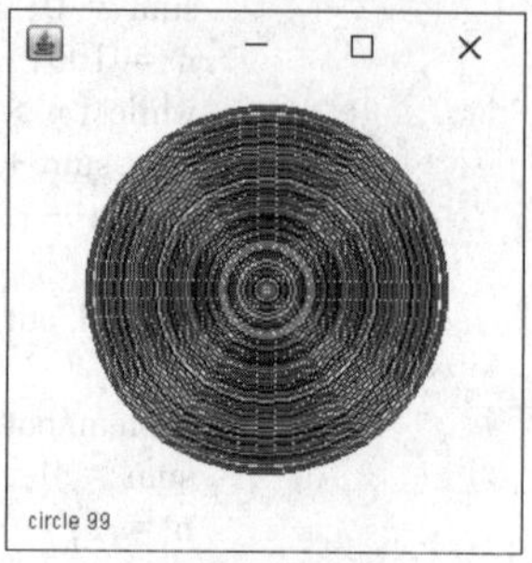

```java
import java.awt.*;
import javax.swing.*;

public class Circle99 extends JFrame {
    public static void main(String[] args) {
        new Circle99();
    }

    public Circle99() {
        setSize(300, 300);
        setVisible(true);
        this.setDefaultCloseOperation(DISPOSE_ON_CLOSE);
    }

    public void paint(Graphics g) {
        g.setColor(Color.white);
        g.fillRect(0, 0, getWidth(), getHeight());

        g.setColor(Color.red);
        g.drawString("circle 99", 20, 280);

        int x0 = getWidth() / 2;
        int y0 = getHeight() / 2;
        for (int r = 0; r < y0 - 50; r += 1) {
            g.setColor(getRandomColor());
            g.drawOval(x0 - r, y0 - r, r * 2, r * 2);
        }
    }

    Color getRandomColor() {
        return new Color((int)(Math.random() * 255),
            (int)(Math.random() * 255), (int)(Math.random() * 255));
    }
}
```

图 3-5 画很多同心圆

程序中在 paint() 函数中进行了绘图，绘图时使用 Graphics 对象的 setColor() 设置颜色，用 drawOval() 来画圆。

2. while 语句

while 语句的一般语法格式如下：

```
while (条件表达式)
    循环体
```

其中，条件表达式的返回值为布尔型，循环体可以是单个语句，也可以是复合语句块。

while 语句的执行过程是先判断条件表达式的值，若为真，则执行循环体，循环体执行完之后再无条件转向条件表达式做计算与判断；当计算出条件表达式为假时，跳过循环体执行 while 语句后面的语句。

【例3-12】 Jiaogu.java 验证"角谷猜想"。

"角谷猜想"指出，将一个自然数按以下的一个简单规则进行运算：若数为偶数，则除以2；若为奇数，则乘3并加1。将得到的数按该规则重复运算，最终可得到1。现给定一个数 n，试用程序来验证该过程。

```java
import java.util.Scanner;
```

```java
class Jiaogu {
    public static void main(String[] args) {
        System.out.print("\n请输入一个数:");
        Scanner scanner = new Scanner(System.in);
        int a = scanner.nextInt();
        int cnt = 0;
        while (a != 1) {
            System.out.print(" " + a);
            cnt++;
            if (a % 2 == 1) {
                a = a * 3 + 1;
            } else {
                a /= 2;
            }
        }
        System.out.println(" " + a + ",运算次数" + cnt);
        scanner.close();
    }
}
```

程序的运算结果如下:

```
请输入一个数:23
 23 70 35 106 53 160 80 40 20 10 5 16 8 4 2 1,运算次数 15
```

3. do…while 语句

do…while 语句的一般语法结构如下:

```
do
    循环体
while (条件表达式);
```

do…while 语句的使用与 while 语句很类似，不同的是，它不像 while 语句是先计算条件表达式的值，而是无条件地先执行一遍循环体，再来判断条件表达式。若表达式的值为真，则运行循环体，否则跳出 do…while 循环，执行下面的语句。可以看出，do…while 语句的特点是它的循环体将至少被执行一次。

【例 3-13】 ShowManyCharValue.java 多次输入字符，显示其 ASCII 码，直到按#结束。

```java
class ShowManyCharValue {
    public static void main(String[] args) {
        try {
            char c;
            do {
                System.out.println("输入字符并按回车,按#结束");
                c = (char) System.in.read();
                System.in.skip(2); // 忽略回车换行
                System.out.println(c + "的Ascii值为:" + (int) c);
            } while (c != '#');
        } catch (Exception e) {
        }
    }
}
```

程序运行结果如下:

```
输入字符并按回车,按#结束
a
a 的 Ascii 值为:97
```

输入字符并按回车,按#结束
A
A 的 Ascii 值为:65
输入字符并按回车,按#结束
#
#的 Ascii 值为:35

3.3.5 跳转语句

跳转语句用来实现程序执行过程中流程的转移。前面,在 switch 语句中使用过的 break 语句就是一种跳转语句。为了提高程序的可靠性和可读性,Java 语言不支持无条件跳转的 goto 语句。Java 的跳转语句有三个:continue、break 和 return 语句。

1. continue 语句

continue 语句必须用于循环结构中,它有两种使用形式。

一种是不代标号的 continue 语句,它的作用是终止当前这一轮的循环,跳过本轮剩余的语句,直接进入当前循环的下一轮。在 while 或 do...while 循环中,不带标号的 continue 语句会使流程直接跳转至条件表达式。在 for 循环中,不带标号的 continue 语句会跳转至表达式 3,计算修改循环变量后再判断循环条件。

另一种是带标号的 continue 语句,其格式是:

  continue 标号名;

这个标号名应该定义在程序中外层循环语句的前面,用来标志这个循环结构。标号的命名应该符合 Java 标识符的规定。带标号的 continue 语句使程序的流程直接转入标号标明的循环层次。

2. break 语句

break 语句的作用是使程序的流程从一个语句块内部跳转出来,如从 switch 语句的分支中跳出,或从循环体内部跳出。break 语句同样分为带标号和不带标号两种形式。带标号的 break 语句的使用格式是:

  break 标号名;

这个标号应该标志某一个语句块。执行 break 语句就从这个语句块中跳出来,流程进入该语句块后面的语句。

不带标号的 break 语句从它所在的 switch 分支或最内层的循环体中跳转出来,执行分支或循环体后面的语句。

【例 3-14】MaxDiv.java 求一个数的最大真约数。程序中从大向小进行循环,直到能整除,则用 break 退出循环。

```java
public class MaxDiv {
    public static void main(String[] args) {
        int a = 99;
        int i = a - 1;
        while (i > 0) {
            if (a % i == 0)
                break;
            i--;
        }
        System.out.println(a + "的最大真约数为:" + i);
    }
}
```

程序运行结果如下:

  99 的最大真约数为:33

3. return 语句

return 语句的一般格式是:

  return 表达式;

return 语句用来使程序流程从方法调用中返回,表达式的值就是调用方法的返回值。如果方法没有返回值,则 return 语句不用表达式。

【例 3-15】Prime100Continue.java 求 100~200 间的所有质数。

```java
public class Prime100Continue {
    public static void main(String args[]) {
        System.out.println(" * * * * 100--200 的质数 * * * *");
        int n = 0;
        outer: for (int i = 101; i <= 200; i += 2) {   // 外层循环
            for (int j = 2; j < i; j++) {              // 内层循环
                if (i % j == 0)                        // 不是质数,则继续外层循环
                    continue outer;
            }
            System.out.print(" " + i);                 // 显示质数
            n++;                                        // 计算个数
            if (n < 10)                                // 未满 10 个数,则不换行
                continue;
            System.out.println();
            n = 0;
        }
        System.out.println();
    }
}
```

该例通过一个嵌套的 for 语句来实现。其中,外层循环遍历 101~200,内层循环针对一个数 i,用 2 到 $i-1$ 之间的数去除,若能除尽,则表明不是质数,直接继续外层的下一次循环(continue outer)。这里 outer 是语句的"标签",表明是哪个循环,可以改成其他任意标识符,只要与 continue 后用的标识符一致即可。程序运行结果如下:

  * * * * 100--200 的质数 * * * *
  101 103 107 109 113 127 131 137 139 149
  151 157 163 167 173 179 181 191 193 197
  199

3.4 数组

数组是有序数据的集合,数组中的每个元素具有相同的数据类型,可以用一个统一的数组名和下标来唯一地确定数组中的元素。在 Java 中,数组属于引用类型。

数组有一维数组和多维数组,下面分别进行介绍。

3.4.1 一维数组

1. 一维数组的定义

一维数组的定义方式为:

  type arrayName[ ];

或

　　　　type [ ] arrayName;

其中，类型（type）可以为Java中任意的数据类型，包括基本类型和引用类型，数组名arrayName为一个合法的标识符，[ ]指明该变量是一个数组类型变量，它可以放到数组名的前面或后面，建议读者将[ ]放在标识符的前面。例如：

　　　　int [ ] score;

声明了一个整型数组，数组中的每个元素为整型数据。

注意：

与C、C++不同，Java在数组的定义中并不为数组元素分配内存，因此[ ]中不用指出数组中元素的个数（即数组长度）。

为数组分配内存空间时，要用到运算符new，其格式如下：

　　　　arrayName = new type[arraySize];

其中，arraySize指明数组的长度。如：

　　　　score = new int[100];

为一个整型数组分配100个int型整数所占据的内存空间。

通常，这两部分可以合在一起，格式如下：

　　　　type arrayName = new type [arraySize];

例如：

　　　　int [ ] score = new int[3];

注意：

数组用new分配空间的同时，数组的每个元素都会自动赋一个默认值（整数为0，实数为0.0，字符为'\0'，boolean型为false，引用型为null）。这是因为，数组实际是一种引用型的变量，而其每个元素是引用型变量的成员变量。

2. 一维数组元素的引用

当定义了一个数组，并用运算符new为它分配了内存空间后，就可以引用数组中的每一个元素了。数组元素的引用方式为：

　　　　arrayName[index]

其中，index为数组下标，它可以为整型常数或表达式，如a[3]，b[i]（i为整型），c[6*i]等。下标从0开始，一直到数组的长度减到1。对于上面例子中的score数组来说，它有100个元素，分别为：score[0]，score[1]，…，score[99]。

另外，与C、C++中不同，Java对数组元素要进行越界检查以保证安全性。同时，对于每个数组都有一个属性length指明它的长度，例如，score.length指明数组score的长度。

【例3-16】 ArrayTest.java 使用数组。

```
public class ArrayTest {
    public static void main(String args[ ]) {
        int a[ ] = new int[5];
        for (int i = 0; i < a.length; i++)
            a[i] = i;
```

```java
        for (int i = 0; i < a.length; i++)
            System.out.println("a[" + i + "] : " + a[i]);
        for (int i = a.length - 1; i >= 0; i--)
            System.out.println("a[" + i + "] : " + a[i]);
        for (int n : a)
            System.out.println(n);
    }
}
```

程序运行结果如下:

```
a[0] : 0
a[1] : 1
a[2] : 2
a[3] : 3
a[4] : 4
a[4] : 4
a[3] : 3
a[2] : 2
a[1] : 1
a[0] : 0
0
1
2
3
4
```

3. 一维数组的初始化

对数组元素可以按照上述的例子进行赋值。也可以在定义数组的同时进行初始化。例如:

```
int a[] = {1, 8, 9, 2, 5};
```

也可以写为:

```
int a[] = new int[]{1, 8, 9, 2, 5};
```

用逗号(,)分隔数组的各个元素,系统自动为数组分配一定的空间。

4. 一维数组程序举例

【例3-17】 Fibonacci.java Fibonacci 数列。

Fibonacci (斐波拉契) 数列的定义为:

$$F_1 = F_2 = 1, F_n = F_{n-1} + F_{n-2}(n \geq 3)$$

程序如下:

```java
public class Fibonacci {
    public static void main(String[] args) {
        int[] f = new int[10];
        f[0] = f[1] = 1;
        for (int i = 2; i < 10; i++)
            f[i] = f[i - 1] + f[i - 2];
        
        for (int i = 1; i <= 10; i++)
            System.out.println("F[" + i + "] = " + f[i - 1]);
    }
}
```

程序运行结果如下:

```
F[1] = 1
F[2] = 1
```

```
F[3] = 2
F[4] = 3
F[5] = 5
F[6] = 8
F[7] = 13
F[8] = 21
F[9] = 34
F[10] = 55
```

【例 3-18】**Rnd_36_7.java** 36 选 7。随机产生 7 个数, 每个数在 1~36 范围内, 要求每个数不同。

```java
class Rnd_36_7 {
    public static void main(String[] args) {
        int a[] = new int[7];
        for (int i = 0; i < a.length; i++) {
            one_num: while (true) {
                a[i] = (int)(Math.random() * 36) + 1;
                for (int j = 0; j < i; j++) {
                    if (a[i] == a[j])
                        continue one_num;
                }
                break;
            }
        }
        for (int num : a)
            System.out.print(num + " ");
        System.out.println();
    }
}
```

注意 continue 及 break 语句的使用方法。其中 one_num 是语句标签, 表示产生一个不重复的数的那重循环。程序运行结果如下:

```
9 13 23 30 35 17 32
```

3.4.2 多维数组

Java 中多维数组被看作数组的数组。例如, 二维数组为一个特殊的一维数组, 其每个元素又是一个一维数组。下面以二维数组为例来进行说明, 高维数组的情况是类似的。

1. 二维数组的定义

二维数组的定义方式为:

```
type arrayName[ ][ ];
```

例如:

```
int x[ ][ ];
```

与一维数组一样, 这时对数组元素也没有分配内存空间, 同样要使用运算符 new 来分配内存, 然后才可以访问每个元素。

对高维数组来说, 分配内存空间有下面几种方法。

(1) 直接为每一维分配空间, 如:

```
int a[ ][ ] = new int[2][3];
```

(2) 从最高维开始, 分别为每一维分配空间, 如:

```
int a[ ][ ] = new int[2][ ];
a[0] = new int[3];
a[1] = new int[3];
```

完成方法（1）中相同的功能。

2. 二维数组元素的引用

对二维数组中每个元素，引用方式为：

arrayName[index1][index2]

其中，index1、index2 为下标，可为整型常数或表达式，如 a[1][2] 等。同样，每一维的下标都从 0 开始。

3. 二维数组的初始化

二维数组的初始化有以下两种方式。

（1）直接对每个元素进行赋值。

（2）在定义数组的同时进行初始化，如：

int a[][] = {{2,3},{1,5},{3,4}};

定义了一个 3×2 的数组，并对每个元素赋值。

4. 非规则矩阵数组

Java 中的多维数组实际上既是数组元素又是数组，所以每个数组的元素个数可以不一样，这样就形成了非规则矩阵的数组，又称为"锯齿状数组"。如：

```
int [ ] [ ] a = new int[4][ ];
a[0] = new int[2];
a[1] = new int[3];
a[2] = new int[1];
a[3] = new int[9];
```

注意：

这样写是非法的："int t1[ ][ ] = new int [ ][4]"。读者会发现这与 C++ 不同，C++ 可以声明数组参数为 int aaa[ ][4]。这是因为 Java 中的 int t1[ ][ ] 是数组的数组；而 C++ 是规则的矩阵型数组，必须知道第二维的个数。

5. 二维数组举例

【例 3-19】MatrixMultiply.java 两个矩阵相乘。

矩阵 $A_{m \times n}$，$B_{n \times l}$ 相乘得到 $C_{m \times l}$，每个元素 $C_{ij} = \sum_{k=1}^{l}(a_{ik} \times b_{kj})(i=1,\cdots,m; j=1,\cdots,l)$。

```
public class MatrixMultiply {
    public static void main(String args[]) {
        int i, j, k;
        int a[][] = { {2, 3, 5}, {1, 3, 7} };
        int b[][] = { {1, 5, 2, 8}, {5, 9, 10, -3}, {2, 7, -5, -18} };
        int c[][] = new int[2][4];
        for (i = 0; i < 2; i++) {
            for (j = 0; j < 4; j++) {
                c[i][j] = 0;
                for (k = 0; k < 3; k++) {
                    c[i][j] += a[i][k] * b[k][j];
                }
            }
        }
        System.out.println("\n* * * Matrix A * * *");
        for (i = 0; i < 2; i++) {
            for (j = 0; j < 3; j++)
                System.out.print(a[i][j] + " ");
```

```
            System.out.println();
        }
        System.out.println("\n* * * Matrix B * * *");
        for (i = 0; i < 3; i++) {
            for (j = 0; j < 4; j++)
                System.out.print(b[i][j] + " ");
            System.out.println();
        }
        System.out.println("\n* * * Matrix C * * *");
        for (i = 0; i < 2; i++) {
            for (j = 0; j < 4; j++)
                System.out.print(c[i][j] + " ");
            System.out.println();
        }
    }
}
```

运行结果如下:

```
* * * Matrix A * * *
2 3 5
1 3 7

* * * Matrix B * * *
1 5 2 8
5 9 10 -3
2 7 -5 -18

* * * Matrix C * * *
27 72 9 -83
30 81 -3 -127
```

3.4.3 数组与增强的 for 语句

在 Java 5 以上版本，对于 for 语句进行了增强 (enhanced for statement)，因此在遍历数组的元素时更方便。基本格式为：在 for 语句中使用一个类型名、一个变量名、一个冒号及一个数组名。如:

```
int [] num = {1, 2, 3, 5};
for (int n : num) {
    System.out.println(n);
}
```

可见，这样在遍历数组时要简单多了。

值得注意的是，这样的遍历只得取得其中的元素，无法改变元素。

3.4.4 数组的复制

System.arraycopy() 方法可以用来复制数组，其格式是：

  System.arraycopy(Object src, int src_position, Object dst, int dst_position, int length)

它将数组从 src 复制到 dst，复制的位置是 src 的第 src_position 个元素到 dst 的第 dst_position 位置，复制元素的个数为 length。

注意：

该方法只复制元素。如果数组元素是引用型变量，则只复制引用，不复制对象实体。

习题

1. 简述 Java 程序的构成。如何判断主类？下面的程序有什么错误、如何改正？这个程序的源代码的文件名应该是什么？

```
public class MyJavaClass {
    public static void main( ) {
        System. out. println(" Am I wrong?" );
    }
    System. out.println(" 程序结束。");
}
```

2. Java 有哪些基本数据类型？写出 int 型所能表达的最大和最小数据。
3. Java 的字符采用何种编码方案？有何特点？写出五个常见的转义符。
4. Java 对标识符命名有什么规定，下面的标识符哪些是对的？哪些是错的？错在哪里？
（1） MyGame　　（2）_isHers　　（3）2JavaProgram　　（4）Java-Visual-Machine
（5）_$abc
5. 什么是常量？什么是变量？字符变量与字符串常量有何不同？
6. 什么是强制类型转换？在什么情况下需要用到强制类型转换？
7. Java 有哪些算术运算符、关系运算符、逻辑运算符、位运算符和赋值运算符？试列举一元和三元运算符。
8. 编写一个字符界面的 Java 程序，接受用户输入的一个浮点数，把它的整数部分和小数部分分别输出。
9. 编写一个字符界面的 Java 程序，接受用户输入的 10 个整数，比较并输出其中的最大值和最小值。
10. 编写一个字符界面的 Java 程序，接受用户输入的字符，以 "#" 标志输入的结束；比较并输出按字典序最小的字符。
11. 结构化程序设计有哪三种基本流程？分别对应 Java 中的哪些语句？
12. 编写一个 Java 程序，接受用户输入的一个 1~12 之间的整数（如果输入的数据不满足这个条件，则要求用户重新输入），利用 switch 语句输出对应月份的天数。
13. 在一个循环中使用 break，continue 和 return 语句有什么不同的效果？
14. 编写图形界面下的 Java 程序，接受用户输入的两个数据为上、下限，然后按 10 个一行输出上、下限之间的所有素数。
15. 编写程序输出用户指定数据的所有素数因子。
16. 什么是数组？数组有哪些特点？在 Java 中创建数组需要使用哪些步骤？如何访问数组的一个元素？数组元素的下标与数组的长度有什么关系？
17. 数组元素会怎样进行默认的初始化？
18. 编程求一个整数数组的最大值、最小值、平均值和所有数组元素的和。
19. 求解"约瑟夫问题"：12 个人排成一圈，从 1 号报数，凡是数到 5 的人就走出队列（出局），然后继续报数，试问最后一人出局的是谁。
20. 用"埃氏筛法"求 2~100 以内的素数。2~100 以内的数，先去掉 2 的倍数，再去掉 3 的倍数，再去掉 4 的倍数，……依次类推，最后剩下的就是素数。提示：可以用 boolean 数组来记录每个数对应的状态，所谓"去掉"就是改变其状态。

第4章 类、包和接口

前面章节中，对 Java 的简单数据类型、数组、运算符和表达式及流控制方法作了详细的介绍。从本章开始，进入面向对象的编程技术，将接触到 Java 最引人入胜之处。本章介绍 Java 中面向对象的程序设计的基本方法，包括类的定义、类的继承、包、访问控制、修饰符、接口等方面的内容。

4.1 类、字段、方法

编写 Java 程序主要就是定义各种类。类是现实世界中各类对象的抽象，它表明了对象的属性及行为，在程序中，类是用 class 来表示的，对象的属性则用变量来表示的，对象的行为则用函数来表示的。在 Java 程序中，类中的变量称为字段（field，也称"域"），类中的函数称为方法（method）。

4.1.1 定义类中的字段和方法

程序中，类的定义包括类头和类体两个步骤，其中类体用一对大括号{}括起，类体又由字段和方法组成。

【例4-1】表示"人"的类的定义 Person。

```
class Person {
    String name;
    int age;
    void sayHello( ) {
        System. out. println("Hello! My name is " + name);
    }
}
```

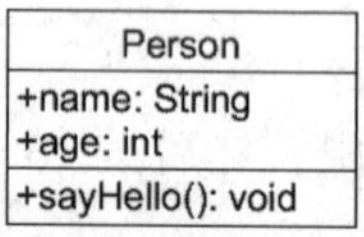

图 4-1 在 UML 图中表示的类

类头使用关键字 class 标志类定义的开始，class 关键字后面接着用户定义的类的类名。类名的命名应符合 Java 对标识符命名的要求。

类体中包括字段和方法两大部分。字段和方法都是类的成员，一个类中可以定义多个字段和方法。一个类可以通过 UML 图中的类图表示出来，如图 4-1 所示。类图中的类用一个矩形来表示，上部是类名，中间是字段的表示，底部是方法的表示。

1. 字段

字段（field）是对象的属性、状态的表示，又称为属性、域、域变量、成员变量、字段变量等。例 4-1 中有两个字段，name（表示姓名）和 age（表示年龄），其类型分别是 String 和 int。字段也是变量，定义字段与第 3 章中变量的定义方法相同，即：

    类型名　字段名；

如：

    int age;

在定义字段名时，还可以赋初始值。如：

    int age = 0;

注意：

对于字段变量，如果不赋初始值，系统会自动赋一个默认值，数值型为0，boolean型为false，引用类型为null。String类型是引用类型，默认值是null。

此外，定义字段变量前，还可以加修饰符。有关的修饰符将在4.4节中讲述。

2. 方法

方法是对对象的行为或功能的表示，标志了类所具有的功能和操作。Java的方法与其他语言中的函数类似，是一段用来完成某种操作的程序代码，一般的方法都会操纵对象的属性（字段）。方法由方法头和方法体组成，其一般格式如下：

    修饰符1　修饰符2 ... 返回值类型　方法名(形式参数列表)　throws 异常列表{
        方法体各语句；
    }

其中，形式参数列表的格式为：

    形式参数类型1　形式参数名1,形式参数类型2　形式参数名2,...

小括号()是方法的标志，不能省略；方法名是标识符，要求满足标识符的规则；形式参数是方法从调用它的环境输入的数据；返回值是方法在操作完成后返还给调用它的环境的数据，返回值都有类型，若没有返回值，则使用 void 表示。throws 是表示该方法会抛出异常，在第6章会详细介绍。

如，在例4-1中，有一个方法 sayHello，其定义如下：

    void sayHello() {
        System.out.println("Hello!　My name is " + name);
    }

该方法的返回类型为 void（没有返回值），参数为空，方法体中有一条语句。

如果方法有返回值，则在方法体中，必须有 return 语句，return 语句后跟上返回值。如：

    boolean isOlderThan(int anAge) {
        return this.age > anAge;
    }

这里的方法 isOlderThan 用于判断年龄是否比某个值（anAge）大。anAge 是参数，返回值是 boolean 型。

4.1.2　构造方法与对象的创建

1. 构造方法

程序中经常需要创建对象，在创建对象的同时将调用这个对象的构造函数完成对象的初始化工作。

构造函数（constructor），也称构造方法、初始化方法，它是一种特殊的、与类同名的方法，专门用于创建对象、完成初始化工作。构造方法的特殊性主要体现在如下的几个方面。

（1）构造方法的方法名与类名相同。

（2）构造方法没有返回类型，也不能写 void。

(3) 构造方法的主要作用是完成对象的初始化工作。
(4) 构造方法一般不能像普通函数那样调用，而是用 new 来调用。
(5) 在创建一个类的新对象的同时，系统会自动调用该类的构造方法为新对象初始化。

我们知道，在声明字段时可以为它赋初值，那么为什么还需要构造方法呢？这是因为，构造方法可以带上参数，而且构造方法还可以完成赋值之外的其他一些操作。

如，可以给 Person 类加上一个构造方法如下：

```
Person(String n, int a) {
    name = n;
    age = a;
}
```

在该构造方法中，最常见的任务就是按给定的参数给字段变量赋值。

2. 默认构造方法

一般情况下，类都有一个至多个构造方法，如果在定义 class 时没有定义任何构造方法，系统会自动产生一个构造方法，称为默认构造方法（default constructor）。

默认构造方法不带参数，并且方法体为空。

例如，如果上面的 Person 类没有定义构造方法，则系统产生的默认构造方法如下：

```
Person() {}
```

如果 class 前面有 public 修饰符，则默认构造方法前面也会是 public 的。

要注意的是，如果用户定义了一个或多个构造方法，系统就不会产生默认构造方法。

3. 创建对象

Java 程序定义类的最终目的是使用它，像使用系统类一样，程序也可以继承用户自定义类或创建并使用自定义类的对象。下面讨论如何创建类的对象，即实例化对象。

创建对象前首先要声明变量，声明的方法与声明基本数据类型的变量类似，其格式为：

类名 变量名；

创建对象的一般格式为：

变量名 = new 构造方法(参数)；

以上两句可以合写成为一句：

类名 变量名 = new 构造方法(参数)；

例如：

Person p = new Person("Liming", 20);

其中，new 是新建对象运算符。它以类为模板，开辟空间并执行相应的构造方法。new 实例化一个对象，返回对该对象的一个引用（即该对象所在的内存地址）。

这里声明的变量，称为对象变量，它是引用型的变量。与基本型变量一样，引用型变量要占据一定的内存空间，同时，它所引用的对象实体（也就是用 new 创建的对象实体）也要占据一定的空间。通常对象实体占用的内存空间要大得多，对象是创建的具体实例。以 Person 类为例，其中定义了 2 个字段（name 和 age），这些字段保存在一块内存中，这块内存就是 p 所引用的对象所占用的内存。

变量 p 与它所引用的实体所占据的关系，是一种引用关系，可以用图 4-2 表示。实际上，name 又是一个引用型变量，它所引用的实体（字符串）又会占据一定的空间。

多次使用 new 将生成不同的对象，这些对象分别对应于不同的内存空间，它们的值是不同的,可以完全独立地分别对它们进行操作。

4.1.3 使用对象

要访问或调用一个对象的字段或方法,需要用"."运算符连接对象及其字段或方法。如:

```
System.out.println(p.name);
p.sayHello();
```

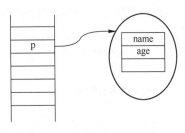

图 4-2 对象变量及其所引用的对象实体

由于只能通过对象变量来访问这个对象的字段或方法,不通过引用变量就无法访问其中的字段或方法。对于访问者而言,这个对象是封装成一个整体的,这正体现了面向对象的程序设计的"封装性"。

4.1.4 方法的重载

1. 方法的重载

在面向对象的程序设计语言中,有一些方法的含义相同,但带有不同的参数,这些方法使用相同的名字,这就叫方法的重载(overloading)。方法重载是实现"多态"的一种方法。

多个方法享有相同的名字,但是这些方法的参数列表必须不同,即:或者参数个数不同,或者是参数类型不同,或者参数类型的顺序不同。即两个方法必须有不同的"签名"。

注意:

在这里,参数列表中参数的个数、类型、顺序是关键,仅仅参数的变量名不同是不行的。方法重载时,返回值的类型可以相同,也可以不同。

【例 4-2】 通过方法重载分别接收一个或几个不同数据类型的数据。

```
void sayHello() {
    System.out.println("Hello! My name is " + name);
}
void sayHello(Person another) {
    System.out.println("Hello," + another.name + "! My name is " + name);
}
```

这里,两个函数都叫 sayHello,都表示问好。一个不带参数,表示向大家问好;一个带另一个 Person 对象作参数,表示向某个人问好。

在调用这两个方法时,可以不带参数,也可以带一个 Person 对象作参数。编译器会自动根据所带参数的类型来决定具体调用方法。

注意:

在调用方法时,若没有找到类型相匹配的方法,编译器会找可以兼容的类型来进行调用。如,int 类型可以找到使用 double 类型参数的方法。若不能找到兼容的方法,则编译不能通过。

2. 构造方法的重载

构造方法也可以重载,要求使用不同的参数个数、不同的参数类型、不同的参数类型顺序。构造方法的重载,可以让用户用不同的参数来构造对象。

以下是 Person 的两种构造方法。

```
Person(String n, int a) {
    name = n;
    age = a;
}
Person(String n) {
    name = n;
    age = -1;
}
```

前一个构造方法中，带有姓名及年龄信息；后一个构造方法，只有姓名信息，年龄信息未定，这里用一个特殊值（-1）表示。

4.1.5 this 的使用

在方法中，可以使用一个关键词 this 来表示这个对象本身。在普通方法中，this 表示调用这个方法的对象；在构造方法中，this 表示新创建的对象。

1. 使用 this 来访问字段及方法

在方法及构造方法中，可以使用 this 来访问对象的字段和方法。

例如，方法 sayHello 中使用 name 和使用 this.name 是相同的。即：

```
void sayHello() {
    System.out.println("Hello! My name is " + name);
}
```

与

```
void sayHello() {
    System.out.println("Hello! My name is " + this.name);
}
```

的含义是相同的。

2. 使用 this 解决局部变量与字段同名的问题

使用 this 还可以解决局部变量（方法中的变量或参数变量）与字段变量同名的问题。如，在构造方法中，经常这样用：

```
Person(int age, String name) {
    this.age = age;
    this.name = name;
}
```

这里，this.age 表示字段变量，而 age 表示的是参数变量。

3. 构造方法中，用 this 调用另一构造方法

构造方法中，还可以用 this 来调用另一构造方法。如：

```
Person() {
    this(0, "");
}
```

如果，在构造方法中调用另一构造方法，则这条调用语句必须放在第一句。（关于构造方法的更复杂的问题，将在第 5 章中进一步讲述。）

4. 使用 this 的注意事项

在使用 this 时，要注意 this 指的是"对象"实例本身。

> 注意:
> (1) 通过 this 不仅可以引用该类中定义的字段和方法，还可以引用该类的父类中定义的字段和方法；
> (2) 由于它指的是对象，所以 this 不能通过 this 来引用类变量（static field）、类方法（static method）。

事实上，在所有的非 static 方法中，都隐含了一个参数 this。而 static 方法中，不能使用 this。

4.2 类的继承

继承（inheritance）是面向对象的程序设计中最为重要的特征之一。由继承而得到的类为子类（subclass），被继承的类为父类或超类（superclass），父类包括所有直接或间接被继承的类。一个父类可以同时拥有多个子类。但由于 Java 中不支持多重继承，一个类只能有一个直接父类。父类实际上是所有子类的公共字段和公共方法的集合，而每一个子类则是父类的特殊化，是对公共字段和方法在功能、内涵方面的扩展和延伸。

子类继承父类的状态和行为，同时也可以修改父类的状态或重载父类的行为，并添加新的状态和行为。采用继承的机制来组织、设计系统中的类，可以提高程序的抽象程度，使之更接近于人类的思维方式，同时也通过继承能较好地实现代码重用，可以提高程序开发效率，降低维护的工作量。

Java 中，所有的类都是通过直接或间接地继承 java.lang.Object 得到的。

4.2.1 派生子类

Java 中的继承是通过 extends 关键字来表示的，在定义类时使用 extends 关键字指明新定义类的父类，就在两个类之间建立了继承关系。新定义的类称为子类，它可以从父类那里继承所有非 private 的属性和方法作为自己的成员。

通过在类的声明中加入 extends 子句来创建一个类的子类，其格式如下：

```
class SubClass extends SuperClass {
    …
}
```

把 SubClass 声明为 SuperClass 的直接子类，如果 SuperClass 又是某个类的子类，则 SubClass 同时也是该类的（间接）子类。

如果没有 extends 子句，则该类默认为 java.lang.Object 的子类。因此，在 Java 中，所有的类都是通过直接或间接地继承 java.lang.Object 得到的。

在 Java 中，一个类只能有一个父类，也就是说，Java 中的继承都是单继承的，不能多继承。

在 UML 图中，继承关系是用一个箭头来表示子类与父类的关系的，如图 4-3 所示。

类 Student 从类 Person 继承，定义如下：

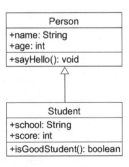

图 4-3 UML 图中继承关系的表示

```
class Student extends Person {
    //...
}
```

注意：

在 Java 中，子类与父类是一个 "is a" 的关系，例如 a student is a peron。

子类可以继承父类的所有内容。子类可以继承父类中字段和方法，也可以添加字段和方法，还可以隐藏或修改父类的字段和方法，在继承时，受访问权限的限定，关于访问权限在 4.4 节中讲述。

4.2.2 字段的继承、隐藏与添加

1. 字段的继承

子类可以继承父类的所有字段（只要该字段没有 private 或 static 修饰）。

可见，父类的所有非私有字段实际是各子类都拥有的字段的集合。子类自动从父类继承字段而不是把父类字段的定义部分重复定义一遍，这样做的好处是减少程序维护的工作量。如 Student 自动具有 Person 的属性（name，age）。

2. 字段的隐藏

子类重新定义一个与从父类那里继承来的字段变量完全相同的变量，称为字段的隐藏。字段的隐藏在实际编程中用得较少。

3. 字段的添加

在定义子类时，加上新的字段变量，就可以使子类比父类多一些属性。如：

```
class  Student extends Person
{
    String school;
    int score;
}
```

这里 Student 比 Person 多了两个属性：学校（school）和分数（score）。

4.2.3 方法的继承、覆盖与添加

1. 方法的继承

父类的非私有方法也可以被子类自动继承。如，Student 自动继承 Person 的方法 sayHello 和 isOlderThan。

2. 方法的覆盖

正像子类可以定义与父类同名的字段，实现对父类字段变量的隐藏一样，子类也可以重新定义与父类同名的方法，实现对父类方法的覆盖（overriding）。

注意：

子类在重新定义父类已有的方法时，应保持与父类完全相同的方法头声明，即应与父类有完全相同的方法名、返回值和参数类型列表。否则就不是方法的覆盖，而是子类定义自己的与父类无关的方法，父类的方法未被覆盖，所以仍然存在。

如，子类 Student 可以覆盖父类 Person 的 sayHello 方法：

```
void sayHello( ) {
```

```
        System.out.println("Hello! My name is " + name +
                ". My school is " + school);
    }
```

可见，通过方法的覆盖，能够修改对象的同名方法的具体实现方法。

在 Java 5 以上的版本中，一般在这样的方法前面加上一个注记@ Override，以指明该方法是覆盖父类的方法。加上@ Override 的好处是可以让编译器检查。

```
    @Override
    void sayHello() {
        //...
    }
```

3. 方法的重载

一个类中可以有几个同名的方法，这称为方法的重载（overloading）。同时，还可以重载父类的同名方法。与方法覆盖不同的是，重载不要求参数类型列表相同。重载的方法实际是新加的方法。

如，在类 Student 中，重载一个名为 sayHello 的方法：

```
    void sayHello(Student another) {
        System.out.println("Hi!");
        if (school == another.school) System.out.println(" Shoolmates ");
    }
```

4. 方法的添加

子类可以新加一些方法，以针对子类实现相应的功能。

如，在类 Student 中，加入一个方法，对分数进行判断：

```
    boolean isGoodStudent() {
        return score >= 90;
    }
```

4.2.4　super 的使用

Java 中除了使用 this 外，还有一个关键字 super。简单地说，super 是指父类，super 在类的继承中有重要作用。

1. 使用 super 访问父类的字段和方法

子类自动地继承父类的属性和方法，一般情况下，直接使用父类的属性和方法，也可能以使用 this 来指明本对象。

注意：

正是由于继承，使用 this 可以访问父类的字段和方法。但有时为了明确地指明父类的字段和方法，就要用关键字 super。在这个意义上，this 和 super 并不是两个对象，而是一个对象。

例如：父类 Student 有一个字段 age，在子类 Student 中用 age，this.age，super.age 来访问 age 是完全一样的：

```
    void testThisSuper() {
        int a;
        a = age;
        a = this.age;
        a = super.age;
```

　　　　　}

　　当然，使用 super 不能访问在子类中添加的字段和方法。

　　有时需要使用 super 以区别同名的字段与方法。如，使用 super 可以访问被子类所隐藏了的同名变量。又如，当覆盖父类的同名方法的同时，又要调用父类的方法，就必须使用 super。如：

```
    void sayHello( ) {
        super.sayHello( );
        System.out.println( "My school is " + school );
    }
```

　　从这里可以看出，即使同名，也仍然可以使用父类的方法，这也使得在覆盖父类的方法的同时，又利用已定义好的父类的方法。这也是继承带来的一个好处。

2. 使用父类的构造方法

　　在严格意义上，构造方法是不能继承的。比如，父类 Person 有一个构造方法 Person（String, int），不能说子类 Student 也自动有一个构造方法 Student（String, int）。但是，这并不意味着子类不能调用父类的构造方法。

　　子类在构造方法中，可以用 super 来调用父类的构造方法。

```
    Student(String name, int age, String school) {
        super(name, age);
        this.school = school;
    }
```

　　使用时，super( ) 必须放在第一句。有关构造方法的更详细的讨论，参见第 5 章。

3. 使用 super 的注意事项

　　在使用 super 时，要注意 super 与 this 一样指的是调用"对象"本身，不仅是指父类中看见的字段或方法。（当然，使用 super，不能访问在本类定义的字段和方法。）

　　注意：

　　（1）通过 super 不仅可以访问直接父类中定义的字段和方法，还可以访问间接父类中定义的字段和方法。

　　（2）由于它指的是对象实例，所以 super 与 this 一样，不能在 static 环境中使用，包括类变量（static field）、类方法（static method）、static 语句块。

4.2.5　父类对象与子类对象的转换

　　类似于基本数据类型数据之间的强制类型转换，存在继承关系的父类对象和子类对象之间也可以在一定条件下相互转换。父类对象和子类对象的转化需要遵循如下原则。

　　（1）子类对象可以被视为其父类的一个对象，如一个 Student 对象也是一个 Person 对象。

　　（2）父类对象不能被当做其某一个子类的对象。

　　（3）如果一个方法的形式参数定义的是父类对象，那么调用这个方法时，可以使用子类对象作为实际参数。

　　（4）如果父类对象引用指向的实际是一个子类对象，那么这个父类对象的引用可以用强制类型转换成子类对象的引用。

注意：

简单地说，需要一个 Person 的地方，来一个 Student 是可以的；反之则不然。

【例 4-3】Student.java 继承。

```java
class Person {
    String name;
    int age;

    Person(String n, int a) {
        name = n;
        age = a;
    }

    Person(String n) {
        name = n;
        age = 0;
    }

    Person(int age, String name) {
        this.age = age;
        this.name = name;
    }

    Person() {
        this(0, "");
    }

    boolean isOlderThan(int anAge) {
        return this.age > anAge;
    }

    void sayHello() {
        System.out.println("Hello! My name is " + name);
    }

    void sayHello(Person another) {
        System.out.println("Hello," + another.name + "! My name is " + name);
    }
}

class Student extends Person {
    String school;
    int score;

    void sayHello(Student another) {
        System.out.println("Hi!");
        if (school.equals(another.school)) {
            System.out.println("Shoolmates");
        }
    }

    boolean isGoodStudent() {
        return score >= 90;
    }

    @Override
    void sayHello() {
```

```
        super.sayHello();
        System.out.println("My school is " + school);
    }

    Student(String name, int age, String school) {
        super(name, age);
        this.school = school;
    }

    Student() {
    }

    void testThisAndSuper() {
        int a;
        a = age;
        a = this.age;
        a = super.age;
    }

    public static void main(String[] arggs) {
        Person p = new Person("Liming", 50);
        Student s = new Student("Wangqiang", 20, "PKU");
        Person p2 = new Student("Zhangyi", 18, "THU");
        Student s2 = (Student) p2;

        // Student s3 = (Student) p; //runtime exception
        p.sayHello(s);

        Person[] manypeople = new Person[100];
        manypeople[0] = new Person("Li", 18);
        manypeople[1] = new Student("Wang", 18, "PKU");
    }
}
```

4.3 包

由于 Java 编译器为每个类生成一个字节码文件，且文件名与 public 的类名相同，因此同名的类有可能发生冲突。为了解决这一问题，Java 提供包（package）来管理名字空间。包实际上提供了一种命名机制和可见性限制机制。

包是一种松散的类的集合，一般不要求处于同一个包中的类有明确的相互关系，如包含、继承等，但是由于同一包中的类在默认情况下可以互相访问，所以为了方便编程和管理，通常把需要在一起工作的类放在一个包里。

一般说来，一个类对应于一个文件，一个包对应于一个文件夹（目录）。

4.3.1 package 语句

package 语句作为 Java 源文件的第一条语句，指明该文件中定义的类所在的包。它的格式为：

  package pkg1[.pkg2[.pkg3...]];

Java 编译器把包对应于文件系统的目录管理。例如，在名为 mypackage 的包中，所有类文件都存储在目录 mypackage 下。同时，package 语句中，用"."来指明目录的层次，例如：

　　　　　package java.awt.image;

指定这个包中的文件存储在目录 java/awt/image 下。

　　包层次的根目录是由环境变量 CLASSPATH 来确定的。

　　在简单情况下，Java 源文件没有 package 语句，这时称为无名包（unamed package）或默认包。

注意：

包及子包的定义，实际上是为了解决名字空间、名字冲突，它与类的继承没有关系。事实上，一个子类与其父类可以位于不同的包中。

　　JDK 提供的丰富的包，如：java.lang，java.util，java.io，java.net，java.awt，java.awt.image，javax.swing，java.sql 等。

　　每个包中都包含了许多有用的类和接口。用户也可以定义自己的包来实现自己的应用程序。按照惯例，包名总是用小写字母。包名一般由大范围到小范围，如 com.sun.net.https-erver。在实际应用中，一种常见的做法是将包命名在组织机构之下，如 com.sun.xxxxx，org.w3c.xxxx，edu.pku.xxxx 等，这样能更好地解决名字空间的问题。

4.3.2　import 语句

　　为了能使用 Java 中已提供的类，需要用 import 语句来导入所需要的类。import 语句的格式为：

　　　　　import package1[.package2...].(classname | *);

其中，package1[.package2...]表明包的层次，与 package 语句相同，它对应于文件目录，classname 则指明所要导入的类，如果要从一个包中导入多个类，则可以用星号（*）来代替。例如：

　　　　　import java.util.Date;
　　　　　import javax.swing.*;

Java 编译器为所有程序自动导入包 java.lang，因此不必用 import 语句导入 java.lang 包含的类（如 System，Object，String，Integer，Thread 等）。

注意：

使用星号（*）只能导入本层次的所有类，不包括子层次下的类。

　　例如，经常需要用两条 import 语句来导入两个层次的类：

　　　　　import java.awt.*;
　　　　　import java.awt.event.*;

　　另外，在 Java 程序中使用类的地方，都可以指明包含它的包，这时就不必用 import 语句引入该类了。这种带有包名和类名，称为类的全称名，如 java.util.Date。使用 import 是可以使书写和阅读更方便。

　　如果导入的几个包中包括名字相同的类，则当使用该类时，必须指明包含它的包名，使编译器能够识别特定的类。例如，类 Date 包含在包 java.util 中，可以用 import 语句引入它以实现它的子类 MyDate：

　　　　　import java.util.*;

```
class myDate extends Date{
    // ...
}
```

也可以直接写全其类名类：

```
class MyDate extends java.util.Date{
    // ...
}
```

两者是等价的。

注意：

在 IDEA、Eclipse 等集成开发环境中，可以方便找到并导入相应的包或类，并产生 import 语句。如使用菜单【Source】【Organize Imports】可以自动导入包。

4.3.3 编译和运行包中的类

前面所举的很多例子中，没有用到 package 语句，即把文件中所有类都放在默认的无名包中，它对应于当前工作目录，编译和运行都比较简单。对于有 package 语句的情况，编译和运行时情况稍复杂一些，初学者经常发现解释器常常返回 "can't find class"（找不到类）。下面介绍正确的使用方法。

当程序中用 package 语句指明一个包，这时，当在编译时，产生的字节码文件（.class 文件）需要放到相应的目录下，可以手工建立子目录，再将 .class 文件复制到相应目录下。实际上在编译时，使用 javac 可以将 .class 文件放入到相应的目录，只需要使用一个命令选项 -d 来指明包的根目录即可。

【例 4-4】 设包的根目录为 d:\JavaExample\ch04。在 d:\JavaExample\ch04\pk 目录下有文件 TestPkg.java，其内容为：

```
package pk;

class TestPkg {
    public static void main(String[] args) {
        System.out.println("Test Package Ok.");
    }
}
```

在编译时，可以用

```
javac -d d:\JavaExample\ch04   d:\JavaExample\ch04\pk\TestPkg.java
```

如果当前目录在 d:\JavaExample\ch04，可以用以下命令：

```
javac -d . pk\*.java
```

其中，-d 表示指定放置生成的类文件的位置，"." 表示当前目录。

运行该程序，需要指明含有 main 的类名：

```
java pk.TestPkg
```

注意：

在运行时，指明的是类名（pk.TestPkg），不是文件名（pk\TestPkg.class）。在运行时，还会涉及 classpath 的问题，见 4.3.4 节。

4.3.4 CLASSPATH 变量

在编译和运行程序中,经常要用到多个包,怎样指明这些包的根目录呢?简单地说,包层次的根目录是由环境变量 CLASSPATH 来确定的。具体操作有两种方法。

(1) 在 java 及 javac 命令行中,用 -classpath 选项(可简写为 -cp)来指明,如:

  java -classpath d:\JavaExample\ch04;c:\java\classes;. pk.TestPkg

(2) 设定 classpath 环境变量,用命令行设定环境变量,如:

  Set classpath= d:\JavaExample\ch04;c:\java\classes;.

在 Windows 中还可以按第 2 章中的办法设定环境变量。

注意:

在程序文件很多时,用命令行来编译很麻烦。最好使用集成开发工具或构建工具,具体的工具参见第 2 章的介绍。在集成开发工具中,一般都会建立项目,项目中指明源程序所在的路径(一般为 src),要引用的第三方类库所在的路径(一般为 lib),以及生成的 .class 文件所在的路径(一般为 classes 或 bin 等)。

4.3.5 模块

在 Java 9 以上的版本中,程序的组织,除了"包"这个概念,还引入了"模块(module)"的概念。模块是比包更高一层,一个模块可以包含多个包。一个模块中会包含以下的一个名叫 module-info.java 的特殊源程序,在其中标明了该模块所依赖(requires)的其他包,以及该模块要导出(exports)给别人用的包,例如:

```
module com.foo.bar {
    requires com.foo.baz;
    exports com.foo.bar.alpha;
    exports com.foo.bar.beta;
}
```

在 Java 9 以上的版本中,将原来的包分到不同的模块中,如:java.base 模块包含了 java.lang、java.util、java.io、java.net 等包,java.desktop 模块包含了 java.awt、javax.swing 等包。具体可参见 https://docs.oracle.com/en/java/javase/15/docs/api/java.desktop/module-summary.html。

不同的模块编译的结果一般会打包到不同的 .jar 文件,如果只使用部分模块,则可以减少运行环境所要的库文件的大小。模块的开发一般多用于较大规模的项目,而且像 IDEA 等集成开发工具也支持建立模块。在命令行上编译和引用模块比较复杂,这里就不详情介绍了。

4.4 访问控制符

在使用类及其成员时,有时为了更好地控制类及其字段、方法的存取权限,更好地实现信息的封装与隐藏,需要用到 public、private、protected 等表示访问控制(access control)的修饰符。

4.4.1 成员的访问控制符

类的成员（字段和方法）都有访问权限的控制。由于类中封装了数据和代码，包中封装了类和其他的包，所以 Java 提供了对类成员在四种范围中的访问权限的控制，这四种范围包括：同一个类中、同一个包中、不同包中的子类、不同包中的非子类。访问权限则包括 private，protected，public 和默认。表 4-1 列出了在不同范围中的访问权限。

表 4-1 访问权限（Yes 表示可以访问）

	同一个类中	同一个包中	不同包中的子类	不同包中的非子类
private	Yes			
默认	Yes	Yes		
protected	Yes	Yes	Yes	
public	Yes	Yes	Yes	Yes

1. private

类中限定为 private 的成员（字段或方法）只能被这个类本身访问，即私有访问控制。它的声明如下：

```
private 字段名；
private 方法名（参数）{
    …
}
```

注意：

在一个类的代码中，一个类的不同对象可以访问对方的 private 成员变量或调用对方的 private 方法，这是因为访问保护是控制在类的级别上，而不是对象的级别上。

例如，在以下程序中，三种对字段 a 的访问都是可以的。

```
class TestPrivate {
    private int a;

    void m() {
        int i = a;
        int j = this.a;
        int k = new TestPrivate().a;
    }
}
```

由于 private 字段或方法只能被这个类本身所访问，所以 private 字段或方法不可能被子类所继承。当我们说"子类自动继承所有字段和方法"时，是指非 private 的字段或方法。

2. 默认访问控制

类中的成员默认访问控制符时，称为默认访问控制。默认访问控制的成员可以被这个类本身和同一个包中的类所访问，即包访问控制。

也有人将默认访问控制与 C++的 friend（友元）相类比，但要注意要 Java 中没有 friend 这个关键词。

3. protected

类中限定为 protected 的成员可以被这个类本身、它的子类（包括同一个包中及不同包中的子类）及同一个包中所有其他的类访问。它的声明如下：

```
protected 字段名;
protected 方法名( 参数) {
    ...
}
```

Java 中还有一种访问控制符为 private protected，它限定能被本类及其子类可以访问，而包中的其他非子类的类不能访问。

4. public

类中限定为 public 的成员可以被所有的类访问。它的声明如下：

```
public 字段名;
public 方法名( 参数) {
    ...
}
```

5. 应用举例

这里通过具体的例子来说明上述访问权限。源文件有两个，其中一个为 Original.java；另一个为 AccessControl.java。

【例 4-5】Original.java 有关访问控制的练习。

```java
package p1;

public class Original {
    int n_friendly = 1;
    private int n_private = 2;
    protected int n_protected = 3;
    public int n_public = 4;

    void Access() {
        System.out.println(" **** In same class, you can access ...");
        System.out.println("friendly member " + n_friendly);
        System.out.println("private member " + n_private);
        System.out.println("protected member " + n_protected);
        System.out.println("public member " + n_public);
    }
}

class Derived extends Original {
    void Access() {
        System.out.println(" **** 相同包的子类 ****");
        System.out.println("friendly member " + n_friendly);
        // System.out.println("private member " + n_private); //不能访问
        System.out.println("protected member " + n_protected);
        System.out.println("public member " + n_public);

        Original o = new Original();
        System.out.println(" ****  相同包的子类的其他对象 ****");
        System.out.println("friendly member " + o.n_friendly);
        // System.out.println("private member " + o.n_private); //不能访问
        System.out.println("protected member " + o.n_protected);
        System.out.println("public member " + o.n_public);
    }
}

class SamePackageClass {
    void Access() {
```

```java
        Original o = new Original();
        System.out.println("**** 相同包的其他类 ****");
        System.out.println("friendly member " + o.n_friendly);
        // System.out.println("private member " +o.n_private);//不能访问
        System.out.println("protected member " + o.n_protected);
        System.out.println("public member " + o.n_public);
    }
}

class AccessControl {
    public static void main(String args[]) {
        Original o = new Original();
        o.Access();
        Derived d = new Derived();
        d.Access();
        SamePackageClass s = new SamePackageClass();
        s.Access();
    }
}
```

另一个源文件为 AccessControl.java。

```java
package p2;

class Derived extends p1.Original {
    void Access() {
        System.out.println("**** 不同包中的子类 ****");
        // System.out.println("friendly member " +n_friendly);    //不能访问
        // System.out.println("private member " +n_private);      //不能访问
        System.out.println("protected member " + n_protected);    // 子类可以访问父类
        System.out.println("public member " + n_public);

        p1.Original o = new p1.Original();
        System.out.println("**** 访问在不同包中的父类 ****");
        // System.out.println("friendly member " +o.n_friendly);   //不能访问
        // System.out.println("private member " +o.n_private);     //不能访问
        // System.out.println("protected member " +o.n_protected); //不能访问
        System.out.println("public member " + o.n_public);
    }
}

class AnotherPackageClass {
    void Access() {
        p1.Original o = new p1.Original();
        System.out.println("**** 另一包中的其他类 ****");
        // System.out.println("friendly member " +o.n_friendly);   //不能访问
        // System.out.println("private member " +o.n_private);     //不能访问
        // System.out.println("protected member " +o.n_protected); //不能访问
        System.out.println("public member " + o.n_public);
    }
}

public class AccessControl {
    public static void main(String args[]) {
        Derived d = new Derived();
        d.Access();
        AnotherPackageClass a = new AnotherPackageClass();
        a.Access();
    }
}
```

将两个源文件都放在当前目录下，可以用以下命令编译：

　　javac -d . *.java

运行 java p1.AccessControl，结果如下：

　　**** In same class, you can access …
　　friendly member 1
　　private member 2
　　protected member 3
　　public member 4
　　**** 相同包的子类 ****
　　friendly member 1
　　protected member 3
　　public member 4
　　**** 相同包的子类的其他对象 ****
　　friendly member 1
　　protected member 3
　　public member 4
　　**** 相同包的其他类 ****
　　friendly member 1
　　protected member 3
　　public member 4

运行 java p2.AccessControl，结果如下：

　　**** 不同包中的子类 ****
　　protected member 3
　　public member 4
　　**** 访问在不同包中的父类 ****
　　public member 4
　　**** 另一包中的其他类 ****
　　public member 4

4.4.2 类的访问控制符

在定义类时，也可以用访问控制符。类的访问控制符或者为 public，或者默认。若使用 public，其格式为：

　　public class 类名 {
　　　　…
　　}

如果类用 public 修饰，则该类可以被其他类所访问；若类默认访问控制符，则该类只能被同包中的类访问。

4.4.3 setter 与 getter

在 Java 编程中，有一种常见的做法，是用 private 修饰字段，从而更好地将信息进行封装和隐藏。在这样的类中，用 setXXXX 和 getXXXX 方法对类的属性进行存取，分别称为 setter 与 getter。这种方法有以下优点。

（1）属性用 private 更好地封装和隐藏，外部类不能随意存取和修改。
（2）提供方法来存取对象的属性，在方法中可以对给定的参数的合法性进行检验。
（3）方法可以用来给出计算后的值。
（4）方法可以完成其他必要的工作（如清理资源、设定状态，等等）。
（5）只提供 getXXXX 方法，而不提供 setXXXX 方法，可以保证属性是只读的。

例如：在类 Person 中以 set 和 get 方法提供域 age。

```
class Person2 {
    private int age;

    public void setAge(int age) throws Exception {
        if ( age >= 0 && age < 200 ) {
            this.age = age;
        } else {
            throw new Exception("invalid age");
        }
    }

    public int getAge() {
        return age;
    }
}
```

注意：

提供规范的 setter 及 getter 的对象，称为 java bean，在一些框架性的程序中可以方便地识别这样的对象。

4.4.4 构造方法的隐藏

对于构造方法，也可用访问控制符修饰符。若构造方法默认访问控制符，则可访问包；若为 public，则所有地方都可访问；若构造方法声明为 private，则其他类不能生成该类的一个实例。private 的构造方法用在一些特殊场合，本章及后面的章节有这样的例子，这里不再赘述。

4.5 非访问控制符

类、字段、方法可以拥有若干修饰符，包括访问控制符和非访问控制符。4.4 节介绍了访问控制符，本节将讨论非访问控制符。Java 的常用非访问控制符，如 static，final，abstract 等，也可用于对类、成员进行修饰。表 4-2 列出了它们的含义及能修饰的成分。

表 4-2 非访问控制符

非访问控制符	基本含义	修饰类	修饰成员	修饰局部变量
static	静态的、非实例的、类的	只可以修饰嵌套类	Yes	
final	最终的、不可改变的	Yes	Yes	Yes
abstract	抽象的、不可实例化的	Yes	Yes	

4.5.1 static

在类中声明一个字段或方法时，可以用 static 进行修饰。格式如下：

```
static 类型 字段名;
static 返回类型 方法名( 参数 ) {
    ...
}
```

分别声明了类字段和类方法。如果在声明时不用 static 修饰，则声明实例变量和实例方法。

1. 类字段

用 static 修饰的字段仅属于类的静态字段，称为静态字段、类字段。与此相对，不用 static 修饰的字段称为实例变量、实例字段。

静态字段最本质的特点是：它们是类的字段，不属于任何一个类的具体对象实例。它不保存在某个对象实例的内存区间中，而是保存在类的内存区域的公共存储单元。换句话说，对于该类的任何一个具体对象而言，静态字段是一个公共的存储单元，任何一个类的对象访问它，取到的都是相同的数值；同样任何一个类的对象去修改它，也都是在对同一个内存单元进行操作。

类变量可以通过类名直接访问，也可以通过实例对象来访问，两种方法的结果是相同的。如 JDK 中的 System 类的 in 和 out 对象，就是属于类的字段，直接用类名来访问，即 System.in 和 System.out。又如 Math.PI 表示圆周率，也是通过 Math 类名来访问的。

注意：

static 变量可以当成全局变量来使用。

又如，在类 Person 中可以定义一个 static 字段 totalNum：

```
class Person {
    static long totalNum;
    int age;
    String name;
}
```

totalNum 代表人类的总人数，它与具体对象实例无关。可以有两种方法来访问：Person.totalNum 和 p.totalNum（假定 p 是 Person 对象）。

注意：

虽然可以使用实例变量对 static 成员进行访问，但这并不意味着这个成员就是这个实例的。编译器实际将 p.totalNum 翻译成了 Person.totalNum。

2. 类方法

用 static 修饰的方法仅属于类的静态方法，又称为类方法。与此相对，不用 static 修饰的方法，则为实例方法。类方法的本质是该方法是属于整个类的，不是属于某个实例的。

声明一个方法为 static 有以下几重含义。

（1）非 static 的方法是属于某个对象的方法，在这个对象创建时，对象的方法在内存中拥有自己专用的代码段。而 static 的方法是属于整个类的，它在内存中的代码段将随着类的定义而进行分配和装载，不被任何一个对象专有。

（2）由于 static 方法是属于整个类的，所以它不能操纵和处理属于某个对象的成员变量，而只能处理属于整个类的成员变量，即 static 方法只能处理该类的 static 字段或调用 static 方法。

（3）类方法中，不能访问实例变量。在类方法中不能使用 this 或 super。

（4）调用这个方法时，应该使用类名直接调用，也可以用某一个具体的对象名。

例如：前面章节用到的方法 Math.random( )，Integer.parseInt( )等就是类方法，直接用类名进行访问。

【例 4-6】 StaticAndInstanceTest.java 使用 static。

```java
class StaticAndInstance {
    static int classVar;
    int instanceVar;

    static void setClassVar(int i) {
        classVar = i;
        // instanceVar = i; 不能在类方法中存取实例变量
    }

    static int getClassVar() {
        return classVar;
    }

    void setInstanceVar(int i) {
        classVar = i; // 可以在实例方法中存取类字段
        instanceVar = i;
    }

    int getInstanceVar() {
        return instanceVar;
    }
}

public class StaticAndInstanceTest {
    public static void main(String args[]) {
        StaticAndInstance m1 = new StaticAndInstance();
        StaticAndInstance m2 = new StaticAndInstance();
        m1.setClassVar(1);
        m2.setClassVar(2);
        System.out.println("m1.classVar = " + m1.getClassVar());
        System.out.println("m2.classVar = " + m2.getClassVar());
        m1.setInstanceVar(11);
        m2.setInstanceVar(22);
        System.out.println("m1.InstanceVar = " + m1.getInstanceVar());
        System.out.println("m2.InstanceVar = " + m2.getInstanceVar());
    }
}
```

运行结果如下：

```
m1.classVar = 2
m2.classVar = 2
m1.InstanceVar = 11
m2.InstanceVar = 22
```

从类成员的特性可以看出，可用 static 来定义全局变量和全局方法，这时由于类成员仍然封装在类中，与 C、C++ 相比，可以限制全局变量和全局方法的使用范围而防止冲突。

由于可以从类名直接访问类成员，所以访问类成员前不需要对它所在的类进行实例化。作为程序入口的 main() 方法必须要用 static 来修饰，也是因为 Java 运行时系统在开始执行一个程序前，并没有生成类的一个实例，它只能通过类名来调用 main() 方法作为程序的入口。

3. 静态初始化器

静态初始化器是由关键字 static 引导的一对大括号{}括起的语句组。它的作用与类的构造方法有些相似，都是用来完成初始化的工作，但是静态初始化器在三点上与构造方法有根本的不同。

（1）构造方法是对每个新创建的对象初始化，而静态初始化器是对类自身进行初始化。

（2）构造方法是在用 new 运算符产生新对象时由系统自动执行；而静态初始化器一般不能由程序来调用，它是在所属的类加载入内存时由系统调用执行。

（3）不同于构造方法，静态初始化器不是方法，没有方法名、返回值和参数列表。

（4）同 static 方法一样，静态初始化器不能访问实例字段和实例方法。

例如，可以在 Person 类中加入静态初始化器，如：

```
class Person {
    static long totalNum;
    static {
        totalNum = (long)76e8;
        System.out.println("人类总人口" + totalNum);
    }
}
```

如果有多个 static{ } 程序段，则它们在类的初始化时，会依次执行。

4. import static 语句

在 Java 5 以上的版本中，可以使用 import static 语句来导入一个类，使得在书写该类的 static 字段或方法时，可以不写该类的名字。例如，在文件开头写上：

　　　　import static java.lang.System.*;

则文件中就可以使用 out 来代替 System.out，用 out.println( ) 来表示 System.out.println( )。

4.5.2 final

final 可以用来修饰类、方法、字段及局部变量。

1. final 类

如果一个类被 final 修饰符所修饰和限定，说明这个类不能被继承，即不能有子类。

被定义为 final 的类通常是一些有固定作用、用来完成某种标准功能的类，如 Java 系统定义好的 String、Math、Integer、Double 等类都是 final 类。将一个类定义为 final 则可以将它的内容、属性和功能固定下来，从而保证引用这个类时所实现的功能正确无误。另外，针对 final 类编译器可以做一些优化处理。

2. final 方法

final 所修饰的方法，是不能被子类所覆盖的方法。如果类的某个方法被 final 修饰符所限定，则该类的子类就不能再重新定义与此方法同名同参数列表的方法，这样就固定了这个方法所对应的具体操作，可以防止子类对父类的方法进行重定义，保证了程序的安全性和正确性。

注意：

所有被 private 修饰符限定为私有的方法，以及所有包含在 final 类中的方法，都被默认为是 final 的。因为这些方法不可能被子类所继承，所以都不可能被重写，自然都是最终的方法。

3. final 字段及 final 局部变量

final 字段和 final 局部变量，它们的值一旦给定，就不能更改。final 字段、final 局部变量是只读量，它们能且只能被赋值一次，而不能被赋值多次。

一个字段被 static final 两个修饰符所限定时，它实际的含义就是常量，如 Integer. MAX_VALUE（表示最大整数）、Math. PI（表示圆周率）就是这种常量。在程序中，通常一起使用 static 与 final 来指定一个常量（相当于 C++语言的 const）。在定义 static final 字段时，需要给定初始值。

在定义 final 字段时，若不是 static 的字段，则必须且只能赋值一次，不能缺省。这种字段的赋值方式有两种：一是在定义变量时赋初始值，二是在每一个构造函数中进行赋值。例如 Person 类的 gender（性别）字段可以定义为 final 的。

在定义 final 局部变量（方法中的变量）时，也必须且只能赋值一次。它的值可能不是常量，可以是一个表达式计算的结果，但它的取值在变量存在期间不会改变。final 局部变量经常用于处理匿名类及 Lambda 表达式中，以后章节还会提到它。

【例 4-7】TestFinal. java 使用 final。

```
public final class TestFinal {
    public static int totalNumber = 5;
    public final int id;

    public TestFinal( ) {
        // 在构造方法中对声明为 final 的变量 id 赋值
        id = ++totalNumber;
    }

    public static void main(String[ ] args) {
        TestFinal t = new TestFinal( );
        System. out. println(t. id);
        final int i = 10;
        final int j;
        j = 20;
        // j = 30; //非法
    }
}
```

4.5.3 abstract

1. abstract 类

凡是用 abstract 修饰的类被称为抽象类。抽象类就是没有具体对象的概念类。

由于抽象类是它的所有子类的公共属性的集合，所以使用抽象类的一大优点就是可以充分利用这些公共属性来提高开发和维护程序的效率。把各类的公共属性从它们各自的类定义中抽取出来形成一个抽象类，这种组织方法比把公共属性保留在具体类中的方法要方便得多。

例如，Java 中的 Number 类就是一个抽象类，它只表示数字这一抽象概念，只有当它作为整数类 Integer 或实数类 Float 等的父类时才有意义，定义一个抽象类的格式如下：

```
abstract class 类名 {
    …
}
```

由于抽象类不能被实例化，因此下面的语句会产生编译错误：

```
new AbstractClass( );
```

又如，图 4-4 中的抽象类 Vechicle（抽象类名在 UML 图中用斜体表示），它的子类 Car,

Train，Boat 则可以是可实例化的类。

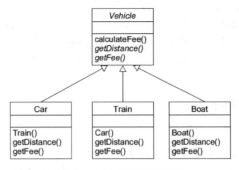

图 4-4 抽象类及其子类

由于抽象类是需要继承的，所以 abstract 类不能用 final 来修饰。
抽象类的子类还可以是 abstract 的，但 abstract 的类不能被实例化。
注意：

> 抽象类虽然不能用 new 来实例化，但可以有构造方法，构造方法可以被子类的构造方法调用。

2. abstract 方法

被 abstract 所修饰的方法叫抽象方法，抽象方法的作用在为所有子类定义一个统一的接口。抽象方法只需声明方法头，而没有方法体，即用分号（;）而不是用{}，格式如下：

   abstract 返回类型 方法名(参数)；

抽象类中可以包含抽象方法，也可以不包含 abstract 方法。但是，一旦某个类中包含了 abstract 方法，则这个类必须声明为 abstract 类。

抽象方法应在子类中被实现。如果子类没有实现该方法，则子类仍然是 abstract 的。

【例 4-8】 AbstractTest.java 使用 abstract。

```java
abstract class C {
    abstract void callme();

    void metoo() {
        System.out.println("Inside C's metoo() method");
    }
}

class D extends C {
    void callme() {
        System.out.println("Inside D's callme() method");
    }
}

public class AbstractTest {
    public static void main(String args[]) {
        C c = new D();
        c.callme();
        c.metoo();
    }
}
```

运行结果如下：
  Inside D's callme( ) method
  Inside C's metoo( ) method

该例中，首先定义了一个抽象类 C，其中声明了一个抽象方法 callme( )，然后定义它的子类 D，并覆盖方法 callme( )。最后，在类 abstract 中，生成类 D 的一个实例，并把它的引用返回到 C 型变量 C 中。

在使用 abstract 注意要以下几点。

注意：

（1）abstract 不能与 final 并列修饰同一类。

（2）abstract 不能与 private、static、final 或 native 并列修饰同一方法。

（3）abstract 方法必须位于 abstract 类中（即有 abstract 方法的类一定要用 abstract 修饰）。

4.5.4 其他修饰符

在 Java 中还有其他一些修饰符，如 volatile、native、synchronized 等，这里仅作简单介绍，读者可以参考相关的文献。

1. volatile 易失变量

如果一个字段被 volatile 修饰符所修饰，说明这个字段可能同时被几个线程所控制和修改，即这个字段不仅仅被当前程序所掌握，在运行过程中可能存在其他未知的程序操作来影响和改变该字段的取值。在使用当中应该特别留意这些影响因素。

通常，volatile 用来修饰接收外部输入的字段。如，表示当前时间的变量将由系统的后台线程随时修改，以保证程序中取到的总是最新的当前的系统时间，所以可以把它定义为易失变量。

2. native 本地方法

native 修饰符一般用来声明用其他语言书写方法体并具体实现方法功能的特殊的方法，这里的其他语言包括 C、C++、FORTRAN、汇编等。由于 native 方法的方法体使用其他语言在程序外部写成，所以所有的 native 方法都没有方法体，而用一个分号代替。

在 Java 程序里使用其他语言编写的模块作为 native 方法，其目的主要有两个：充分利用已经存在的程序功能模块和避免重复工作。

但是，在 Java 程序中使用 native 方法时应该特别注意。由于 native 方法对应其他语言书写的模块是以非 Java 字节码的二进制代码形式嵌入 Java 程序的，而这种二进制代码通常只能运行在编译生成它的平台之上，所以整个 Java 程序的跨平台性能将受到限制或破坏，因此使用这类方法时应特别谨慎。

3. synchronized 同步方法

如果 synchronized 修饰的是一个对象的实例方法（未用 static 修饰的方法），则这个方法在被调用执行前，将把当前对象加锁。如果 synchronized 修饰的方法是一个类的方法（即 static 的方法），那么在被调用执行前，将把系统类 Class 中对应当前类的对象加锁。synchronized 修饰符主要用于多线程共存的程序中的协调和同步。详细的内容将在以后的线程同步中介绍。

4.5.5 一个应用模式——单例模式

设计模式（design pattern）是面向对象程序设计中对众多类似的应用中抽象出的类之间的关系。这里介绍一种模式是单例模式（singleton）。单例是指在某个类只有一个实例，调用者可以获得该实例，并且这个实例是唯一的。

实现这种模式有一个方法，就是将该类的构造函数设定为 private，使得外部调用者不能直接用 new 来进行创建其实例。然后在该类中，用 static 的字段来存放该类的唯一实例，并将该实例以 public 方法向外进行公开。这里利用了 private、public、static 等修饰符来实现这一模式。具体例子见例 4-9。

【例 4-9】 TestSingleton.java 单例模式。

```
class Singleton {
    private static Singleton instance;
    String name;

    public static Singleton getInstance() {
        if (instance == null)
            instance = new Singleton("the only one");
        return instance;
    }

    private Singleton(String name) {
        this.name = name;
    }
}

public class TestSingleton {
    public static void main(String args[]) {
        Singleton s1 = Singleton.getInstance();
        Singleton s2 = Singleton.getInstance();
        if (s1 == s2) {
            System.out.println("s1 is equals to s2!");
        }
    }
}
```

4.6 接口

4.6.1 接口的概念

Java 中的接口（interface）在语法上有些相似于 abstract 类，它定义了若干个抽象方法和常量，这些方法通常对应于某一组功能，表示事物具有某方面的特性。例如，Cloneable 接口表示可克隆（可复制）这个特性，其中方法 Clone() 表示这个特性。又如，Comparable 接口表示可比较，其中有个 compareTo() 方法。

接口就是方法定义和常量值的集合。它的作用主要体现在下面几个方面。

（1）通过接口可以实现不相关类的相同行为，而不需要考虑这些类之间的层次关系。
（2）通过接口可以指明多个类需要实现的公共方法。
（3）通过接口可以了解对象的交互界面，而不需要了解对象所对应的类。

接口的一个作用是可以帮助实现类似于多重继承的功能。所谓多重继承，是指一个子类可以有一个以上的直接父类，该子类可以继承它所有直接父类的成员。Java 不支持多重继承，而是用接口实现比多重继承更强的功能。编程者可以把用于完成特定功能的若干特征组织成接口，凡是需要实现这种特定功能的类，都可以继承这个接口。

在"继承"这个接口的各个类中，要具体定义接口中各抽象方法的方法体。因而在 Java 中，把对接口功能的"继承"称为"实现（implements）"。

总之，接口把方法的定义和对它的实现区分开来。同时，一个类可以实现多个接口来达到实现与"多重继承"相似的目的。

Java 通过接口使得处于不同层次、甚至互不相关的类可以具有相同的行为。例如，在图 4-5 中，接口 Flyable（可飞）具有 tackoff()、fly()、land() 等方法，它可以被 Airplane、Bird、Superman 等类来实现，而这些类并没有继承关系体系，也不一定处于同样的层次上。

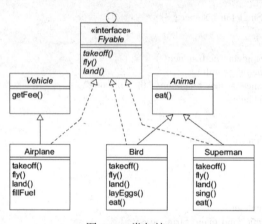

图 4-5　类与接口

4.6.2　定义接口

Java 中声明接口的语法如下：

　　［public］interface 接口名［extends 父接口名列表］{
　　　　//接口体
　　　　//常量声明
　　　　［public］［static］［final］类型 变量名=常量值；
　　　　//抽象方法声明
　　　　［public］［abstract］返回值 方法名(参数列表)［throws 异常列表］；
　　}

从上面的语法规定可以看出，定义接口与定义类非常相似。

其中，interface 前的修饰符可以为 public 或默认，其含义与类的访问控制相似。通常接口名以 able 或 ible 结尾，表明接口具有某方面的能力或特征。

接口中可以包括字段及方法，与类中的字段与方法有不同之处：

- 接口中的字段实际上是常量，字段前面即使省略修饰符，仍然默认为 public static final。
- 接口中的方法都是抽象方法，不能有实现体；方法前面即使省略修饰符，仍然默认为 public abstract。

事实上，在定义接口时，一般都省略字段和方法的修饰符。

与类相似，接口也具有继承性。定义一个接口时可以通过 extends 关键字声明该新接口是某个已经存在的父接口的派生接口，它将继承父接口的所有字段和方法。与类的继承不同的是，一个接口可以有一个以上的父接口，它们之间用逗号分隔，形成父接口列表。新接口将继承所有父接口中的属性和方法。

【例 4-10】给出一个接口的定义。

```
interface Collection {
    int MAX_NUM = 100;
    void add( Object obj );
    void delete( Object obj );
    Object find( Object obj );
    int currentCount( );
}
```

该例定义了一个名为 Collection 的接口，其中声明了一个常量和四个方法。这个接口可以由队列、堆栈、链表等类来实现。

4.6.3 实现接口

接口的声明仅仅给出了抽象方法，相当于程序开发早期的一组协议，而具体地实现接口所规定的功能，则需某个类为接口中的抽象方法书写语句并定义实在的方法体，称为实现这个接口。

一个类要实现接口时，请注意以下问题。

注意：

(1) 在类的声明部分，用 implements 关键字声明该类将要实现哪些接口。

(2) 如果实现某接口的类不是 abstract 的抽象类，则在类的定义部分必须实现指定接口的所有抽象方法。如果其直接或间接父类中实现了接口，父类所实现的接口中的所有抽象方法都必须有实在的方法体。也就是说，非抽象类中不能存在抽象方法。

(3) 一个类在实现某接口的抽象方法时，必须使用完全相同的方法头。否则，只是在重载一个新的方法，而不是实现已有的抽象方法。

(4) 接口的抽象方法的访问限制符都已指定为 public，所以类在实现方法时，必须显式地使用 public 修饰符，否则将被系统警告为缩小了接口中定义的方法的访问控制范围。

(5) 最好在实现接口的方法前面使用 @Override 以让编译器更好地检查该方法。

(6) 一个类只能有一个父类，但是它可以同时实现若干个接口。一个类实现多个接口时，在 implements 子句中用逗号分隔。这种情况下如果把接口理解成特殊的类，那么这个类利用接口实际上就获得了多个父类，即实现了多重继承。

下面在类 Queue 中实现上面所定义的接口 Collection：

```
class Queue implements Collection {
    void add (Object obj) {
        ...
    }
    void delete( Object obj ) {
        ...
    }
    Object find( Object obj ) {
        ...
```

```
        }
        int currentCount () {
            ...
        }
    }
```

【例 4-11】 TestInterface.java 使用接口。

```java
interface Runner {
    void run();
}

interface Swimmer {
    void swim();
}

interface Flyable {
    void fly();

    void land();

    void takeoff();
}

abstract class Animal {
    int age;

    abstract public void eat();
}

class Flyman extends Animal implements Runner, Swimmer, Flyable {
    @Override
    public void run() {
        System.out.println("run");
    }

    @Override
    public void swim() {
        System.out.println("swim");
    }

    @Override
    public void eat() {
        System.out.println("eat");
    }

    @Override
    public void fly() {
        System.out.println("fly");
    }

    @Override
    public void land() {
        System.out.println("land");
    }

    @Override
    public void takeoff() {
        System.out.println("takeoff");
    }
```

```
    }
    public class TestInterface {
        public static void main(String args[]) {
            TestInterface t = new TestInterface();
            Flyman p = new Flyman();
            t.m1(p);
            t.m2(p);
            t.m3(p);
        }
        public void m1(Runner f) {
            f.run();
        }
        public void m2(Swimmer s) {
            s.swim();
        }
        public void m3(Animal a) {
            a.eat();
        }
    }
```

程序中定义了三个接口及一个抽象类,并让一个类来继承这个抽象类并实现这三个接口。

4.6.4 对接口的引用

接口可以作为一种引用类型来使用。接口类型的变量可以引用到任何实现该接口的类的实例,通过该变量可以访问类所实现的接口中的方法。Java 运行时系统动态地确定该使用哪个类中的方法。

把接口作为一种数据类型可以不需要了解对象所对应的具体的类,而着重于它的交互界面,仍以前面所定义的接口 Collection 和实现该接口的类 Queue 为例,下例中,以 Collection 作为引用类型来使用。

```
    class InterfaceType {
        public static void main(String args[]) {
            Collection c = new Queue();
            …
            c.add(obj);
        }
    }
```

4.6.5 Java 8 对接口的扩展

Java 8 以上的版本对接口进行了扩展,除了常量和抽象方法外,还可以包括下两种非抽象的方法:static 方法和 default 方法,它们具有方法体。

static 方法比较好理解。下面谈谈 default 方法(默认方法)。default 方法是指具有方法体的方法。使用 default 方法的好处在于:任何类只要声明 implements 这个接口,就"自动"地有了一个默认实现的方法(当然也可以被 override)。也就是说,有了 default 方法,就能给已有的类增加新功能而不用每个类都写相同的代码。另外,Java 9 还允许 private 方法。

4.7 枚举

从 Java 5 开始,可以使用枚举。枚举实际上是用一些符号来表示的常量,但与 static final 表示的常量相比,有更多的优势。

4.7.1 枚举的基本用法

定义枚举,可以使用关键词 enum,其中可定义多个符号常量。下面是一个基本用法的例子。

【例 4-12】EnumDemo.java 使用枚举。

```java
enum Direction {
    EAST, SOUTH, WEST, NORTH
}

class EnumDemo {
    public static void main(String[] args) {
        Direction dir = Direction.NORTH;
        switch (dir) {
        case EAST:
            System.out.println("向东");
            break;
        case SOUTH:
            System.out.println("向南");
            break;
        case WEST:
            System.out.println("向西");
            break;
        case NORTH:
            System.out.println("向北");
            break;
        }
    }
}
```

从例子可以看出,枚举可以用于 switch 语句中,要注意的是:case 后面的常量只写枚举中的常量即可,如 case NORTH 不能写成 case Direction.NORTH。

4.7.2 枚举的深入用法

Java 中的枚举,本质上是用类来实现的,所以它并不是一个整数(这与 C++不同)。所以枚举是引用类型。另外,枚举可以定义成员方法及构造方法,也可以实现接口。所有的枚举都是继承了 java.lang.Enum 类,所以可以覆盖 toString() 方法,可以使用 values() 方法来取得所有成员,每个成员都有 ordinal() 方法得到序号等。

在枚举中定义的常量,本质上是这个类型的实例(更准确地说是它的子类的实例)。所以如果定义了构造方法,可以在定义"枚举常量"时可以用构造方法。要注意的是,enum 中的构造方法必须是 private 的,以防止在类的外面进行额外的实例化。

【例 4-13】EnumDemo2.java 使用枚举的构造方法。

```java
enum Direction2 {
    EAST("东", 1), SOUTH("南", 2), WEST("西", 3), NORTH("北", 4);
    private Direction2(String desc, int num) {
```

```
            this.desc = desc;
            this.num = num;
        }
        private String desc;
        private int num;
        public String getDesc() {
            return desc;
        }
        public int getNum() {
            return num;
        }
    }
    class EnumDemo2 {
        public static void main(String[] args) {
            Direction2 dir = Direction2.NORTH;
            System.out.println(dir);
            for (Direction2 d : Direction2.values()) {
                System.out.println(d.getDesc() + "," + d.getNum() + "," + d.ordinal());
            }
        }
    }
```

程序中，使用 EAST("东",1)等变量，其实上是调用了构造方法来定义"枚举常量"。程序为了对 values()的结果进行循环，用到了增强的 for 语句。

程序的运行结果如下：
NORTH
东,1,0
南,2,1
西,3,2
北,4,3

至此，我们已经介绍了 Java 中的所有类型，包括基本数据类型、数组、类、接口、枚举，除基本数据类型外其余的都是引用类型。枚举其实是用类来实现的。在 Java 15 以上还增加了 record 类型，它本质上也是 class 类型中的一种特例，如：

public record Person(String name, int age, double height){}

它实际上是定义了 class Person extends Record，系统自动为它定义了构造方法、字段及获取字段的方法 name()、age()、height()，以及重写了 equals()、hashCode()、toString()等方法。

习题

1. 使用抽象和封装有哪些好处？
2. 如何定义方法？在面向对象程序设计中方法有什么作用？
3. 编写一个 Java 程序片断定义一个表示学生的类 Student，包括字段（学号、班号、姓名、性别、年龄）和方法（获得学号、获得班号、获得性别、获得年龄、修改年龄）。
4. 为 Student 类定义构造方法初始化所有的字段，增加一个方法 public String toString() 把 Student 类对象的所有字段信息组合成一个字符串。编写程序检验新增的功能。

5. 如何定义静态字段？静态字段有什么特点？如何访问和修改静态字段的数据？
6. 如何定义静态方法？静态方法有何特点？静态方法处理的域有什么要求？
7. 什么是静态初始化器？它有什么特点？与构造方法有什么不同？
8. 什么是最终类？如何定义最终类？试列举最终类的例子。
9. 什么是抽象方法？它有何特点？如何定义抽象方法？如何使用抽象方法？
10. 什么是访问控制符？有哪些访问控制符？哪些可以用来修饰类？哪些用来修饰字段和方法？试述不同的访问控制符的作用。
11. 修饰符是否可以混合使用？混合使用时需要注意什么问题？
12. 什么是继承？什么是父类？什么是子类？继承的特性给面向对象编程带来什么好处？什么是单重继承？什么是多重继承？
13. 如何定义继承关系？为"学生"类派生出"小学生""中学生""大学生""研究生"四个类，其中"研究生"类再派生出"硕士生"和"博士生"两个子类。
14. "子类的字段和方法的数目一定大于等于父类的字段和方法的数目"，这种说法是否正确？为什么？
15. 什么是字段的隐藏？
16. 什么是方法的覆盖？与方法的重载有何不同？
17. 解释 this 和 super 的意义和作用。
18. 父类对象与子类对象相互转化的条件是什么？如何实现它们的相互转化？
19. 构造方法是否可以被继承？是否可以被重载？试举例说明。
20. 什么是包？它的作用是什么？
21. 如何创建包？在什么情况下需要在程序里创建包？
22. 如何引用包中的某个类？如何引用整个包？
23. CLASSPATH 是有关什么的环境变量？它如何影响程序的运行？如何设置和修改这个环境变量？
24. 什么是接口？为什么要定义接口？接口与类有何异同？如何定义接口？使用什么关键字？
25. 一个类如何实现接口？实现某接口的类是否一定要实现该接口中的所有抽象方法？

第 5 章　深入理解 Java 语言

在第 4 章中介绍了 Java 语言中面向对象的基本概念和相关的语法规则，有了这些基础，就可以编写完整的 Java 程序了。本章介绍 Java 语言中一些更深入的特性，通过本章的学习可以让读者对 Java 语言有进一步理解。对于时间不太充裕的读者，可以略过此章，而不会对后面各章的理解带来太大的影响；也可以在学过后面几章后，再回过头来学习本章。

5.1　变量及其传递

5.1.1　基本类型变量与引用型变量

Java 中的变量，可分为基本类型变量（primitive）和引用型变量（reference）两种。基本类型变量包括 8 种类型：char、byte、short、int、long、float、double、boolean。引用类型包括类、接口、数组（枚举是一种特殊的类）。

基本类型变量与引用型变量在内存中的存储方式是不同的，基本类型的值直接存于变量中；而引用型的变量则不同，除了变量要占据一定的内存空间外，同时，它所引用的对象实体（也就是用 new 创建的对象实体）也要占据一定的空间。通常对象实体占用的内存空间要大得多。

【例 5-1】**MyDate.java** 基本类型变量与引用型变量的区别。

```java
public class MyDate {
    private int day;
    private int month;
    private int year;

    public MyDate(int y, int m, int d) {
        year = y;
        month = m;
        day = d;
    }

    void addYear() {
        year++;
    }

    public void display() {
        System.out.println(year + "-" + month + "-" + day);
    }

    public static void main(String[] args) {
        MyDate m = new MyDate(2003, 9, 22);
        MyDate n = m;
        n.addYear();
        m.display();
        n.display();
    }
}
```

以 MyDate 类为例，其中定义了 3 个字段（year、month、day）和一些方法，这些字段保存在一块内存中，这块内存就是 m 所引用的对象所占用的内存。变量 m，n 与它所引用的实体所占据的关系，是一种引用关系，可以用图 5-1 表示。引用型变量保存的实际上是对象在内存的地址。

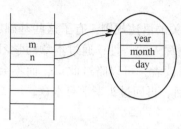

图 5-1　引用型变量与对象实体的关系

在 m，n 两个变量中，保存的是所引用的对象的地址。当调用 n.addYear( ) 方法，是将它引用的对象的 year 字段加 1，由于 m，n 两个变量引用的是同一对象实体，所以它相当于 m.addYear，并且 m.diplay 与 n.dsplay 方法的显示结果是一样的。

由于一个对象实体可能被多个变量所引用，在一定意义上就是一个对象有多个别名，通过一个引用可以改变另一个引用所指向的对象实体的内容。

5.1.2　字段变量与局部变量

字段变量（域变量）与方法中的局部变量也是有区别的。

从语法形式上看，字段变量是属于对象的，而局部变量是在方法中定义的变量或方法的参变量；字段变量可以被 public、private、static 等词修饰，而局部变量则不能被访问控制符及 static 修饰；字段变量及局部变量都可以被 final 修饰。

从变量在内存中的存储方式上看，字段变量是对象的一部分，对象是存在于堆中的，而局部变量是存在于栈中的。

从变量在内存中的存在时间上看，字段变量是对象的一部分，它随着对象的创建而存在，而局部变量随着方法的调用而产生，随着方法调用结束而自动消失。

字段变量及局部变量还有一个重要区别，字段变量如果没有赋初值，则会自动以该类型的默认值（0，false 或 null）赋值（有一种例外情况，被 final 修饰的字段变量必须显式地赋值）；而局部变量则不会自动赋值，必须显式地赋值后才能使用。

【例 5-2】 LocalVarAndMemberVar.java 字段变量与局部变量。

```
class LocalVarAndMemberVar {
    int a;

    void m( ) {
        int b;
        System.out.println(a);  // a 的值为 0
        System.out.println(b);  // 编译不能通过
    }
}
```

类似地，数组的元素可认为是数组的成员，所以当数组用 new 创建并分配空间后，每一个元素会自动地赋值为默认值。

5.1.3　变量的传递

Java 中调用对象的方法时，需要进行参数的传递。在传递参数时，Java 遵循的是值传递，也就是说，当调用一个方法时，是将表达式的值复制给形式参数。

【例 5-3】TransByValue.java 变量的传递。

```java
public class TransByValue {
    public static void main(String[] args) {
        int a = 0;
        modify(a);
        System.out.println(a); // result:0

        int[] b = new int[1];
        modify(b);
        System.out.println(b[0]); // result:1
    }

    public static void modify(int a) {
        a++;
    }

    public static void modify(int[] b) {
        b[0]++;
        b = new int[5];
    }
}
```

在这个例子中，第 1 个 modify() 方法的参数是基本数据类型（int），第 2 个 modify() 方法的参数是引用数据类型（数组类型 int[]）。

在调用第 1 个 modify() 方法时，将静态变量 a 的值 0 复制并传递给 modify() 方法的局部变量 a（参数变量也是局部变量），局部变量 a 增加 1，然后返回（这时局部变量 a 消失），而静态变量 a 的值并没有受到影响，所以仍为 0。

在调用第 2 个 modify() 方法时，将 main() 方法中的局部变量 b 的值复制给 modify() 方法的局部变量（参变量）b，由于 b 是引用型数据，这里复制的不是对象实体（位于堆中的数组）本身，而是对象的地址（即引用），所以在 modify() 方法中 b 访问的是同一对象实体，数组的第 0 个元素增加 1，后来 modify() 中的局部变量 b 引用了一个新的数组，但这不影响 main() 中的 b，main() 中的 b 指向的仍是原来的数组。由于原来的数组的第 0 个元素已被增加到了 1，所以显示的值是 1。

从这个例子可以看出，Java 中的参数都是按值传递的，但对于引用型变量，传递的值是引用值，所以方法中对数据的操作可以改变对象的属性。

可以这样说，Java 中通过引用型变量这一概念，代替了其他语言中的指针，并且更安全。

5.1.4 变量的返回

与变量的传递一样，方法的返回值可以是基本类型，也可以是引用类型。返回值是基本类型的情形比较好理解，这里谈一下引用类型的返回。

如果一个方法返回一个引用类型，由于引用类型是一个引用，所以它可以存取对象实体。如：

```java
Object getNewObject() {
    Object obj = new Object();
    return obj;
}
```

在调用方法时，可以这样用：

```
Object    p= getNewObject( );
```

由于 Java 中的所有引用变量都是引用（句柄），而且由于每个对象都是在内存堆中创建的，只有不再需要的时候才会当做垃圾收集掉，所以不必关心在需要一个对象的时候它是否仍然存在，因为系统会自动处理这一切。程序可在需要的时候创建一个对象，而且不必关注那个对象的传输机制的细节，只需简单地传递或返回引用即可。

5.1.5　不定长参数变量

函数的参数的个数一般是固定的，但也有时需要变化的，例如：

```
System. out. printf("%d", 10);
System. out. printf("%d %f", 10, 3.14);
System. out. printf("%d %f %s\n", 10, 3.14, "string");
```

从 JDK5 开始，Java 支持这种可变长参数的传递（variable-length Argument）。具体的写法是在参数类型用…（三个点）来表示，如下所示。

```
static double sum( double... numbers) {
    double s = 0;
    for (double num : numbers) {
        s += num;
    }
    return s;
}
```

在调用的时候可以传递多个变量，如：

```
System. out. println(sum(1));
System. out. println(sum(1,2));
System. out. println(sum(1,3,5));
```

事实上，这种处理是编译器语法糖（compiler sugar），它将其处理成数组了，但对于编程者方便了一些，不用每次生成一个数组了，直接写多个参数。

要注意的是，不定长参数只能写到一个函数的参数的最后，并且一个函数最多只能写一个不定长参数。

5.2　多态与虚方法调用

对于面向对象的程序设计语言，多态（polymorphism）是三个最基本的特征之一（另两个是"封装"和"继承"）。

所谓多态，是指一个程序中相同的名字表示不同的含义的情况。面向对象的程序中多态的情况有多种，最常见的情形是：可以利用重载（overloading）在同一个类中定义多个同名的不同方法（这种是在编译时就确定了调用哪个方法，也称为编译时多态），也可以通过子类对父类方法的覆盖（overriding）实现多态（这种称为运行时多态）。

在面向对象的程序中，多态还有更为深刻的含义，就是动态绑定（dynamic binding），也称虚方法调用（virtual method invoking），它能够使对象所编写的程序，不用做修改就可以适应于其所有的子类，如在调用方法时，程序会正确地调用子类对象的方法。由此可见，多态的特点大大提高了程序的抽象程度和简洁性，更重要的是，它最大限度地降低了类和程序模块之间的耦合性，提高了类模块的封闭性，使得它们不需了解对方的具体细节，就可以很好地共同工作。这个优点对于程序的设计、开发和维护都有很大的好处。

本节介绍多态及其实现中的一些概念及相关问题。

5.2.1 上溯造型

类似于基本数据类型数据之间的强制类型转换，存在继承关系的父类对象引用和子类对象引用之间也可以在一定条件下相互转换。父类对象和子类对象的转化需要注意如下原则。

（1）子类对象可以被视为其父类的一个对象。如一个 Student 对象也是一个 Person 对象。

（2）父类对象不能被当作其某一个子类的对象。

（3）如果一个方法的形式参数定义的是父类对象，那么调用这个方法时，可以使用子类对象作为实际参数。

（4）如果父类对象引用指向的实际是一个子类对象，那么这个父类对象的引用可以用强制类型转换转化成子类对象的引用。

其中，把派生类型当作它的基本类型处理的过程，又称为"upcasting"（上溯造型），这一点具有特别重要的意义。我们知道，对于类有继承关系的一系列类而言，将派生类的对象当作基础类的一个对象对待，这意味着只需编写单一的代码，只与基础类打交道，而忽略派生类型的特定细节，这样的代码更易编写和理解。此外，若通过继承增添了一种新类型，新类型会像在原来的类型里一样正常地工作，使程序具备了扩展性。

假设用 Java 写了这样一个函数：

```
void doStuff(Shape s) {
    s.erase();
    // ...
    s.draw();
}
```

这个函数可与任何"几何形状"（shape）对象做参数，所以完全独立于它要描绘（draw）和删除（erase）的任何特定类型的对象。如果在其他一些程序里使用 doStuff()函数：

```
Circle c = new Circle();
Triangle t = new Triangle();
Line l = new Line();
doStuff(c);
doStuff(t);
doStuff(l);
```

那么对 doStuff()的调用会自动良好地工作，无论对象的具体类型是什么。doStuff()需要 Shape（形状）对象引用的函数一个 Circle（圆）引用传递给一个本来期待 Shape（形狀）引用的函数。由于圆是一种几何形状，所以 doStuff()能正确地按圆的方式进行处理，不会造成错误。

5.2.2 虚方法调用

在使用上溯造型的情况下，子类对象可以当做父类对象，对于重载或继承的方法，Java 运行时系统根据调用该方法的实例的类型来决定选择哪个方法调用。对子类的一个实例，如果子类重载了父类的方法，则运行时，系统调用子类的方法，如果子类继承了父类的方法（未重载），则运行时，系统调用父类的方法。

请看看 doStuff( )里的代码：

　　s.draw( );

在 doStuff( )的代码里，尽管没有做出任何特殊指示，采取的操作也是完全正确和恰当的。我们知道，为 Circle 调用 draw( )时执行的代码与为一个 Square 或 Line 调用 draw( )时执行的代码是不同的。在调用 draw( )时，根据 Shape 变量当时所引用对象的实际类型，会相应地采取正确的操作。在这里因为当 Java 编译器为 doStuff( )编译代码时，它并不知道自己要操作的准确类型是什么。但在运行时，却会根据实际的类型调用正确的方法。对面向对象的程序设计语言来说，这种情况就叫"多态形性"（polymorphism）。用以实现多态形性的方法叫虚方法调用，也叫"动态绑定"，编译器和运行系统（Java 虚拟机）会负责动态绑定的实现。

有些语言要求用一个特殊的关键字来表明虚方法调用（动态绑定），如在 C++中，这个关键字是 virtual。在 Java 中，则完全不必添加关键字，所有的非 final 的方法都会自动地进行动态绑定。

如果一个方法声明成 final，它能防止覆盖该方法，同时也告诉编译器不需要进行动态绑定。这样一来，编译器就可为 final 方法调用生成效率更高的代码。

如果一个方法是 static 或 private 的，它不能被子类所覆盖，自然也是 final 的，它也不存在虚方法调用的问题。

【例 5-4】 TestVirtualInvoke.java 虚方法调用。

```java
class TestVirtualInvoke {
    static void doStuff(Shape s) {
        s.draw();
    }

    public static void main(String[] args) {
        Circle c = new Circle();
        Triangle t = new Triangle();
        Line l = new Line();
        doStuff(c);
        doStuff(t);
        doStuff(l);
    }
}

class Shape {
    void draw() {
        System.out.println("Shape Drawing");
    }
}

class Circle extends Shape {
    void draw() {
        System.out.println("Draw Circle");
    }
}

class Triangle extends Shape {
    void draw() {
        System.out.println("Draw Three Lines");
    }
}
```

```
        }
        class Line extends Shape {
            void draw() {
                System.out.println("Draw Line");
            }
        }
```

运行结果如下:

```
Draw Circle
Draw Three Lines
Draw Line
```

用虚方法调用,可以实现运行时的多态,它体现了面向对象程序设计中的代码复用性。已经编译好的类库可以调用新定义的子类的方法而不必重新编译,而且如果增加几个子类的定义,只需分别用 new 生成不同子类的实例,会自动调用不同子类的相应方法。

5.2.3 动态类型确定

1. instanceof 运算符

由于父类型的变量可以引用子类型的对象,所以经常需要在运行时判断所引用的对象的实际类型,Java 中提供了一个运算符 instanceof,它的基本用法是:

变量 instanceof 类型

该表达式的结果是 boolean 值。

注意:

如果变量与类型相同,或者是类型的子类型,则结果就是 true。

【例 5-5】 InstanceOf.java 使用 instanceof。

```
class InstanceOf {
    public static void main(String[] args) {
        Object[] things = new Object[3];
        things[0] = new Integer(4);
        things[1] = new Double(3.14);
        things[2] = new String("2.09");
        double s = 0;
        for (int i = 0; i < things.length; i++) {
            if (things[i] instanceof Integer)
                s += ((Integer) things[i]).intValue();
            else if (things[i] instanceof Double)
                s += ((Double) things[i]).doubleValue();
        }
        System.out.println("sum=" + s);
    }
}
```

在该例中,一个 Object 的数组的各个元素可以有不同的类型,用 instanceof 进行判定后,根据其不同的类型进行不同的处理。

2. Class 类

除了用 instanceof 对运行时的类进行判断外,Java 中的对象可以通过 getClass() 方法来获得运行时的信息。getClass() 是 java.lang.Object 的方法,而 Object 是所有类的父类,所以任何对象都可以用 getClass() 方法,该方法的返回结果是一个 Class 对象。通过 Class 对象可以获得更为详细的关于对象的字段、方法等方面的信息。

这种获得运行时的对象信息的方法又叫反射（reflection），关于反射将在 5.7 节中进一步讨论。

【例 5-6】RunTimeClassInfo.java 获得运行时的类信息。

```java
import java.lang.reflect.*;

class RunTimeClassInfo {
    public static void main(String[] args) {
        Object obj = new String();
        Class cls = obj.getClass();
        System.out.println("类名:" + cls.getName());

        Field[] fields = cls.getDeclaredFields();          // getFields();
        for (Field f : fields) {
            System.out.println("字段:" + f.getName() + ":" + f);
        }

        Method[] methods = cls.getDeclaredMethods();       // getMethods();
        for (int i = 0; i < methods.length; i++) {
            Method m = methods[i];
            System.out.println("方法:" + m.getName() + ":" + m);
        }
    }
}
```

例 5-6 中，通过 getClass() 方法得到对象的运行时的类信息，即一个 Class 类的对象，它的 getFields() 及 getMethods() 方法能进一步获得其详细信息。这里如果用 getFields() 得到该类及其从父类、祖先类继承下来的字段，那么 getDeclaredFields() 则可以得到该类中定义的字段。getMethods() 与 getDeclaredMethods() 的关系类似，如下所示：

```
类名:java.lang.String
字段:value: private final char[] java.lang.String.value
字段:hash: private int java.lang.String.hash
字段:serialVersionUID: private static final long java.lang.String.serialVersionUID
方法:equals: public boolean java.lang.String.equals(java.lang.Object)
方法:toString: public java.lang.String java.lang.String.toString()
方法:hashCode: public int java.lang.String.hashCode()
方法:compareTo: public int java.lang.String.compareTo(java.lang.String)
方法:compareTo: public int java.lang.String.compareTo(java.lang.Object)
方法:indexOf: public int java.lang.String.indexOf(java.lang.String,int)
方法:indexOf: public int java.lang.String.indexOf(java.lang.String)
...
```

5.3 对象构造与初始化

5.3.1 调用本类或父类的构造方法

构造方法从语法的角度上看是可以重载的，即有多个同名的构造方法，但是不能继承，因为继承意味与父类的构造方法要同名，但显然子类的构造方法不可能与父类的构造方法同名。

但是构造方法不能继承，这并不意味着不能调用别的构造方法。事实上，在构造方法中，一定要调用本类或父类的构造方法（除非它是 Object 类，因为 Object 类没有父类）。

具体做法可以选择以下三种之一。

（1）使用 this 来调用本类的其他构造方法。

（2）使用 super 来调用父类的构造方法。与普通方法中的 super 含义不同，super 指其直接父类的构造方法，不能指间接父类的构造方法。

（3）既不用 this，也不用 super，则编译器会自动加上 super()，即调用父类的不带参数的构造函数。

（4）抽象类不能用 new 来实例化，但是从上面的介绍可以看出，它也必须有自定义的构造方法或默认的构造方法，以供子类调用。

注意：

调用 this 或 super 的构造方法的语句必须放在第一条语句，并且最多只有一条这样的语句，不能既调用 this，又调用 super。

对于上面提到的第三种做法要引起读者的特别注意。

例如以下一段程序：

```
class A {
    A(int a){}
}

class B extends A {
    B(String s){}   // 编译不能通过
}
```

其中，B 的一个构造 B(String) 的方法体中，没有 this 及 super，所有编译器会自动加上 super()，也就是说它相当于：

```
B( String s) { super(); }
```

但由于其直接父类 A 没有一个不带参数的方法，所有编译不能通过。解决这个问题的办法有多种，如：

（1）在 B 的构造方法中，加入调用父类已有的构造方法，如 super(3)；

（2）在 A 中加入一个不带参数的构造方法，如 A(){}；

（3）去掉 A 中全部的构造方法，则编译器会自动加入一个不带参数的构造方法，称为默认构造方法。

【例 5-7】 ConstructCallThisAndSuper.java 在构造方法中使用 **this** 及 **super**。

```
class ConstructCallThisAndSuper {
    public static void main(String[] args) {
        Person p = new Graduate();
    }
}

class Person {
    String name;
    int age;

    Person() {
    }

    Person(String name, int age) {
        this.name = name;
```

```java
            this.age = age;
            System.out.println("In Person(String,int)");
        }
    }

    class Student extends Person {
        String school;

        Student() {
            this(null, 0, null);
            System.out.println("In Student()");
        }

        Student(String name, int age, String school) {
            super(name, age);
            this.school = school;
            System.out.println("In Student(String,int,String)");
        }
    }

    class Graduate extends Student {
        String teacher = "";

        Graduate() {
            // super();
            System.out.println("In Graduate()");
        }
    }
```

在该例中，构造一个 Graduate 对象时，首先调用编译器自动加入的 super()；所以进入到 Student()；而 Student() 调用 Student（String，int，String）；而 Student（String，int，String）再调用 Person（String，int）；Person（String，int）中会调用自动加入的 super()，即 Object()。以下各调用完成后，才依次返回，显示的结果如下：

```
In Person(String,int)
In Student(String,int,String)
In Student()
In Graduate()
```

在构造方法中调用 this 及 super 或自动加入的 super()，最终保证了任何一个构造方法都要调用父类的构造方法，而父类的构造方法又会再调用其父类的构造方法，直到最顶层的 Object 类。这是符合面向对象的概念的，因为必须令所有父类的构造方法都得到调用，否则整个对象的构建就可能不正确。

5.3.2 构造方法的执行过程

对于一个复杂的对象，构造方法的执行过程遵照下面的步骤。

（1）调用本类的构造或父类的构造方法。这个步骤会不断重复下去，直到抵达最深一层的派生类。

（2）按声明顺序调用成员初始化模块。即，执行字段的初始化赋值。如果有实例初始化语句块（即直接在类里面、不在方法内，而是直接用花括号括起来的语句块），也会在这个时机按书写的先后顺序进行执行。

（3）执行构造方法中后面的各条语句（不含第一句的 super 或 this 调用的别的构造方法）。

构建器调用的顺序是非常重要的。首先调用父类的构造方法，保证其基础类的成员得到正确的初始化并执行相关的语句，然后对本对象的字段进行初始化，最后才是执行构造方法中的相关语句。

【例 5-8】 ConstructSequence.java 构造方法的执行过程。

```java
class ConstructSequence {
    public static void main(String[] args) {
        Person p = new Student("李明", 18, "北大");
    }
}

class Person {
    String name = "未命名"; // step 2
    int age = -1;
    {
        System.out.print("开始 Person 的初始化");
    }

    Person(String name, int age) {
        super(); // step 1
        // step 3
        System.out.println("开始构造 Person(),此时 this.name=" + this.name + ",this.age=" + this.age);
        this.name = name;
        this.age = age;
        System.out.println("Person()构造完成,此时 this.name=" + this.name + ",this.age=" + this.age);
    }
}

class Student extends Person {
    String school = "未定学校"; // step2

    Student(String name, int age, String school) {
        super(name, age); // step 1
        // step 3
        System.out.println("开始构造 Student(),此时 this.name=" + this.name
            + ",this.age=" + this.age + ",this.school=" + this.school);
        this.school = school;
        System.out.println("Student()构造完成,此时 this.name=" + this.name
            + ",this.age=" + this.age + ",this.school=" + this.school);
    }
}
```

其运行结果如下：

```
开始 Person 的初始化开始构造 Person(),此时 this.name=未命名,this.age=-1
Person()构造完成,此时 this.name=李明,this.age=18
开始构造 Student(),此时 this.name=李明,this.age=18,this.school=未定学校
Student()构造完成,此时 this.name=李明,this.age=18,this.school=北大
```

从本例中可以清楚地看到，先进行父类的构造，再进行本类的成员赋值，以及最后执行构造方法中的语句的三大步骤。

5.3.3 构造方法内部调用的方法的多态性

在构造子类的一个对象时，子类构造方法会调用父类的构造方法，而如果父类的构造方法中调用了对象的其他方法，如果所调用的方法被子类所覆盖的话，它可能实际上调用的是

子类的方法,这是由动态绑定(虚方法调用)所决定的。从语法上来说,这是正确的,但有时却会造成事实上的不合理,所以在构造方法中调用其他方法时要谨慎。

【例 5-9】 ConstructInvokeMetamorph.java 构建方法内部调用的方法的多态性。

```java
class ConstructInvokeMetamorph {
    public static void main(String[ ] args) {
        Person p = new Student("李明", 18, "北大");
    }
}

class Person {
    String name = "未命名";
    int age = -1;

    Person(String name, int age) {
        this.name = name;
        this.age = age;
        sayHello();
    }

    void sayHello() {
        System.out.println("我是一个人,我名叫:" + name + ",年龄为:" + age);
    }
}

class Student extends Person {
    String school = "未定学校";

    Student(String name, int age, String school) {
        super(name, age);
        this.school = school;
    }

    void sayHello() {
        System.out.println("我是学生,我名叫:" + name + ",年龄为:" + age + ",学校在:" + school);
    }
}
```

运行结果如下:

我是学生,我名叫:李明,年龄为:18,学校在:null

在上面的例子中,在构造方法中调用一个动态绑定的方法(虚方法调用)sayHello(),这时,会使用那个方法被覆盖的定义,而这时对象尚未完全构造好,因为这时 school 尚未赋值。

注意:

> 这样的错误会很容易被人忽略,而且要花很长的时间才能找出这种错误,应对这个情况提高警惕。

因此,设计构建器时一个特别有效的规则是用尽可能简单的方法使对象进入就绪状态,如果可能,避免调用任何方法。在构建器内唯一能够安全调用的是在基础类中具有 final 属性的那些方法(也适用于 private、static 方法,它们自动具有 final 属性)。这些方法不能被覆盖,所以不会出现上述潜在的问题。

5.3.4 实例初始化与静态初始化

定义一个类时，可以将一些初始化的工作不写到构造方法中，而直接写到类中，这称为初始化（initializer）。最常见的方式是以一个语句块的形式，即用个花括号来写。初始化语句会在构造对象时按书写顺序执行。如：

```
class InitalizerTest {
    int x = 0;
    int y = 0;
    {
        y = x+5;
        System.out.println(y);
    }
}
```

其中用花括号{}括起来的语句块，当new构造这个对象时就会执行。

上面讲的是实例对象的初始化，还有一种是类的初始化，即静态初始化（static初始化），它是针对整个类的，只会执行一次。它的基本写法是在花括号前面写个static。如下所示：

```
class InitalizerTest {
    static long start = 0;
    static {
        start = new java.util.Date().getTime();
        System.out.println(start);
    }
}
```

注意：

static环境中的语句只能访问该类的static变量，不能访问该类的实例变量，也不能用this。

在类中的静态初始化不能由程序显式地调用，它是由系统自动执行的。它的执行时机是不确定的，但一般都是在首次遇到这个类的时候执行。可以确定的是：它会在首次实例化这个对象之前执行，并且只会执行一次。与实例初始化及构造方法一样，静态初始化不适合进行复杂的任务。

5.4 对象清除与垃圾回收

Java中的对象使用new进行创建，而由系统自动进行对象的清除，清除无用对象的过程，称为垃圾回收（garbage collection，GC）。本节介绍对象清除的相关概念。

5.4.1 对象的自动清除

Java与C++等语言相比，其最大的特色之一就是：无用的对象由系统自动进行清除和内存回收的过程，编程者可以不关心如何回收及何时回收对象。这样大大减轻了编程者的负担，而且大大降低了由于对象提前回收或忘记回收带来的潜在错误。

对象的回收是由Java虚拟机的垃圾回收线程来完成的。该线程对无用对象在适当的时机进行回收。那么，Java是如何知道一个对象是无用的呢？这里的关键是，系统中的任何对象都有一个引用计数，一个对象被引用1次，则引用计数为1，被引用2次，则引用计数为

2,依次类推,当一个对象的引用计数被减到 0 时,说明该对象可以回收。例如下面一段程序:

```
String method( ) {
    String a,b;
    a = new String("hello world");
    b = new String("game over");
    System.out.println(a + b + "ok");
    a = null;
    a = b;
    return a;
}
```

在程序中创建了两个对象实体,字符串"hello world"与"game over",一开始分别被 a 和 b 所引用,后来 a=null;执行后,则字符串"hello world"对象不再被引用,其引用计数减到 0,可以被回收;执行 a=b 后,则字符串"game over"对象的引用计数增加到 2,而当方法执行完成后,a,b 两个变量都消失,后一对象的引用计数也变为 0。如果方法的结果赋值给其他变量,则字符串"game over"对象的引用计数增加到 1;如果方法的结果不赋值给其他变量,则这两个字符串都不再被引用,可以被回收。

5.4.2 System.gc( )方法

System 类有一个 static 方法,叫 System.gc( ),它可以要求系统进行垃圾回收。但是它仅仅是"建议"系统进行垃圾回收,而没有办法强制系统进行垃圾回收,也无法控制怎样进行回收,以及何时进行回收。

5.4.3 finalize( )方法

Java 中,对象的回收是由系统进行的,但有一些任务需要在回收时进行。例如,清理一些非内存资源,关闭打开的文件,等等。这可以通过覆盖 Object 的 finalize( )方法来实现。因为系统在回收时会自动调用对象的 finalize( )方法。

finalize( )方法的形式是:

  protected void finalize( ) throws Throwable

一般说来,子类的 fianlize( )方法中应该调用父类的 finalize( )方法,以保证父类的清理工作能正常进行。

许多情况下,清除并不是个问题,只需让垃圾收集器去处理。但是如果使用 finalize( )方法,就必须特别谨慎,并做周全的考虑。由于不可能确切知道何时会开始垃圾回收,也不能决定垃圾收集器回收对象的顺序,所以除内存的回收以外,其他任何资源最好不要依赖垃圾收集器进行回收,应该制作自己的清除方法,而且不要依赖 finalize( )。

从 Java 7 开始,增加了一个更好的办法来专门处理资源的释放,即带资源的 try 语句,这将在 6.3 节中介绍。

【例 5-10】TestCleanUp.java 清除。

```
class TestCleanUp {
    public static void main(String[ ] args) {
        PolyLine x = new PolyLine(47);
        try {
            // Code and exception handling...
        } finally {
```

```java
                    x.cleanup();
                }
            }
        }

        class Shape {
            Shape(int i) {
                System.out.println("Shape constructor");
            }

            void cleanup() {
                System.out.println("Shape cleanup");
            }
        }

        class Line extends Shape {
            private int start, end;

            Line(int start, int end) {
                super(start);
                this.start = start;
                this.end = end;
                System.out.println("Drawing a Line: " + start + ", " + end);
            }

            void cleanup() {
                System.out.println("Erasing a Line: " + start + ", " + end);
                super.cleanup();
            }
        }

        class PolyLine extends Shape {
            private Line[] lines = new Line[3];

            PolyLine(int i) {
                super(i + 1);
                for (int j = 0; j < lines.length; j++)
                    lines[j] = new Line(j, j * j);
                System.out.println("PolyLine constructor");
            }

            void cleanup() {
                System.out.println("PolyLine.cleanup()");
                for (int i = 0; i < lines.length; i++)
                    lines[i].cleanup();
                super.cleanup();
            }
        }
```

　　本例中，有 Shape、Line、PolyLine 等几个类，每个类都有一个方法 cleanup() 来负责清理工作，子类的 cleanup() 还会调用父类的 cleanup() 方法，一个类还有对其中所包含的对象调用 cleanup() 方法。自己的清除方法中，必须注意对基础类及成员对象清除方法的调用顺序，通常首先完成本类有关的工作，然后调用父类清除方法。

　　在 main() 中，可看到两个新关键字：try 和 finally（第 6 章会详细讲解）。在这里，finally 子句表明"无论会发生什么事情，总是为 x 调用 cleanup()"。事实上，将清理工作放在 finally 子句是一种常见的做法。

5.5 内部类与匿名类

本节介绍内部类（inner class）及匿名类（anonymous class）。简单地说，内部类是定义在其他类中的类，内部类的主要作用是将逻辑上相关联的类放到一起；而匿名类是一种特殊的内部类，它没有类名，在定义类的同时，就生成该对象的一个实例，由于不会在其他地方用到该类，所以不用取名字。

5.5.1 内部类

在 Java 中，可将一个类定义置入另一个类定义中，这就叫作"内部类"。利用内部类，可对那些逻辑上相互联系的类进行分组，并可控制一个类在另一个类里的"可见性"。

1. 内部类的定义和使用

定义内部类是简单的，将类的定义置入一个用于封装它的类内部即可。

注意：

> 内部类不能与外部类同名（那样的话，编译器无法区分内部类与外部类），如果内部类还有内部类，内部类的内部类不能与它的任何一层外部类同名。

在封装它的类的内部使用内部类，与普通类的使用方式相同，在其他地方使用内部类时，类名前要冠以其外部类的名字才能使用，在用 new 创建内部类时，也要在 new 前面冠以对象变量，如例 5-11 所示。

【例 5-11】TestInnerUse.java 使用内部类。

```java
class TestInnerUse {
    public static void main(String[] args) {
        MailPackage mail = new MailPackage();
        mail.testShip();

        MailPackage.Contents contents = mail.new Contents(33);
        MailPackage.Destination dest = mail.new Destination("Hawii");
        mail.setProperty(contents, dest);
        mail.ship();
    }
}

class MailPackage {
    private Contents cont;
    private Destination dest;

    class Contents {
        private int val;

        Contents(int val) {
            this.val = val;
        }

        int value() {
            return val;
        }
    }
```

```java
class Destination {
    private String label;

    Destination(String whereTo) {
        this.label = whereTo;
    }

    String readLabel() {
        return label;
    }
}

void setProperty(Contents cont, Destination dest) {
    this.cont = cont;
    this.dest = dest;
}

void ship() {
    System.out.println("move " + cont.value() + " to " + dest.readLabel());
}

public void testShip() {
    cont = new Contents(22);
    dest = new Destination("Beijing");
    ship();
}
}
```

该例中，在 MailPackage 类中定义内部类 Contents 及 Destination，在 MailPackage 类使用 Contents 及 Destination 类与其他类没有区别（见 ship( )方法及 testShip( )方法）。而在其他类中（见 main( )方法），在用类名和 new 运算符前分别要冠以外部类的名字及外部对象名。

2. 在内部类中使用外部类的成员

内部类与类中的字段、方法一样是外部类的成员，所以在内部类中可以直接访问外部类的其他字段及方法，即使它们是 private 的。这也是使用内部类的一个好处。

如果内部类中与外部类有同名的字段或方法，可以使用冠以外部类名.this 来访问外部类中的同名成员。

【例 5-12】 TestInnerThis.java 在内部类中使用 this。

```java
public class TestInnerThis {
    public static void main(String args[]) {
        AA a = new AA();
        AA.BB b = a.new BB();
        b.mb(333);
    }
}

class AA {
    private int s = 111;

    public class BB {
        private int s = 222;

        public void mb(int s) {
            System.out.println(s);           // 局部变量 s
            System.out.println(this.s);      // 内部类对象的属性 s
```

```
            System.out.println(AA.this.s);      // 外层类对象属性 s
        }
    }
```

在该例中,分别访问了局部变量、内部类对象的属性、外层类对象属性。程序的结果为 333,222,111。

3. 内部类的修饰符

内部类与类中的字段、方法一样是外部类的成员,它的前面也可以访问控制符及其他修饰符。内部类可用的修饰符比外部类的修饰符更多。例如,外部类不能使用 protected、private、static 等修饰,而内部类可以。

访问控制符包括 public、protected、默认及 private,其含义与字段前面的访问控制符一样。

内部类前面用 final 修饰,表明该内部类不能被继承;内部类前面用 abstract 修饰,表明该内部类不能被实例化。

类中的类前面用 static 修饰,则表明该类实际上不是一种内部类,因为它们的存在不依赖于外部类的一个具体实例。这种被 static 修饰的、在另一个类中的类一般称为嵌套类(nested class)。

注意:

static 修饰的嵌套类与普通的内部类有较大的不同,所以一般所说的 Inner Class 并不包括 static 的嵌套类。另外,Inner Class 则包括了非 static 的嵌套类以及下节要讲到的局部类及匿名类。

由于 static 的嵌套类存在于 static 环境,所以在使用时要遵循以下规则。
(1)实例化 static 内部类时,在 new 前面不需要用对象变量。
(2)static 内部类中不能访问其外部类的非 static 字段及方法,即只能访问 static 成员。
(3)static 方法中不能访问非 static 的字段及方法,也不能不带前缀地 new 一个非 static 的内部类。

根据以上规则,不难看出在例 5-13 中的被注释起来的错误行。

【例 5-13】TestInnerStatic.java 静态内部类。

```
class TestInnerStatic {
    public static void main(String[] args) {
        A1.B2 a_b = new A1().new B2();          // ok
        A1 a = new A1();
        A1.B2 ab = a.new B2();

        Outer1.Inner2 oi = new Outer1.Inner2();
        // Outer1.Inner2 oi2 = Outer1.new Inner2();        //!!!error
        // Outer1.Inner2 oi3 = new Outer1().new Inner2();  //!!! error
    }
}

class A1 {
    private int x;

    void m() {
```

```
            new B2();
        }
        static void sm() {
            // new B2();                              // error!!!!
        }
        class B2 {
            B2() {
                x = 5;
            }
        }
    }

    class Outer1 {
        static class Inner2 {
        }
    }
```

5.5.2 方法中的局部类及匿名类

在一个方法中，也可以定义类，这种类称为方法中的内部类，或者叫局部类（local class）。

【例 5-14】 TestInnerInMethod.java 方法中的内部类。

```
    class TestInnerInMethod {
        public static void main(String[] args) {
            Object obj = new OuterC().makeTheInner(47);
            System.out.println("Hello " + obj.toString());
        }
    }

    class OuterC {
        private int size = 5;
        public Object makeTheInner(int localVar) {
            final int finalLocalVar = localVar;        // 在新版 JDK 中 final 可以省略
            class Inner {
                @Override
                public String toString() {
                    return (" InnerSize: " + size
                        + " localVar: " + localVar        //新版 JDK 中可以
                        + " finalLocalVar: " + finalLocalVar);
                }
            }
            return new Inner();
        }
    }
```

程序中在方法中创建了一个内部类，它使用了外部的 final 变量。运行结果是：

    Hello　InnerSize: 5 localVar: 47 finalLocalVar: 47

在方法中定义内部类时，要注意以下几点。

注意：

（1）同局部变量一样，方法中的内部类前面不能用 public、private、protectd 修饰，也不能用 static 修饰，但可以被 final 或 abstract 修饰。

（2）方法中的内部类，可以访问其外部类的成员；若是 static 方法中的内部类，可以访问外部类的 static 成员。

（3）方法中的内部类中，不能访问该方法的局部变量，除非是 final 的局部变量或 final 的参变量（例中的变量 finalLocalVar）。值得注意的是：在 Java 8 以上的版本中，变量前的 final 可以省略，但实际上它是要求它是 final 的，也就是说它不能被第二次赋值。如果被第二次赋值，它不能当成 final 变量，就不能被用在内部类中。这种在内部类使用外部的局部变量的机制，被称为"闭包（closure）"。

（4）方法中定义的类，在其他地方使用时，没有类的名字，正像上面的例子中一样，只能用其父类（例中是用 Object）来引用这样的变量。

5.5.3 匿名类

在类或者方法中，可以定义一种匿名类（anonymous class），简单地说，匿名类就是不取名字，在定义类的同时又 new 一个对象。

匿名类有以下几个特点。

◇ 这种类不取类名，而直接用其父类的名字或者它所实现的接口的名字。

◇ 类的定义与创建该类的一个实例同时进行，即类的定义前面有一个 new。不使用关键词 class，同时带上圆括号( )表示创建对象。也就是说，匿名类的定义方法是：

　　new 类名或接口名(){...}

◇ 类名前面不能有修饰符。

◇ 类中不能定义构造方法，因为它没有名字。在构造对象时，使用父类的构造方法。如果实现接口，则接口名后的圆括号中不能带参数。

上面的例子用匿名类可以改写成如例 5-15 所示的形式。

【例 5-15】 TestInnerAnonymous.java 匿名类。

```
class TestInnerAnonymous {
    public static void main(String[] args) {
        Object obj = new Outer().makeTheInner(47);
        System.out.println("Hello " + obj.toString());
    }
}

class Outer {
    private int size = 99;

    public Object makeTheInner(int localVar) {
        final int finalLocalVar = localVar;
        return new Object() {    //匿名类
            @Override
            public String toString() {
                return ("InnerSize: " + size + " finalLocalVar: " + finalLocalVar);
            }
        };
    }
}
```

通过这个例子也可以看出，匿名类可以简化程序的书写。匿名类主要使用在那些需要扩展某个类或实现某个接口做参数的地方，在图形化界面与事件监听时，会大量地用到匿名类。例如：
```
button2.addActionListener(new java.awt.event.ActionListener() {
    public void actionPerformed(java.awt.event.ActionEvent event) {
        System.out.println(event.getSource());
    }
});
```
在这里，匿名类直接实现了一个接口 ActionListener（其中有方法 actionPerformed()），同时也新建（new）了这样一个对象。在 10.3 节中会有更多的例子。

5.6 Lambda 表达式与函数式接口

Lambda 表达式是 Java 8 中新增加的语法，它极大地丰富了 Java 语言的表达功能。简单地说，Lambda 表达式是函数的一种简写方式，它一般用作另一个函数的参数。

5.6.1 Lambda 表达式的书写与使用

Lambda 表达式的基本写法是：

(参数) -> 表达式或{语句}

也就是说，它是一个匿名的函数，在参数与函数体之间用 "->" 来表示（也称为箭头函数）。在这里，参数列表与一般的函数相似，但可以省略参数的类型，因为编译器可以根据上下文来推断参数及返回类型。函数体如果写一个表达式，则表示函数的返回值。

以下是一些常见的写法：

```
(int x) -> { return x+1; }                                    // 单个参数
(int x) -> x+1                                                // 返回值直接用表达式
(x) -> x+1                                                    // 省略参数的类型
x -> x+1                                                      // 如果只有一个参数，则参数的圆括号可以省略
(x, y) -> x+y                                                 // 两个参数
(person) -> { System.out.println(person.age); }               //返回 void
(n) -> { double f = 1; for (int i=0; i<n; i++) s *= i; return f; }  //复杂语句
() -> { System.gc(); }                                        //0 个参数
```

Lambda 表达式主要用于做函数的参数。下面是几个例子：

```
new Thread( () -> System.out.println("ccc") ).start();
```

这里，是用一个 Lambda 表达式做参数，来构造一个线程对象（Thread）。

又比如：

```
button2.addActionListener(
    (event) -> {System.out.println(event.getSource());}
);
```

这里给按钮添加了一个事件的监听器，当单击按钮时，执行 Lambda 表达式，这实际上是上一节的匿名类的进一步简写。

再比如，在排序时，可以给排序加一个比较函数做参数，该比较函数返回正数、零、负数的值以表示两者大小的比较：

```
Arrays.sort(people,
    (p1, p2) -> (int)(p1.score-p2.score));
```

这里是按两个人的分数进行比较。

由此可以看见，Lambda 表达式书写起来十分简洁，它的作用是将一个函数作为变量，

这就可以方便地实现高阶函数。在一定意义上也可以说，它实现了类似于 C 语言中函数指针变量的作用。

5.6.2 函数式接口

从上面中介绍可以看出，Lambda 表达式在一定意义上代替了实现一个接口的匿名类。试比较一下：

```
button2.addActionListener(new java.awt.event.ActionListener() {
    public void actionPerformed(java.awt.event.ActionEvent event) {
        System.out.println(event.getSource());
    }
});
```

与

```
button2.addActionListener(
    (event) -> {System.out.println(event.getSource());}
);
```

这也正是 Lambda 表达式的本质，它实际上是实现了一个接口的匿名类。但这里有个前提就是：这个接口有且只有一个抽象的方法。因为 Lambda 表达式是一个匿名的函数，而接口只有一个抽象方法，这样编译器才能识别出来。上面的例子中，Lambda 表达式实现的是 ActionListener 中的 actionPerformed() 方法，自然也就知道参数 event 的类型是 java.awt.event.ActionEvent。

其中，ActionListener 接口的定义是

```
public interface ActionListener {
    void actionPerformed(ActionEvent event);
}
```

在 Java 中，将这种包含且只包含一个抽象函数的接口称为函数式接口（functional interface），在程序中可以加个标注@ FunctionalInterface 显示得更清楚（不加也是可以的）。

上面提到的 Comparator 也是这样的接口，它含有一个表示比较的抽象方法：

```
public interface Comparator<T> {
    int compare(T obj1, T obj2);
}
```

该 compare 方法要求返回一个表示大小的整数：如果 obj1<obj2，则返回负数；如果 obj1 与 obj2 一样大，则返回 0；如果 obj1>obj2，则返回正数。

另外，在能使用 Lambda 表达式的地方，还可以直接使用函数表达式。函数表达式的常见写法是：

类名::方法名

比如：

Person::better

它表示 Person 类的方法 better。

下面的例子表明了对于同样的 Arrays.sort 方法，接口、匿名类、Lambda 表达式、函数表达式这几种写法都可以。其中以 Lambda 表达式最为简洁。

【例 5-16】LambdaSort.java 使用 Lambda 表达式。

```
import java.util.*;
```

```java
class Pupil {
    public String name;
    public int age;
    public double score;

    public Pupil(String name, int age, double score) {
        this.name = name;
        this.age = age;
        this.score = score;
    }

    public String getName() {
        return name;
    }

    public String toString() {
        return String.format("%s[%d](%f)", name, age, score);
    }

    public static int better(Pupil p1, Pupil p2) {
        return (int)(p2.score - p1.score);
    }
}

class LambdaSort {
    public static void main(String... args) {
        Pupil[] pupils = new Pupil[] {
            new Pupil("Zhang", 18, 91),
            new Pupil("Wang", 19, 88),
            new Pupil("Cheng", 20, 99),
            new Pupil("Li", 21, 84)
        };

        Comparator<Pupil> compareAge = (p1, p2) -> p1.age - p2.age;
        Arrays.sort(pupils, compareAge);

        Arrays.sort(pupils, (p1, p2) -> p1.age - p2.age);
        Arrays.sort(pupils, (p1, p2) -> (int)(p1.score - p2.score));
        Arrays.sort(pupils, (p1, p2) -> p1.name.compareTo(p2.name));
        Arrays.sort(pupils, (p1, p2) -> -p1.name.compareToIgnoreCase(p2.name));

        Comparator<Pupil> comparator = Pupil::better;
        Arrays.sort(pupils, comparator);
        Arrays.sort(pupils, Pupil::better);
        Arrays.sort(pupils, Comparator.comparing(Pupil::getName));

        for (Pupil p : pupils) {
            System.out.println(p);
        }
    }
}
```

系统中还定义了一些高阶的函数（或者说是函数式接口），如上面提到的 Comparator.comparing，它用别的函数做参数。可见，有了函数式接口及 Lambda 表达式，Java 语言的功能更强了，部分地具有了"函数式语言"的特点。

5.6.3 高阶函数

要实现高阶函数（函数的函数），或者说要定义使用 Lambda 表达式做参数的函数调用，就可以定义函数式接口，这种接口本质上是一种以接口方式来表达的函数。下面是一个例子，积分函数是一个使用别的函数做参数的高阶函数。

【例 5-17】 LambdaIntegral.java 计算积分的函数。

```java
@FunctionalInterface
interface Fun {
    double fun(double x);
}

public class LambdaIntegral {
    public static void main(String[] args) {
        double d = Integral(new Fun() {
            public double fun(double x) {
                return Math.sin(x);
            }
        }, 0, Math.PI, 1e-5);

        d = Integral(x -> Math.sin(x), 0, Math.PI, 1e-5);
        System.out.println(d);

        d = Integral(x -> x * x, 0, 1, 1e-5);
        System.out.println(d);
    }

    static double Integral(Fun f, double a, double b, double eps) {
        int n, k;
        double fa, fb, h, t1, p, s, x, t = 0;

        fa = f.fun(a);
        fb = f.fun(b);

        n = 1;
        h = b - a;
        t1 = h * (fa + fb) / 2.0;
        p = Double.MAX_VALUE;

        while (p >= eps) {
            s = 0.0;
            for (k = 0; k <= n - 1; k++) {
                x = a + (k + 0.5) * h;
                s = s + f.fun(x);
            }

            t = (t1 + h * s) / 2.0;
            p = Math.abs(t1 - t);
            t1 = t;
            n = n + n;
            h = h / 2.0;
        }
        return t;
    }
}
```

程序中，定义了一个计算积分的函数，它使用另一个函数用作参数，所以是一个"高阶函数"。计算积分的方法是数值计算中的常用方法（荣格-库塔法），读者可以参见有关资料。

Lambda 表达式及函数式接口不仅仅是简化了书写，其更重要的应用更体现在并行计算中。关于集合运算与并行计算，分别在第 7 章和第 8 章进行讲解。

5.7 注解与反射

注解（annotation）是在程序中附加的元信息，反射（reflction）是程序对自己的类相关信息的了解，也包括对注解信息的获取与使用。

5.7.1 注解的定义与使用

annotation 能用来为某个程序元素（类、方法、成员变量等）关联的附加信息，相当于程序中的元数据（metadata）。从 Java 5 开始支持 annotation。例如前面提到的 @FunctionalInterface。注解一般以 @ 开始，它像修饰符一样写到类、方法、字段、参数等的前面，以附加一点信息，这种信息可以被编译器使用，也可以通过 Java 反射功能来获取并使用。

1. 常用的标准注解

JDK 中定义了一些标准注解，常用的有以下几种。

1) Override

java.lang.Override 对方法进行标注，它说明了被标注的方法重载了父类的方法。如果使用这种注解在一个没有覆盖父类方法的方法时，Java 编译器将以一个编译错误来警示。

要注意的是，在写程序时，并不强制要求使用 @Override 注解。但使用了它，程序可读性更好，也让编译器多一个检查。例如：

```
class Person {
    String name;
    int age;

    @Override
    public String toString() {
        return name + "(" + age + ")";
    }
}
```

2) Deprecated

Deprecated 表示已过时。当一个类型或者类型成员使用 @Deprecated 修饰的话，编译器不鼓励使用这个被标注的程序元素。所以使用这种修饰具有一定的 "延续性"：如果在代码中通过继承或者覆盖的方式使用了这个过时的类型或者成员，虽然继承或者覆盖后的类型或者成员并不是被声明为 @Deprecated，但编译器仍然要报警。

注意：

@Deprecated 这个 annotation 类型和 javadoc 中的 @deprecated 这个 tag 是有区别的：前者是 Java 编译器识别的，而后者是被 javadoc 工具所识别用来生成文档（包含程序成员为什么已经过时、它应当如何被禁止或者替代的描述）。

3) SuppressWarnings

此注解能告诉 Java 编译器关闭对类、方法及成员变量的警告。

有时编译时会提出一些警告，这些警告有的隐藏着 Bug（缺陷），有的 Bug 是无法避免的，对于某些不想看到的警告信息，可以通过这个注解来屏蔽。对于 javac 编译器来讲，用 -Xlint 选项也有同样的效果。

SuppressWarning 不是一个简单的标记注解（marker annotation），它有一个类型为 String[ ] 的成员，这个成员的值表示所要关闭的警告名称。

annotation 语法允许在 annotation 名后跟括号，括号中是使用逗号分割的"成员名=成员值"对用于为 annotation 的成员赋值：

```
@SuppressWarnings(value = {"unchecked", "fallthrough"})
public void lintTrap() {/* ... */}
```

对于成员名为"value"的情况，"value ="可以省略，直接写为：

```
@SuppressWarnings({"unchecked", "fallthrough"})
```

如果这个数组只有一个元素，还可以省去大括号：

```
@SuppressWarnings("unchecked")
```

注意：

annotation 一般翻译成"注解"，也有人翻译成"注释"，但汉语中的注释又可以指 comments（程序中的/* ... */），所以当提到"注释"时，要注意上下文看其确切含义。另外，还有人翻译成标注、标记、记注、注记的。为了不混淆，一般直接用英文 annotation。

2. 自定义注解及使用

定义 annotation 的方式和定义接口的方式很类似，只不过在 interface 前面加了@。在注解中可以定义抽象方法，其实这些抽象方法是表示属性（相当于以函数的形式来表示的字段），在一定意义上，注解就是一些属性的集合，用来记住一些信息。

annotation 属性值的类型可以为以下三种之一：简单类型（含数字、布尔、字符串）、数组类型和枚举类型。例如：

```
public @interface Author {
    int value();
    String name();
    String[] telephones();
}
```

这个注解可以记录关于作者的一些信息。可以在类、方法等程序内容上使用这些属性。例如：

```
@Author(value=123, name="Zhang", telephones={"139100","138222"})
class MyClass {
    ...
}
```

在定义注解时，也可以使用一些注解，对注解定义进行注解，如：

```
@Target(ElementType.METHOD)          //表明该注解可以用于方法上
@Retention(RetentionPolicy.RUNTIME)  //表明该注解可以用反射来读取
```

注意：

需要注意的是，这里存在着一个基本的潜规则：annotaion 不能影响程序代码的执行，无论增加、删除 annotation，代码都应正常地执行。

5.7.2 反射

所谓反射（Reflection），就是程序了解自己的信息，就好比人照镜子是要了解自己一样。Java 提供了完备的 API 能处理反射。

1. 获得类的信息

反射功能中，要获得类、方法、注解等信息，这在 Java 中是用 java.lang.Class，java.lang.reflect.Method，java.lang.annotation.Annotation 等类或接口来表示的。其中最首先的是得到 Class 信息。

要获得 Class 信息一般有 3 种方法。

（1）通过类型获得类，直接使用 .class 属性，如 Class c1 = String.class。

（2）通过变量来获得类，使用对象的 getClass() 方法。

（3）使用 Class.forName("完整的类名") 来获得类。

【例 5-18】GetClass.java 获得 Class 信息。

```java
class GetClass {
    @SuppressWarnings("rawtypes")
    public static void main(String[] args) {
        // 通过类型获得类
        Class c1 = String.class;
        System.out.println(c1);

        // 通过变量获得类
        String stringExample = "abc";
        Class c2 = stringExample.getClass();
        System.out.println(c2);

        // 通过 Class.forName
        try {
            Class c3 = Class.forName("java.lang.String");
            System.out.println(c3);
        } catch (ClassNotFoundException ex) {
            System.out.println(ex);
        }
    }
}
```

程序中使用 Class 类型，它本身要求用尖括号（泛型）来具体指明是哪个类型，如 Class<String>，如果直接用 Class 而不用尖括号，编译器会告警，为了让它不告警，在 main 方法上使用了 SuppressWarnings 注解。

2. 获得类及其成员的信息

有了 Class 对象就可以进一步获取 Class 的信息了，包括该类的包（package）、修饰符（modifier）、字段（field）、构造方法（constructor）、方法（method）的信息。下面的例子是显示相关的信息。

【例 5-19】ClassViewer.java 获得类及其成员信息。

```java
import java.lang.reflect.*;

public class ClassViewer {
    public static void view(Class clz) throws ClassNotFoundException {
        System.out.println("类名称:" + clz.getName());
        System.out.println("是否为接口:" + clz.isInterface());
        System.out.println("是否为基本类型:" + clz.isPrimitive());
        System.out.println("是否为数组对象:" + clz.isArray());
        System.out.println("父类名称:" + clz.getSuperclass().getName());
```

```java
        Package p = clz.getPackage();                    // 取得组件代表对象
        System.out.printf("package %s;%n", p.getName());

        int modifier = clz.getModifiers();               // 取得类型修饰符
        System.out.printf("%s %s %s {%n", Modifier.toString(modifier),
                Modifier.isInterface(modifier) ? "interface" : "class",
                clz.getName()                            // 取得类名称
        );

        // 取得声明的字段对象
        Field[] fields = clz.getDeclaredFields();
        for (Field field : fields) {
            // 显示访问控制修饰符,如 public、protected、private
            System.out.printf("\t%s %s %s;%n",
                    Modifier.toString(field.getModifiers()),
                    field.getType().getName(),           // 显示类型名
                    field.getName()                      // 显示字段名
            );
        }

        // 取得声明的构造方法
        Constructor[] constructors = clz.getDeclaredConstructors();
        for (Constructor constructor : constructors) {
            System.out.printf("\t%s %s();%n",
                    Modifier.toString(constructor.getModifiers()),
                    constructor.getName()                // 显示构造方法名
            );
        }

        // 取得声明的方法成员代表对象
        Method[] methods = clz.getDeclaredMethods();
        for (Method method : methods) {
            System.out.printf("\t%s %s %s();%n",
                    Modifier.toString(method.getModifiers()),
                    method.getReturnType().getName(),    // 显示返回值类型名称
                    method.getName()                     // 显示方法名
            );
        }
        System.out.println("}");
    }

    public static void main(String[] args) {
        try {
            ClassViewer.view(String.class);

            Class clz = Class.forName("java.lang.String");
            ClassViewer.view(clz);
        } catch (ArrayIndexOutOfBoundsException e) {
            System.out.println(e.getMessage());
        } catch (ClassNotFoundException e) {
            System.out.println("找不到指定类");
        }
    }
}
```

3. 使用反射动态创建对象并调用方法

使用反射最主要的好处是可以动态创建对象并调用对象的方法,这样就可以编写一些框架性的应用,它可以动态地调用对象,使得程序便于扩充。

注意：

反射功能是各种框架性的应用程序的基础，如 Java 中一些大型应用 Hibernate、Structs、Spring、SpringBoot 等无一例外都用到了反射。

通过 Class 对象得到类的构造方法，通过该 Constructor 对象的 newInstance()方法动态创建类的一个实例对象，通过 Method 对象的 invoke()方法可以动态调用一个对象的方法。

【例 5-20】 ReflectionTest. java 动态创建对象并调用方法。

```java
import java.lang.reflect.Constructor;
import java.lang.reflect.Method;
import java.lang.reflect.Field;

public class ReflectionTest {
    @SuppressWarnings("unchecked")
    public static void main(String[] args) throws Exception {
        // 1. 得到该对象所对应的 Class 对象
        Class<DemoTest2> clazz = DemoTest2.class;

        // 2. 通过该 Class 对象得到该类的构造方法所对应的 Constructor 对象
        Constructor cons = clazz.getConstructor(new Class[]{String.class, String.class});

        // 3. 通过该 Constructor 对象的 newInstance 方法得到该类的一个实例(对象)
        DemoTest2 obj = (DemoTest2) cons.newInstance(new Object[]{"abc", "xyz"});

        // 4. 通过该 Class 对象得到该方法所对应的 Method 对象
        Method method = clazz.getDeclaredMethod("output", new Class[]{String.class});

        // 5. 通过该 Method 对象的 invoke 方法进行调用
        method.invoke(obj, new Object[]{"zhangsan"});

        // 属性也类似
        Field field = clazz.getDeclaredField("x");
        field.setAccessible(true); // 甚至可以访问 private 的属性或方法
        field.set(obj, 6);
    }
}

class DemoTest2 {
    private int x = 5;

    public DemoTest2(String s1, String s2) {
        System.out.println(s1);
        System.out.println(s2);
    }

    void output(String str) {
        System.out.println("hello: " + str);
    }
}
```

4. 使用反射获取注解信息

可以使用 Method、Class 等的 getAnnotation()方法来获取注解信息。下面是一个例子，定义一个注解 DebugTime，在 MyClass 的方法 fib 上应用这个注解，在 main()方法中，则获取并使用这个方法。

【例 5-21】DebugTool.java 使用注解。

```java
import java.lang.annotation.*;
import java.lang.annotation.Target;
import java.lang.annotation.ElementType;
import java.lang.reflect.Method;
import java.util.Date;

//定义一个注解
@Target(ElementType.METHOD)              //表明该注解可以用于方法上
@Retention(RetentionPolicy.RUNTIME)      //表明该注解可以用反射来读取
@Documented                              //这个表明它会生成到 javadoc 中
@interface DebugTime {
    boolean value() default true;

    long timeout() default 100;

    String msg();

    int[] other() default {};
}

//使用注解
class MyClass {
    @DebugTime(value = true, timeout = 10, msg = "时间太长", other = {1, 2, 3})
    public double fib(int n) {
        if (n == 0 || n == 1) {
            return 1;
        } else {
            return fib(n - 1) + fib(n - 2);
        }
    }
}

//在运行过程中读取注解
class DebugTool {
    public static void main(String[] args) throws NoSuchMethodException {
        MyClass obj = new MyClass();
        Class clz = obj.getClass();
        for (Method m : clz.getDeclaredMethods()) {
            System.out.println(m);
            for (Annotation ann : m.getAnnotations()) {
                System.out.println(ann.annotationType().getName());
            }
        }

        Method method = clz.getMethod("fib", int.class);
        System.out.println(method);
        if (method.isAnnotationPresent(DebugTime.class)) {
            DebugTime debug = method.getAnnotation(DebugTime.class);
            boolean requireDebug = debug.value();
            long timeout = debug.timeout();
            if (requireDebug) {
                Date t0 = new Date();
                double fib = obj.fib(40);
                Date t1 = new Date();
                long time = t1.getTime() - t0.getTime();
                System.out.println("用时" + time);
                if (time > timeout) {
```

```
            System.out.println(debug.msg());
          }
        }
      }
    }
```

习题

1. 什么是多态？面向对象程序设计为什么要引入多态的特性？使用多态有什么优点？
2. 虚方法调用有什么重要作用？具有什么修饰符的方法不能够使用虚方法调用？
3. 用默认构造方法（空自变量列表）创建两个类：A 和 B。从 A 继承一个名为 C 的新类，并在 C 内创建一个成员 B。不要为 C 创建一个构造方法。创建类 C 的一个对象，并观察结果。
4. 创建 Rodent（啮齿动物）：Mouse（老鼠）、Gerbil（鼹鼠）、Hamster（大颊鼠）等的一个继承分级结构。在基础类中，提供适用于所有 Rodent 的方法，并在派生类中覆盖它们，从而根据不同类型的 Rodent 采取不同的行动。创建一个 Rodent 数组，在其中填充不同类型的 Rodent，然后调用自己的基础类方法，看看会有什么情况发生。
5. Java 中怎样清除对象？能否控制 Java 中垃圾回收的时间？
6. 内部类与外部类的使用有何不同？
7. 怎样使用匿名类的对象？
8. 方法中定义的内部类是否可以存取方法中的局部变量？
9. 自定义一个函数式接口来表示测试一个函数的运行时间，并在其中使用 Lambda 表达式及函数表达式。
10. 写一个小的框架程序，当给定一个类名时，查找该类中是不是有一个特定的方法及特定的注解，如果有则处理之。

第 6 章　异常处理

6.1　异常处理

6.1.1　异常的概念

异常（Exception）又称为例外、差错、违例等，是特殊的运行错误对象，对应着 Java 语言特定的运行错误处理机制。Java 程序运行时，安全和稳定是重要的考虑因素。为了能够及时有效地处理程序中的运行错误，Java 中引入了异常和异常类。异常与其他语言要素一样，是面向对象规范的一部分。

1. Java 中的异常处理

捕获错误最理想的时间是在编译期间，并且最好在试图运行程序以前。然而，并非所有错误都能在编译期间侦测到。有些问题必须在运行期间解决，比如除 0 溢出、数组越界、文件未找到等，这些事件的发生将阻止程序的正常运行。为了加强程序的健壮性，程序设计时，必须考虑到可能发生的异常事件并做出相应的处理。

在一些传统的语言（如 C 语言中），通过使用 if 语句来判断是否出现了例外，同时，调用函数通过被调用函数的返回值感知在被调用函数中产生的例外事件并进行处理。全程变量 ErrNo 常常用来反映一个异常事件的类型。但是，这种错误处理机制有不少问题，如：

（1）正常处理程序与异常处理程序的代码同样地处理，程序的可读性大幅度降低；
（2）每次调用一个方法时都进行全面、细致的错误检查，程序的可维护性大大降低；
（3）由谁来处理错误的职责不清，以致于造成大量的潜伏的问题，等等。

为了解决这些问题，Java 通过面向对象的方法来处理异常。

在一个方法的运行过程中，如果发生了异常，则这个方法生成代表该异常的一个对象，并把它交给运行时系统，运行时系统寻找相应的代码来处理这一异常。我们把生成异常对象并把它提交给运行时系统的过程称为抛出（throw）异常。运行时系统在方法的调用栈中查找，从生成异常的方法开始进行回溯，直到找到包含相应异常处理的方法为止，这一个过程称为捕获（catch）一个异常。

Java 的这种机制的另一项好处就是能够简化错误控制代码。编程者不用检查一个特定的错误，然后在程序的多处地方对其进行控制。此外，也不需要在方法调用的时候检查错误（因为保证有人能捕获这里的错误）。这样可有效减少代码量，并将那些用于描述具体操作的代码与专门纠正错误的代码分隔开。一般情况下，用于读取、写入和调试的代码会变得更富有条理。

由于异常控制是由 Java 运行环境实施的，对于编程者而言，使用这种控制却是相当简单的。

2. Trowable 与 Exception

Java 中定义了很多异常类，每个异常类都代表了一种运行错误，类中包含了该运行错误的信息和处理错误的方法等内容。Java 的异常类都是 java.lang.Trowable 的子类。Trowable 派生了两个子类：Error（错误）和 Exception（异常）。其中 Error 类，由系统保留；而 Exception 类则供应用程序使用。其中：

Error：JVM 系统内部错误、资源耗尽等严重情况，由系统保留。

Exception：其他因编程错误或偶然的外在因素导致的一般性问题，如对负数开平方根，空指针访问，试图读取不存在的文件，网络连接中断。

一般所说的异常都是指 Exception 及其子类，因为应用程序不处理 Error 类。

同其他的类一样，Exception 类有自己的方法和属性。它的常用构造函数有两个：public Exception( ) 和 public Exception（String s）。第二个构造函数可以接受字符串参数传入的信息，该信息通常是对该异常所对应的错误的描述。

Exception 类从父类 Throwable 那里还继承了若干方法，其中常用的有如下两种。

⋄ public String toString( )：toString( ) 方法返回描述当前 Exception 类信息的字符串。

⋄ public void printStackTrace( )：printStackTrace( ) 方法没有返回值，它的功能是完成一个打印操作，在当前的标准输出（一般就是屏幕显示）上输出当前异常对象的堆栈使用轨迹，也即程序出现异常时先后调用了哪些对象的哪些方法。

3. 系统定义的异常

JDK 中已经定义了若干 Exception 的子类。其中分为 RuntimeException 及非 RuntimeException，如图 6-1 所示。

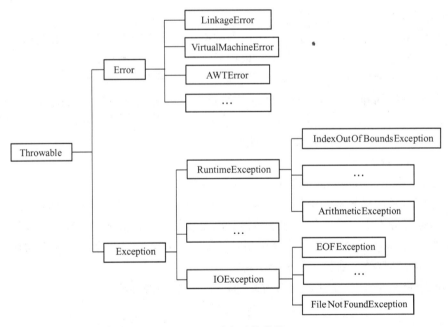

图 6-1 异常及其分类

RuntimeException 表明是一种设计或实现时的问题，例如 IndexOutOfBoundsException（下标超界）、ArithmeticException（算术运算异常，如整数除法中，除数为 0）。这种异常是可以通过适当的编程进行避免的，如 if 语句就可以下标是否超界。由于这类异常应该由程序避免，所以从语法的角度看，Java 不要求捕获这类异常。

除 RuntimeException 以外的其他异常，经常是在程序运行过程中由环境原因造成的异常，如网络地址不能打开、文件未找到、读写异常等。这类异常必须由程序进行处理，否则编译不能通过。这些异常又称"受检的异常"。

注意：

异常分两种，一种是必须处理的，一种是不要求处理的（RuntimeException）。对于必须处理的，则要么捕获（catch），要么抛出（即声明 throws）。即所谓"要么捕，要么抛"。

4. 用户自定义的异常

由用户自定义的异常，是由 Exception 或其子类所派生出来的类，用于处理与具体应用相关的异常。后面会详细讲解。

6.1.2 捕获和处理异常

Java 中的异常处理机制可以概括成以下几个步骤。

（1）Java 程序的执行过程中如出现异常，会自动生成一个异常类对象，该异常对象将被提交给 Java 运行时系统，这个过程称为抛出异常。抛出异常也可以由程序来强制进行。

（2）当 Java 在运行时系统接收到异常对象，会寻找能处理这一异常的代码并把当前异常对象交给其处理，这一过程称为捕获（catch）异常。

（3）如果 Java 运行时系统找不到可以捕获异常的方法，则运行时系统将终止，相应的 Java 程序也将退出。

1. 抛出异常

Java 程序在运行时如果引发了一个可识别的错误，就会产生一个与该错误相对应的异常类的对象，这个过程被称为异常的抛出。根据异常类的不同，抛出异常的方法也不同。

（1）系统自动抛出的异常。所有的系统定义的运行异常都可以由系统自动抛出。

（2）语句抛出的异常。用户程序自定义的异常不可能依靠系统自动抛出，而必须借助于 throw 语句来定义何种情况算是产生了此种异常对应的错误，并应该抛出这个异常类的新对象。用 throw 语句抛出异常对象的语法格式为：

  throw 异常对象；

使用 throw 语句抛出例外时应注意如下两个问题。

（1）一般这种抛出异常的语句应该被定义为在满足一定条件时执行，例如把 throw 语句放在 if 语句的 if 分支中，只有当一定条件得到满足，即用户定义的逻辑错误发生时才执行。

（2）含有 throw 语句的方法，或者调用其他类的有异常抛出的方法时，必须在方法头定义中增加 throws 异常类名列表，如下所示：

  修饰符　返回类型　方法名(参数列表) throws　异常类名列表

这样做主要是为了通知所有欲调用此方法的方法。由于该方法包含 throw 语句，所以要准备接受和处理它在运行过程中可能会抛出的异常。如果方法中的 throw 语句不止一个，方法头的异常类名列表也不止一个，应该包含所有可能产生的异常。

2. 捕获异常

当一个异常被抛出时，应该有专门的语句来接收这个被抛出的异常对象，这个过程被称为捕获异常或捕捉异常。当一个异常类的对象被捕捉或接收后，用户程序就会发生流程的跳转，系统中止当前的流程而跳转至专门的异常处理语句块，或直接跳出当前程序和 Java 虚拟机回到操作系统。

在 Java 程序里，异常对象是依靠以 catch 语句为标志的异常处理语句块来捕捉和处理的。异常处理语句块又称为 catch 语句块，其格式如下：

```
try{
    语句组
}catch(异常类名  异常形式参数名){
    异常处理语句组；
}catch(异常类名  异常形式参数名){
    异常处理语句组；
}catch(异常类名  异常形式参数名){
    异常处理语句组；
}finally{
    异常处理语句组；
}
```

其中，catch 语句可以有一个或多个，而且至少要有一个 catch 语句或 finally 语句。

Java 语言还规定，每个 catch 语句块都应该与一个 try 语句块相对应，这个 try 语句块用来启动 Java 的异常处理机制，可能抛出异常的语句，包括 throw 语句、调用可能抛出异常方法的方法调用语句，都应该包含在这个 try 语句块中。

catch 语句块应该紧跟在 try 语句块的后面。当 try 语句块中的某条语句在执行时产生了一个异常时，此时被启动的异常处理机制会自动捕捉到它，然后流程自动跳过产生例外的语句后面的所有尚未执行语句，而转至 try 块后面的 catch 语句块，执行 catch 块中的语句。

3. 多异常的处理

catch 块紧跟在 try 块的后面，用来接收 try 块可能产生的异常，一个 catch 语句块通常会用同种方式来处理它所接收到的所有异常，但是实际上一个 try 块可能产生多种不同的异常，如果希望能采取不同的方法来处理这些异常，就需要使用多异常处理机制。

多异常处理是通过在一个 try 块后面定义若干个 catch 块来实现的，每个 catch 块用来接收和处理一种特定的异常对象。

当 try 块抛出一个异常时，程序的流程首先转向第一个 catch 块，并审查当前异常对象可否为这个 catch 块所接收。能接收是指异常对象与 catch 的参数类型相匹配，即以下三种情况之一：

- 异常对象与参数属于相同的异常类；
- 异常对象属于参数异常类的子类；
- 异常对象实现了参数所定义的接口。

如果 try 块产生的异常对象被第一个 catch 块所接收，则程序的流程将直接跳转到这个 catch 语句块中，语句块执行完毕后就退出当前方法，try 块中尚未执行的语句和其他的 catch 块将被忽略。如果 try 块产生的异常对象与第一个 catch 块不匹配，系统将自动转到第二个 catch 块进行匹配。如果第二个仍不匹配，就转向第三个……直到找到一个可以接收该异常对象的 catch 块，即完成流程的跳转。

如果所有的 catch 块都不能与当前的异常对象匹配，则说明当前方法不能处理这个异常对象，程序流程将返回到调用该方法的上层方法。如果这个上层方法中定义了与所产生的异常对象相匹配的 catch 块，流程就跳转到这个 catch 块中，否则继续回溯更上层的方法。如果所有的方法中都找不到合适的 catch 块，则由 Java 运行系统来处理这个异常对象。此时通常会中止程序的执行，退出虚拟机返回操作系统，并在标准输出上打印相关的异常信息。

假设 try 块中所有语句的执行都没有引发异常，则所有的 catch 块都会被忽略而不予执行。在设计 catch 块处理不同的异常时，一般应注意如下问题。

（1）catch 块中的语句应根据异常的不同而执行不同的操作，比较通用的操作是打印异常和错误的相关信息，包括异常名称、产生异常的方法名等。

（2）由于异常对象与 catch 块的匹配是按照 catch 块的先后排列顺序进行的，所以在处理多异常时应注意认真设计各 catch 块的排列顺序。一般地，将处理较具体和较常见的异常的 catch 块应放在前面，而可以与多种异常相匹配的 catch 块应放在较后的位置。若将子类异常的 catch 语句放在父类的后面，则编译不能通过。

从 Java 7 开始，多个异常可以写在一个 catch 中，它们之间用竖线隔开，如下所示：

```
try {
    ...
}
catch (ClassNotFoundException | IllegalAccessException ex) {
    ...
}
```

4. finally 语句

捕获异常时，还可以使用 finally 语句。finally 语句为异常处理提供一个统一的出口，使得在控制流转到程序的其他部分以前（即使有 return，break 等语句），能够对程序的状态作统一的管理。不论在 try 代码块中是否发生了异常事件，finally 块中的语句都会被执行。

finally 语句是可以没有。try 后至少要有一个 catch 或一个 finally。

finally 语句经常用于对一些资源做清理工作，如关闭打开的文件。

5. 在覆盖的方法中声明异常

在子类中，如果要覆盖父类的一个方法，若父类中的方法声明了 throws 异常，则子类的方法也可以 throws 异常。

注意：

子类方法中不能抛出比父类更多种类的异常，也不能抛出比父类更一般的异常；换句话说，子类方法抛出的异常只能是父类方法抛出的异常的同类或子类。

例如，下面 B1 是正确的，B2 则不能通过编译，因为它抛出了更一般的异常。

```
import java.io.*;
class A {
    public void methodA() throws IOException {
        // ...
    }
}

class B1 extends A {
    public void methodA() throws FileNotFoundException {
        // ...
    }
}
```

```java
class B2 extends A {
    public void methodA() throws Exception { // Error!
        // …
    }
}
```

6.1.3 应用举例

【例 6-1】 ExceptionIndexOutOf.java 使用 **try**。

```java
public class ExceptionIndexOutOf {
    public static void main(String[] args) {
        String friends[] = { "lisa", "bily", "kessy" };
        try {
            for (int i = 0; i < 5; i++) {
                System.out.println(friends[i]);
            }
        } catch (java.lang.ArrayIndexOutOfBoundsException e) {
            System.out.println("index err");
        }
        System.out.println("\nthis is the end");
    }
}
```

程序的运行结果如下：

```
lisa
bily
kessy
index err

this is the end
```

本例中 ArrayIndexOutOfBoundsException 是 RuntimeException 的子类，一般应该用 if 来进行判断和避免，这里举例主要是为了说明异常的执行过程。

【例 6-2】 ExceptionSimple.java 使用 **try…catch…finally** 语句。

```java
class ExceptionSimple {
    int a = 10;

    public static void main(String[] args) {
        int a = 0;
        try {
            a = Integer.parseInt("2");
            a /= 0;
            // 注意：整数除以 0,会产生异常 但 0.0/0=NaN FPN/0=正无穷,-FPN/0=负无穷
        } catch (ArithmeticException ea) {
            System.out.println("ea:" + ea);
        } catch (NumberFormatException en) {
            System.out.println("en:" + en);
        } catch (NullPointerException ep) {
            System.out.println("ep:" + ep);
        } catch (IndexOutOfBoundsException eb) {
            System.out.println("eb:" + eb);
        } catch (Exception e) {
            System.out.println("e:" + e);
        } // 先 catch 子类 Exception,后 catch 父类
        finally {
            System.out.println("finally executed.");
        }
```

```
            System.out.println("Hello World!" + a);
    }
}
```

本例中捕获了多种异常,要注意更一般的异常(父类)要写到特定异常(子类)的后面。

【例6-3】 **ExceptionForIO.java** 在该例中 IO 异常必须被捕获,否则编译不能通过,这是因为 **read( )** 等方法抛出了 **IOException** 异常。

```
import java.io.*;

public class ExceptionForIO {
    public static void main(String[] args) {
        try {
            FileInputStream in = new FileInputStream("myfile.txt");
            int b;
            b = in.read();
            while (b != -1) {
                System.out.print((char) b);
                b = in.read();
            }
            in.close();
        } catch (IOException e) {
            System.out.println(e);
        } finally {
            System.out.println("finally here");
        }
    }
}
```

【例6-4】 **ExceptionTrowsToOther.java** 在子程序中未处理的异常通过 **throws** 语句进行声明,将异常的处理交给调用者进行捕获和处理。

```
import java.io.*;

public class ExceptionTrowsToOther {
    public static void main(String[] args) {
        try {
            System.out.println("====Before====");
            readFile();
            System.out.println("====After====");
        } catch (IOException e) {
            System.out.println(e);
        }
    }

    public static void readFile() throws IOException {
        FileInputStream in = new FileInputStream("myfile.txt");
        int b;
        b = in.read();
        while (b != -1) {
            System.out.print((char) b);
            b = in.read();
        }
        in.close();
    }
}
```

6.2 创建用户自定义异常类

6.2.1 自定义异常类

系统定义的异常主要用来处理系统可以预见的较常见的运行错误,对于某个应用所特有的运行错误,则需要编程人员根据程序的特殊逻辑,在用户程序里自己创建用户自定义的异常类和异常对象。

用户自定义异常用来处理程序中可能产生的逻辑错误,使得这种错误能够被系统及时识别并处理,而不致扩散产生更大的影响,从而使用户程序更为强健,有更好的容错性能,并使整个系统更加安全稳定。

创建用户自定义异常时,一般需要完成如下的工作。

(1) 声明一个新的异常类,使之以 Exception 类或其他某个已经存在的系统异常类或用户异常类为父类。

(2) 为新的异常类定义属性和方法,或覆盖父类的属性和方法,使这些属性和方法能够体现该类所对应的错误的信息。

【例 6-5】 Exce6.java 用户定义的异常类。

```
class MyException extends Exception {
    private int idnumber;

    public MyException(String message, int id) {
        super(message);
        this.idnumber = id;
    }

    public int getId() {
        return idnumber;
    }
}

public class Exce6 {
    public void regist(int num) throws MyException {
        if (num < 0) {
            System.out.println("登记号码" + num);
            throw new MyException("号码为负值,不合理", 3);
        }
    }

    public void manager() {
        try {
            regist(-100);
        } catch (MyException e) {
            System.out.println("登记失败,出错种类" + e.getId());
        }
        System.out.println("本次登记操作结束");
    }

    public static void main(String args[]) {
        Exce6 t = new Exce6();
        t.manager();
```

            }

　　本程序中，定义了一个异常类 MyException，用于描述数据取值范围错误信息。程序运行结果如下：

　　　　登记号码−100
　　　　登记失败,出错种类3
　　　　本次登记操作结束

6.2.2　重抛异常及异常链接

　　对于异常，不仅要进行捕获处理，有时候还需要将此异常进一步传递给调用者，以便让调用者也能感受到这种异常。这时可以在 catch 语句块或 finally 语句块中采取以下三种方式。

　　（1）将当前捕获的异常再次抛出，格式如下：

　　　　throw e；

　　（2）重新生成一个异常，并抛出，如：

　　　　throw new Exception("some message")；

　　（3）重新生成并抛出一个新异常，该异常中包含了当前异常的信息，如：

　　　　throw new Exception("some message", e)；

　　其中的最后一种方式比较好，因为它将当前异常的信息保留，并且向调用者返回了一个更有意义的信息。这种方式被称为"异常的链接"。如果相关的异常都采取这种方式，能够使上层的调用者逐步深入地找到相关的异常信息。

　　这种方式中，构造 Exception 对象时的第二个参数指定了这个"内部异常"或者叫"异常的内部原因（cause）"。可以通过异常类的 getClause() 来得到这个内部异常。

　　【例6−6】 ExceptionCause.java 使用内部异常进行异常的链接。

```
public class ExceptionCause {
    public static void main(String[] args) {
        try {
            BankATM.GetBalanceInfo(12345L);
        } catch (Exception e) {
            System.out.println("something wrong: " + e);
            System.out.println("cause:" + e.getCause());
        }
    }
}

class DataHouse {
    public static void FindData(long ID) throws DataHouseException {
        if (ID > 0 && ID < 1000)
            System.out.println("id: " + ID);
        else
            throw new DataHouseException("cannot find the id");
    }
}

class BankATM {
    public static void GetBalanceInfo(long ID) throws MyAppException {
        try {
            DataHouse.FindData(ID);
        } catch (DataHouseException e) {
            throw new MyAppException("invalid id", e);
```

```
        }
    }
}
class DataHouseException extends Exception {
    public DataHouseException(String message) {
        super(message);
    }
}

class MyAppException extends Exception {
    public MyAppException(String message) {
        super(message);
    }

    public MyAppException(String message, Exception cause) {
        super(message, cause);
    }
}
```

程序运行结果如下:

something wrong: MyAppException: invalid id
cause:DataHouseException: cannot find the id

程序中异常的内部原因是数据库中的异常 "不能找到相应的 id",而抛出给外层调用者的异常是应用异常("不合法的 id")。

6.3 异常与资源管理

程序中出现异常时,原来的流程会中断,抛出异常处之后的代码不会执行,如果是程序开启了相关的资源(如打开了文件,使用了绘图工具等资源),那应该如何处理这些资源呢?一般可以加上 finally 语句进行处理,另一种做法是使用 Java 7 中增加的尝试关闭资源(try…with…resources)的语法。

6.3.1 使用 finally

无论是否 try 子句的语句出现异常,在 finally 子句中的语句都会被执行,所以在这里执行资源的关闭是比较合适的。

例如:

```
BufferedReader br = null;
try {
    br = new BufferedReader(new FileReader(path));
    return br.readLine();
} catch(IOException e) {
    e.printStackTrace();
} finally {
    if(br! = null) {
        try{
            br.close();
        }catch(IOException ex) {
        }
    }
}
```

> **注意：**
>
> finally 语句中还有可能抛出异常，也应注意处理，要么捕获这个异常，要么在函数中声明 throws 告诉调用者。即所谓"要么捕，要么抛"。

6.3.2 使用 try with resource

使用 try with resource，即带资源的 try 语句，系统可以自动尝试关闭资源。也就是说编译器会自动生成 finally 子句，并在其中调用资源的关闭。

其基本写法是这样的：

```
try(类型名 变量名 = 表达式){
    …
}
```

这里有一个前提，就是这个资源的类型已实现 java.lang.AutoCloseable 接口，这个接口中有一个方法：

```
void close();
```

JDK 中关于文件、流、网络的大部分类都实现了 AutoClosable 接口，所以都可以使用。

如果 try 后的圆括号中有多个变量，则可以用分号隔开。

下面的示例显示了使用 finally 及 try with resources 两种方法。

【例 6-7】 **TryWithResourcesTest.java 使用两种方法来处理资源的关闭。**

```java
import java.io.*;

class TryWithResourcesTest {
    public static void main(String... args) throws IOException {
        String path = "c:\\aaa.txt";
        System.out.println(ReadOneLine1(path));
        System.out.println(ReadOneLine2(path));
    }

    static String ReadOneLine1(String path) {
        BufferedReader br = null;
        try {
            br = new BufferedReader(new FileReader(path));
            return br.readLine();
        } catch (IOException e) {
            e.printStackTrace();
        } finally {
            if (br != null) {
                try {
                    br.close();
                } catch (IOException ex) {
                }
            }
        }
        return null;
    }

    static String ReadOneLine2(String path) throws IOException {
        try (BufferedReader br = new BufferedReader(new FileReader(path))) {
            return br.readLine();
        }
    }
}
```

从例中可以看出 try with resources 这种写法更简洁。

6.4 断言及程序的测试

在程序中使用异常的目的是为了避免程序在运行过程中出现不可控的行为。而在程序编制过程中，还需要保证程序写得正确，就需要使用另一种机制：断言（assertion）。断言与异常不同，它是一种程序测试机制，它的目的是保证所书写的程序满足一定的条件，即保证程序的正确性。

6.4.1 使用 assert

断言使用 assert 关键字。它后面可以跟一个要保证的条件（boolean 类型的表达式），还可以在冒号后跟一个错误信息（String 类型的表达式）。在调试程序时，如果条件表达式不为 true，则程序会产生异常，并输出相关的错误信息。

assert 的格式如下：

  assert 表达式；
  assert 表达式：信息；

【例 6-8】 AssertDemo.java 使用断言。

```java
class AssertDemo {
    public static void main(String[] args) {
        assert hypotenuse(3, 4) == 5 : "算法不正确";
    }

    static double hypotenuse(double x, double y) {
        return Math.sqrt(x * x + y * y);
    }
}
```

程序中，hypotenuse 函数的目的是使用勾股定理求出直角三角形的斜边。为了在一定程度上测试这个函数是否正确，main 函数中使用了 assert，它要求程序保证直角边为 3 与 4 时，求出的斜边长度要一定为 5。如果 hypotenuse 函数写错了，则程序运行到 assert 语句时，这个断言不被满足，程序会异常终止，并显示出"算法不正确"的信息。

要注意的是，在运行时要使 assert 起作用，就要在使命令行中要使用选项（-ea，即 -enableassertions）。如：

  java -ea AssertionDemo

6.4.2 程序的测试及 JUnit

在实际开发过程中，程序的修改是经常要进行的过程，例如实现某个功能原先有一个算法，后来又找到一个新的算法，在新的算法实现时，必须保证程序在修改后其结果仍然是正确的。在现代的开发过程中，一种重要的措施是使用测试。也就是说，在编写程序代码的同时，还编写测试代码来判断这些程序是否正确。有人更进一步地把这个过程称为"测试驱动"的开发过程。编写测试代码，表面上增加了代码量，但实际上，由于它保证了它在单元级别的正确性，从而就保证了代码的质量，减少了后期的查错与调试的时间，所以实际上它提高了程序的开发效率。

> **注意：**
>
> 在现代软件工程的敏捷式开发中，基本的实践方法是"测试驱动""测试先行"，将代码的测试与代码的编写同等对待，可见测试的重要性。

在 Java 的测试过程，经常使用 JUnit 框架，它是一个开源项目，支持测试开发，并提供运行这些测试的环境。有关 JUnit 的详细信息，请参见 https://www.junit.org。

现在大多数 Java 集成开发工具都提供了对 JUnit 的支持。在 Eclipse 中，使用菜单【File】→【New】→【JUnit Test Case】。在 NetBeans IDE 中，要生成一个 JUnit 测试项目，只需要选择菜单【工具】→【JUnit】→【创建测试项目】即可。

然后在测试项目中写上关于测试的代码，例如：

```
import org.junit.*;
import static org.junit.Assert.*;
@Test                                        //测试方法前用@Test 注解表示
public void testHypotenuse() {
    double z = MyClass.hypotenuse(3,4);      //计算直角三角形斜边
    assertTrue(z==5);                        //测试 z 与 5 相等
}
```

为了运行测试，可以选择菜单【运行】→【测试】，或者直接按 Alt+F6 键即可（在 NetBeans 中）。在 Eclipse 中，可以在文件上右击，在弹出的快捷菜单中选择【Run as JUint】。

在测试中常用的语句如下：

```
import static org.junit.Assert.*;            //导入 Assert 类
assertEqauls(参数1,参数2);                    //表示程序要保证两个参数要相等
assertTrue(表达式);                           //表示程序要保证参数要值为 true
assertNull(参达式);                           //表示参数要为 null
```

从以上语句可以看出，在一定意义上，JUnit 是对 assert 语句的极大的扩充，并提供了一个完整的单元测试框架。

习题

1. 异常可以分成几类？

2. 用 main() 创建一个类，令其抛出 try 块内的 Exception 类的一个对象。为 Exception 的构建器赋予一个字符串参数。在 catch 从句内捕获异常，并打印出字串参数。添加一个 finally 从句，并打印一条消息。

3. 用 extends 关键字创建自己的异常类。为这个类写一个构造方法，令其采用 String 参数，并随同 String 句柄把它保存到对象内。写一个方法，令其打印出保存下来的 String。创建一个 try…catch 从句，练习实际使用该异常。

4. 写一个类，并在一个方法抛出一个异常。试着在没有异常规范的前提下编译它，观察编译器会报告什么。接着添加适当的异常规范。在一个 try…catch 从句中尝试自己的类及它的异常。

5. 使用 IDEA 或 Eclipse 中的测试项目。

第7章 工具类及常用算法

本章首先介绍 Java 编程中经常要使用的结构和工具类，包括 Java 的语言基础类库，如 Object、Math 和字符串等。然后讨论一些常用数据结构的面向对象的实现，包括集合、列表、栈、队列及 Map 等。这些工具将为读者的实际应用开发提供方便。同时，本章还将介绍一些常用算法，如排序、查找、遍试、迭代和递归等。如果学过"数据结构与算法"这门课程，可以对照相关的内容在 Java 语言中进行理解。

7.1 Java 语言基础类

7.1.1 Java API

Java 程序设计就是定义类的过程，但是 Java 编程时还需要用到大量的系统定义好的类，即 Java SE API 中的类。API（application programming interface）是 JDK 的重要组成部分，API 提供了 Java 程序与运行它的系统软件（Java 虚拟机）之间的接口，可以帮助开发者方便、快捷地开发 Java 程序。

JDK 中提供的基础类库包含多个包，每个包中都有若干个具有特定功能和相互关系的类和接口。在 JDK 9 以上的版本中，还将这些包分到不同的模块中。下面列出了一些常用的包及相关的类。

1. java.lang 包

java.lang 包是 Java 语言的核心类库，包含了运行 Java 程序必不可少的系统类，如基本数据类型、基本数学函数、字符串处理、线程、异常处理类等。每个 Java 程序在编译和运行时，系统都会自动地导入 java.lang 包，所以不需要手工导入。

2. java.util 包

java.util 包是 Java 语言中的一些底层的实用工具，如处理时间的 Date 类、处理列表的 List 接口和 ArrayList 类、实现栈的 Stack 类、实现字典的 HashMap 类等，开发者可以使用已编好的数据结构及实用工具。

3. java.io 包

java.io 包是 Java 语言的输入/输出类库，包含了实现 Java 程序与操作系统、用户界面及其他 Java 程序做数据交换所使用的类，如基本输入/输出流、文件输入/输出流、过滤输入/输出流、管道输入/输出流、随机输入/输出流等。凡是需要完成与操作系统有关的较底层的输入/输出操作的 Java 程序，都要用到 java.io 包。

4. java.net 包

java.net 包是 Java 语言用来实现网络功能的类库。Java 网络功能主要有：底层的网络通信，如实现套接字通信的 Socket 类、ServerSocket 类；编写用户自己的 Telnet、FTP、邮件服务等实现网上通信的类；用于访问 Internet 上资源的 URL 类等。利用 java.net 包中的类，开发者可以编写自己的具有网络功能的程序。

5. java.awt 及 javax.swing 包

java.awt 包及 javax.swing 是 Java 语言用来构建图形用户界面（GUI）的类库，它包括了许多界面元素和资源，主要在三个方面提供界面设计支持：低级绘图操作，如 Graphics 类等；图形界面组件和布局管理，如 Checkbox 类、Container 类、LayoutManager 接口等；以及界面用户交互控制和事件响应，如 MouseEvent 类。利用 java.awt 包及 javax.swing 包，开发人员可以很方便地编写出美观、方便、标准化的应用程序界面。

在 Java 9 以上版本中，java.lang、java.util、java.io、java.net 位于 java.base 模块中，而 java.awt 及 javax.swing 包位于 java.desktop 模块中。

6. 其他包

Java 中还有很多其他包。

java.security：提供了更完善的 Java 程序安全性控制和管理，利用这个包可以对 Java 程序加密等操作。

java.sql：实现 JDBC（Java database connection）的类库，利用它可以访问不同种类的数据库，如 Oracle、MySQL、SQLite 等。JDBC 的这种功能，再加上 Java 程序本身具有的平台无关性，大大拓宽了 Java 程序的应用范围，尤其是商业应用的适用领域。

使用 JDK 类库中类的基本方法是创建类的对象或者从类进行派生。本书会介绍其中一些类的基本使用方法，关于这些类及其他没有介绍到的类，更详细的文档可参见 JDK 的 API 文档。JDK 的 API 文档可以从 oracle.com 网站下载，如 https://www.oracle.com/java/technologies/javase-downloads.html 安装后，打开 index.html 即可，如图 7-1 所示，其中有模块、包、类、字段、方法等的说明。

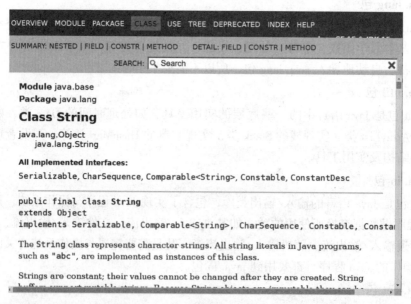

图 7-1 API 文档

注意：

也可以直接在线查看 API 文档，最新版 API 的地址是：https://docs.oracle.com/javase，而更多版本可以查看 https://docs.oracle.com/en/java/javase/，其中 Java 8 的版本可以查看 https://docs.oracle.com/javase/8/docs/api/index.html。

7.1.2 Object 类

Object 类是 Java 程序中所有类的直接或间接父类，也是类库中所有类的父类。正因为 Object 类是所有 Java 类的父类，而且可以和任意类型的对象匹配，所以在有些场合可以使用它作为形式参数的类型。例如，equals() 方法，其形式参数就是一个 Object 类型的对象，这样就保证了任意 Java 类都可以定义对象是否与其他对象相等的判断。不论何种类型的实际参数，都可以与这个形式参数 obj 的类型相匹配。使用 Object 类可以使得该方法的实际参数为任意类型的对象，从而扩大了方法的适用范围。

Object 类包含了所有 Java 类的公共方法，其中主要有如下一些方法。

（1）protected Object clone()：生成当前对象的一个备份，并返回这个复制对象。
（2）public boolean equals(Object obj)：比较两个对象是否相同，是则返回 true。
（3）public final Class getClass()：获取当前对象所属的类信息，返回 Class 对象。
（4）protected void finalize()：定义回收当前对象时所需完成的清理工作。
（5）public String toString()：返回当前对象本身的有关信息，按字符串对象返回。
（6）public final void notify()：唤醒线程。
（7）public final void notifyAll()：唤醒所有等待此对象的线程。
（8）public final void wait() throws InterruptedException：等待线程。

其中，getClass()、finalize() 分别在 5.2 节及 5.4 节中进行了阐述。notify()、notifyAll()、wait() 用于多线程处理中的同步，将在第 8 章中详细讲述。这里介绍其他几个常用方法。

1. equals() 方法与==运算符

equals() 方法用来比较两个对象是否相同，如果相同，则返回 true；否则返回 false。

如果一个类没有覆盖 equals() 方法，那么它的"相等"意味着两个引用相等，即它们引用的是同一个对象。这时，equals() 方法的结果与相等运算符（==）的结果相同。

注意：

==运算符可用于基本数据类型（判断数据是否相等），也可用于引用类型。当用于引用类型时，表示是否引用同一个对象（判断句柄是否相等）。

由于 JDK 中的许多类在实现时都已经覆盖了 equals() 方法，这时它判断的是两个对象状态和功能上的相同，而不是引用上的相同。这时两个对象"相等"意味着：首先是两个对象类型相同，然后是对象状态和功能上的相同。

例如：

```
Integer one = new Integer (1), anotherOne = new Integer (1);
if (one.equals (anotherOne))
    System.out.println ("objects are equal");
```

例中，equals() 方法返回 true，因为对象 one 和 anotherOne 包含相同的整数值 1，虽然它们在内存的位置并不相同。

注意：

在实际应用中，区分 eqauls() 方法与 == 运算符是十分重要的。例如，判断两个字符串是否相等，实际上是判断内容是否相等，就应该用 equals 方法，而不是 ==。

【例 7-1】 TestEqualsString.java 有关字符串的相等。

```java
public class TestEqualsString {
    public static void main(String[] args) {
        String name1 = new String("LiMing");
        String name2 = new String("LiMing");
        System.out.println(name1 == name2);          // 两个对象的引用,不相等
        System.out.println(name1.equals(name2));     // 内容,相等

        String name3 = "LiMing";
        String name4 = "LiMing";
        System.out.println(name3 == name4);          // 相同常量的引用,相等
        System.out.println(name3.equals(name4));     // 内容,相等
    }
}
```

程序中使用了 == 及 equals，对于普通字符串对象，== 判断的是引用是否相等，equals 则是判断内容是否相等。但对于字符串常量有点特殊，字符串常量在编译时，相同的字符串编译成常量池中的同一字符串（这个机制称为字符串的 intern），所以 name3 与 name4 指向的是同一个字符串，它们的引用也是相等的。

程序产生的结果是：

```
false
true
true
true
```

【例 7-2】 TestEqualsObject.java 有关 equals。

```java
class MyDate {
    int year, month, day;

    public MyDate(int y, int m, int d) {
        year = y;
        month = m;
        day = d;
    }
}

class MyOkDate extends MyDate {
    public MyOkDate(int y, int m, int d) {
        super(y, m, d);
    }

    public boolean equals(Object obj) {
        if (obj instanceof MyOkDate) {
            MyOkDate m = (MyOkDate) obj;
            if (m.day == day && m.month == month && m.year == year)
                return true;
        }
        return false;
```

```
        }
    }
    public class TestEqualsObject {
        public static void main(String[] args) {
            MyDate m1 = new MyDate(2001, 2, 3);
            MyDate m2 = new MyDate(2001, 2, 3);
            System.out.println(m1.equals(m2));      // 不相等,显示 false
            m1 = new MyOkDate(2001, 2, 3);
            m2 = new MyOkDate(2001, 2, 3);
            System.out.println(m1.equals(m2));      // 相等,显示 true
        }
    }
```

在该程序中,对于 MyDate 类,没有覆盖 equals( )方法,而对于 MyOkDate 类,覆盖了 equals( )方法,所以两者显示结果不同,分别为 false 及 true。

2. toString( )

toString( )方法用来返回对象的字符串表示,可以用于显示一个对象。例如:

```
        System.out.println(new java.util.Date());;
```

可以显示当前的时间。

事实上,System.out.println( )方法,如果带一个对象做参数,则自动调用对象的 toString( )方法。另外,字符串的加号运算符,如果连接的是对象,也会自动调用 toString( )方法,由于 toString( )的广泛应用,所以在自定义的类中,最好覆盖 toString( )方法。

【例 7-3】 TestToString. java 使用 toString( )方法。

```
    class SimpleDate {
        int year, month, day;

        public SimpleDate(int y, int m, int d) {
            year = y;
            month = m;
            day = d;
        }
    }

    class MyStringDate extends SimpleDate {
        public MyStringDate(int y, int m, int d) {
            super(y, m, d);
        }

        @Override
        public String toString() {
            return year + "-" + month + "-" + day;
        }
    }

    public class TestToString {
        public static void main(String[] args) {
            SimpleDate m1 = new SimpleDate(2001, 2, 3);
            SimpleDate m2 = new MyStringDate(2001, 2, 3);
            System.out.println(m1);     // 显示 SimpleDate@ 6d06d69c
            System.out.println(m2);     // 显示 2001-2-3
        }
    }
```

例 7-3 中,SimpleDate 类没有覆盖 toString( )方法,所以 m1 显示的结果是类名@内存地址。而 MyStringDate 类由于覆盖了 toString( )方法,其对象 m2 显示出来的信息更有意义。

7.1.3 基本数据类型的包装类

Java 的基本数据类型用于定义简单的变量和属性将十分方便,但为了与面向对象的环境一致,Java 中提供了基本数据类型的包装类(wrapper),它们是这些基本类型的面向对象的代表。与 8 种基本数据类型相对应,基本数据类型的包装类也有 8 种,分别是:Character、Byte、Short、Integer、Long、Float、Double 和 Boolean。

这几个类有以下共同特点。

- 这些类都提供了一些常数,以方便使用,如 Integer.MAX_VALUE(整数最大值)、Double.NaN(非数字)、Double.POSITIVE_INFINITY(正无穷)等。
- 提供了 valueOf(String)、toString( ),用于从字符串转换及或转换成字符串。
- 通过 xxxxValue( )方法可以得到所包装的值,如 Integer 对象的 intValue( )方法。
- 对象中所包装的值是不可改变的(immutable)。要改变对象中的值只有重新生成新的对象。
- toString( ),equals( )等方法进行了覆盖。

除了以上特点外,有的类还提供了一些实用的方法以方便操作。例如,Double 类就提供了更多的方法来与字符串进行转换。

【例 7-4】 DoubleAndString.java 练习 double 与 String 之间相互转换的方法。

```
class DoubleAndString {
    public static void main(String[ ] args) {
        double d;
        String s;

        // double 转成 string 的几种方法
        d = 3.14159;
        s = "" + d;
        s = Double.toString(d);
        s = new Double(d).toString( );
        s = String.valueOf(d);

        // String 转成 double 的几种方法
        s = "3.14159";
        try {
            d = Double.parseDouble(s);
            d = new Double(s).doubleValue( );
            d = Double.valueOf(s).doubleValue( );
        } catch (NumberFormatException e) {
            e.printStackTrace( );
        }
    }
}
```

7.1.4 Math 类

Math 类用来完成一些常用的数学运算,它提供了若干实现不同标准数学函数的方法。这些方法都是 static 的类方法,所以在使用时不需要创建 Math 类的对象实例,而直接用类名做前缀,就可以很方便地调用这些方法。

下面简单列出了 Math 类的主要属性和方法。

- public final static double E：数学常量 e。
- public final static double PI：圆周率常量 π。
- public static double abs(double a)：绝对值。
- public static double exp(double a)：参数次幂（指数）。
- public static double floor(double a)：不大于参数的最大整数。
- public static double IEEE remainder(double f1, double f2)：求余。
- public static double log(double a)：自然对数。
- public static double max(double a, double b)：最大值。
- public static float min(float a, float b)：最小值。
- public static double pow(double a, double b)：乘方。
- public static double random()：产生 0 和 1（不含 1）之间的伪随机数。
- public static double rint(double a)：四舍五入。
- public static double sqrt(double a)：平方根。
- public static double sin(double a)：正弦。
- public static double cos(double a)：余弦。
- public static double tan(double a)：正切。
- public static double asin(double a)：反正弦。
- public static double acon(double a)：反余弦。
- public static double atan(double a)：反正切。

【例 7-5】 TestMath.java 使用 Math 类。

```
public class TestMath {
    public static void main(String args[]) {
        System.out.println("Math.ceil(3.1415)=" + Math.ceil(3.1415));
        System.out.println("Math.floor(3.1415)=" + Math.floor(3.1415));
        System.out.println("Math.round(987.654)=" + Math.round(987.654));
        System.out.println("Math.max(-987.654,301)=" + Math.max(-987.654,301));
        System.out.println("Math.min(-987.654,301)=" + Math.min(-987.654,301));
        System.out.println("Math.sqrt(-4.01)=" + new Double(Math.sqrt(-4.01)).isNaN());
        System.out.println("Math.PI=" + Math.PI);
        System.out.println("Math.E=" + Math.E);
    }
}
```

运行结果如下：

```
Math.ceil(3.1415)=4.0
Math.floor(3.1415)=3.0
Math.round(987.654)=988
Math.max(-987.654,301)=301.0
Math.min(-987.654,301)=-987.654
Math.sqrt(-4.01)=true
Math.PI=3.141592653589793
Math.E=2.718281828459045
```

7.1.5 System 类

System 是一个功能强大、非常有用的特殊的类，它提供了标准输入/输出、运行时的系统信息等重要工具。这个类不能实例化，即不能创建 System 类的对象，所以它所有的属性和方法都是 static 的，引用时以 System 为前缀即可。

1. 用 System 类获取标准输入与输出

System 类的属性有如下 3 种。

↳ public static InputStream in：系统的标准输入。

↳ public static PrintStream out：系统的标准输出。

↳ public static PrintStream err：系统的标准错误输出。

通过使用这三个属性，Java 程序就可以从标准输入读入数据并向标准输出写出数据：

```
char c=System.in.read();           // 从标准输入读入一个字符变量
System.out.println("Hello!");       // 向标准输出字符串
```

通常情况下，标准输入指的是键盘，标准输出和标准错误输出指的是屏幕。

2. 用 System 类的方法获取系统信息，完成系统操作

System 类提供了一些用来与运行 Java 的系统进行交互操作的方法，利用它们可以获取 Java 解释器或硬件平台的系统参量信息，也可以直接向运行系统发出指令来完成操作系统级的系统操作。下面列出了部分常用的 System 类方法。

↳ public static long currentTimeMillis()：获取自 1970 年 1 月 1 日零时至当前系统时刻的微秒数，通常用于比较两事件发生的先后时间差。

↳ public static void exit(int status)：在程序的用户线程执行完之前，强制 Java 虚拟机退出运行状态，并把状态信息 status 返回给运行虚拟机的操作系统。

↳ public static void gc()：强制调用 Java 虚拟机的垃圾回收功能。收集内存中已丢失的垃圾对象所占用的空间，使之可以被重新加以利用。这在第 5 章中有介绍。

↳ public static Properties getProperties()：得到系统的属性及环境变量。

7.2 字符串和日期

字符串及日期是开发中常用的两种数据类型，本节对它们进行介绍。

字符串是字符的序列，在 Java 中，字符串无论是常量还是变量，都是用类的对象来实现的。程序中需要用到的字符串可以分为两大类，一类是创建之后不会再做修改和变动的字符串对象；另一类是创建之后允许再做更改和变化的字符串。前者是 String 类，后者是 StringBuffer/StringBuilder 类。

日期相关的类，在 Java 中一直不是很方便，直到 JDK 8 中增加了相关的 API。

7.2.1 String 类

字符串常量用 String 类的对象表示。在前面的程序中，已多次使用了字符串常量。这里首先强调一下字符串常量与字符常量的不同。字符常量是用单引号括起的单个字符，如'H'。而字符串常量是用双引号括起的字符序列，如"Hello"。在 Java 中，对于所有用双引号括起的字符串常量（又称做字符串字面常数）都被认为是对象。

本节讨论 String 对象的创建、使用和操作。

1. 创建 String 对象及赋值

在创建 String 对象时，通常需要向 String 类的构造函数传递参数来指定所创建的字符串的内容。下面列出 String 类的构造函数及其使用方法。

- public String( )：用来创建一个空的字符串。
- public String(String value)：利用一个已经存在的字符串创建一个新的 String 对象。该对象的内容与给出的字符串一致。这个字符串可以是另一个 String 对象，也可以是一个用双引号括起的直接常量。
- public String(StringBuffer buffer)：利用一个已经存在的 StringBuffer 对象为新建的 String 对象初始化。StringBuffer 对象代表内容、长度可改变的字符串变量，将在 7.2.2 节介绍。
- public String(char value[ ])：利用已经存在的字符数组的内容初始化新建的 String 对象。

了解了 String 类的构造函数之后，再来看几个创建 String 对象的例子。创建 String 对象与创建其他类的对象一样，分为对象的声明和对象的创建两步。这两步可以分成两个独立的语句，也可以在一个语句中完成。

在 Java 中，除了以上创建新的 String 对象外，还可以直接引用字符串常量：

  String s = "ABC";

下面的例子演示了几种常见的字符串赋值的方法。

【例 7-6】StringAssign. java 给 String 变量赋值。

```
class StringAssign {
    public static void main(String[ ] args) {
        // 几种常见的字符串赋值的方法
        String s;

        // 直接赋值
        s = "Hello";
        s = new String("Hello");

        // 使用 StringBuilder 或 StringBuffer
        s = new String(new StringBuilder("Hello"));
        s = new StringBuilder("Hello").toString();

        // 对象转为字符串
        s = new Object().toString();
        s = "" + new Object();
    }
}
```

2. 字符串的长度

public int length( )：求字符串的长度。用它可以获得当前字符串对象中字符的个数。如，字符串"Hello!"的长度为 6。

需要注意的是，在 Java 中，因为每个字符是占用 16 个比特的 Unicode 字符，所以汉字与英文或其他符号相同，都是一个字符。

3. 判断字符串的前缀和后缀

- public boolean startsWith(String prefix)：判断字符串的前缀。
- public boolean endsWith(String suffix)：判断字符串的后缀。

这两个方法可以分别判断当前字符串的前缀和后缀是否是指定的字符子串。

4. 字符串中单个字符的查找

public int indexOf(int ch)和 public int indexOf(int ch, int fromIndex)：这两个方法查找当

前字符串中某特定字符出现的位置。第一个方法查找字符 ch 在当前字符串中第一次出现的位置,即从头向后查找,并返回字符 ch 出现的位置。位置是基于 0 的,即首字符是第 0 个字符。如果找不到则返回-1。

5. 字符串中子串的查找

在字符串中查找字符子串与在字符串中查找单个字符非常相似,也有以下四种可供选用的方法,它就是把查找单个字符的四个方法中的指定字符 ch 换成了指定字符子串 str。

- public int indexOf(String str);
- public int indexOf(String str, int fromIndex);
- public int lastIndexOf(String str);
- public int lastIndexOf(String str, int fromIndex);

6. 比较两个字符串

String 类中有三个方法可以比较两个字符串是否相同:

- public int compareTo(String anotherString);
- public boolean equals(Object anotherObject);
- public boolean equalsIgnoreCase(String anotherString);

方法 equals 是覆盖 Object 类的方法,它将当前字符串与方法的参数列表中给出的字符串相比较,若两字符串相同,则返回 true;否则返回 false。方法 equalsIgnoreCase 与方法 equals 的用法相似,只是它比较字符串时将不计字母大小写的差别。

比较字符串的另一个方法是 compareTo(),这个方法将当前字符串与一个参数字符串相比较,并返回一个整型量。如果当前字符串与参数字符串完全相同,则 compareTo() 方法返回 0;如果当前字符串按字母序大于参数字符串,则 compareTo() 方法返回一个大于 0 的整数;反之,若 compareTo() 方法返回一个小于 0 的整数,则说明当前字符串按字母序小于参数字符串。

7. 求字符及子串

- public char charAt(int index);
- public String substring(int startIndex, int endIndex);
- public String substring(int startIndex);

以上求字符及子串的方法中,index 是位置。substring() 是求子串的方法,startIndex 是子串的起始位置,endIndex 是子串的结束位置(但是不包括 endIndex 的字符)。若缺省 endIndex 则从 startInex 一直到结束。

8. 格式化

public static String format(String format, Object... args):format 函数可以像 C 语言那样对字符串进行格式化(从 JDK 1.5 之后可用),如 String.format("%d %f %s", 15, 3.14, "string")。其中的格式串兼容 C 语言的风格,如%d %f %s 分别表示整数、实数、字符串,并且有更多的表示法。具体可以参见 JDK API 文档。

9. 其他操作

String 类的其他操作如下。

- public String concat(String str);连接字符串。

↳ public String trim( )：去掉字符串前后的空格。
↳ public String toUpperCase( )：转成大写。
↳ public String toLowerCase( )：转成小写。
↳ String replace(char oldChar, char newChar)：替换字符串中的字符。

注意：

String 对象是不可变对象（immutable）。

String 字符串一经创建，无论其长度还是内容，都不能再更改了。String 类的各种操作，包括连接、替换、转换大小写等，都是返回一个新的字符串对象，而原字符串的内容并没有改变。这一点特别重要。

【例 7-7】 TestStringMethod. java 使用 String。

```java
class TestStringMethod {
    public static void main(String[ ] args) {
        String s = new String("Hello World");

        System.out.println(s.length());
        System.out.println(s.indexOf('o'));
        System.out.println(s.indexOf("He"));
        System.out.println(s.startsWith("He"));
        System.out.println(s.equals("Hello world"));
        System.out.println(s.equalsIgnoreCase("Hello world"));
        System.out.println(s.compareTo("Hello Java"));
        System.out.println(s.charAt(1));
        System.out.println(s.substring(0, 2));
        System.out.println(s.substring(2));
        System.out.println(s.concat("!!!"));
        System.out.println(s.trim());
        System.out.println(s.toUpperCase());
        System.out.println(s.toLowerCase());
        System.out.println(s.replace('o', 'x'));

        System.out.println(s);     // 注意,s 本身没有改变
    }
}
```

运行结果如下：

```
11
4
0
true
false
true
13
e
He
llo World
Hello World!!!
Hello World
HELLO WORLD
hello world
Hellx Wxrld
Hello World
```

7.2.2 StringBuilder 类

Java 中用来实现字符串功能的另一个类是 StringBuffer 类，与不可变字符串的 String 类不同，StringBuffer 对象的内容是可以修改的字符串。值得注意的是，从 JDK 1.5 开始，增加了与 StringBuffer 功能相同的 StringBuilder 类，StringBuilder 没有考虑多线程并发的问题，因而执行追加和插入等操作时效率更高。由于这两个类功能相同，下面只介绍 StringBuilder。

1. 创建 StringBuilder 对象

由于 StringBuilder 表示的是可扩充、修改的字符串，所以在创建 StringBuilder 对象时并不一定要给出字符串初值。StringBuilder 类的构造函数有以下几个。

↳ public StringBuilder( );
↳ public StringBuilder(int length);
↳ public StringBuilder(String str);

第一个函数创建了一个空的 StringBuilder 对象，第二个函数给出了新建的 StringBuilder 对象的长度，第三个函数则利用一个已经存在的字符串 String 对象来初始化 StringBuilder 对象。

2. 字符串变量的扩充、修改与操作

StringBuffer 类有两组用来扩充其中所包含的字符的方法。

↳ public StringBuilder append(参数对象类型 参数对象名)。
↳ puhlic StringBuilder insert(int 插入位置, 参数对象类型 参数对象名)。

append( )方法将指定的参数对象转化成字符串，附加在原 StringBuilder 字符串对象之后，而 insert( )方法则在指定的位置插入给出的参数对象所转化而得的字符串。附加或插入的参数可以是各种数据类型的数据，如 int，double，char，String 等。

值得注意的是，与 String 的 append 等方法返回新字符串不同，StringBuilder 的 append 等方法返回的结果是该一个对象的引用，所以经常用于连续的追加操作，如：

```
StringBuilder sb = new StringBuilder( );
sb. append("One"). append(","). append("Two"). append(","). append("Three");
```

3. StringBuilder 与 String 的相互转化

由 String 对象转成 StringBuilder 对象，是创建一个新的 StringBuilder 对象，如：

```
String s ="Hello";
StringBuilder sb = new StringBuilder( s );
```

由 StringBuilder 转为 String 对象，则可以用 StringBuilder 的 toString( )方法，如：

```
StringBuilder sb = new StringBuilder( );
String s = sb. toString( );
```

4. 有关字符串的连接运算符（字符串加法+）

字符串是经常使用的数据类型，为了编程方便，Java 编译系统中引入了字符串的加法（+）和赋值（+=）。字符串的连接运算符（+），在 Java 中是一种十分特殊的运算符，因为它可以两个字符串连接字符串；如果字符串与一个对象相连，Java 还会自动将对象转成字符串（调用对象的 toString( )方法）；如果字符串与基本数据类型相连，则基本数据类型也转化成字符串。

Java 中的字符串（+）可以认为是为了方便程序的书写而设立的。事实上，Java 编译器将这种运算符都转成 StringBuilder 的 append( ) 方法。如：

  String s = "abc" + foo + "def" +3.14 + Integer.toString(47);

7.2.3 StringTokenizer 类

java.util.StringTokenizer 类提供了对字符串进行解析和分割的功能。比如，要对一个语句进行单词的区分，就可以用到该类。

StringTokenizer 的构造方法有以下几种。

 ↘ StringTokenizer(String str)；

 ↘ StringTokenizer(String str, String delim)；

 ↘ StringTokenizer(String str, String delim, boolean returnDelims)；

其中，str 是要解析的字符串，delim 是含有分隔符的字符串，returnDelims 表示是否将分隔符也作为一个分割串。

该类的重要方法有以下几种。

 ↘ public int countTokens( )：分割串的个数。

 ↘ public boolean hasMoreTokens( )：是否还有分割串，一般用于 while 循环中。

 ↘ public String nextToken( )：得到下一分割串。

【例 7-8】 TestStringTokenizer.java 使用 StringTokenizer。

```
import java.util.*;

class TestStringTokenizer {
    public static void main(String[] args) {
        StringTokenizer st = new StringTokenizer("this is a test", " ");
        while (st.hasMoreTokens()) {
            System.out.println(st.nextToken());
        }

        st = new StringTokenizer("253,197,546", ",");
        double sum = 0;
        while (st.hasMoreTokens()) {
            sum += Double.parseDouble(st.nextToken());
        }
        System.out.println(sum);
    }
}
```

程序前半部分是将字符串按空格进行分割；后半部分是将另一字符串按逗号进行分割，并将得到的每个单词转成实数并求和。运行结果如下：

```
this
is
a
test
996.0
```

7.2.4 日期相关类

1. 常用的日期相关类

日期时间在编程中也很常用。在 JDK 8 以前，主要是 java.util 包中相关的 Calendar 类、Date 类，它们分别代表日历及日期，另外，java.text 包中的 SimpleDateFormat 类提供了日期进行格式化的处理。

Calendar 类是关于日历的,它的主要方法如下。
↪ Calendar.getInstance():得到一个实例,如果用 Locale.ZH 做参数,则表示中文日期。
↪ get(Calendar.DAY_OF_MONTH):得到月份分量。
↪ getDisplayName(DAY_OF_WEEK):得到星期几的字符串。
↪ set(Calendar.HOUR,5):设置小时分量。
↪ add(Calendar.HOUR,1):加上小时分量。
↪ roll(Calendar.MONTH,5):月份增加 5 月。
↪ setTime(date):设置日期时间值。
↪ getTime():得到日期时间值。

Date 类是代表具体的日期时间值,它的主要主法如下。
↪ new Date(),new Date(System.currentTimeMillis()):构造函数。
↪ setTime(long):设置时间值(以 1970 年 1 月 1 日以来的毫秒数)。
↪ getTime():得到时间值(毫秒数)。

SimpleDateFormat 是日期的格式化的类,它的主要主法如下。
↪ new SimpleDateFormat("yyyy-MM-dd HH:mm:ss"):构造函数。
↪ format:格式化。
↪ parse:解析字符串成日期对象。

2. 日期 API

从 Java 8 开始增加的日期 API 能更好地处理日期,这些相关的类位于 java.time 及 java.time.format 包中。

下面的例子,显示了常见的用法。

【例 7-9】 **CalendarDate8.java 使用日期 API。**

```
import java.time.*;
import java.time.format.*;

class CalendarDate8 {
    public static void main(String[] args) throws java.text.ParseException {
        // 使用默认时区时钟瞬时时间创建 Clock.systemDefaultZone() 即相对于
        // ZoneId.systemDefault() 默认时区
        LocalDateTime now = LocalDateTime.now();
        System.out.println(now);

        // 自定义时区
        LocalDateTime now2 = LocalDateTime.now(ZoneId.of("Europe/Paris"));
        System.out.println(now2);            // 会以相应的时区显示日期

        // 构造一个对象
        LocalDateTime d3 = LocalDateTime.of(2023, 12, 31, 23, 59, 59);
        System.out.println(d3);

        // 解析 String--->LocalDateTime
        LocalDateTime d4 = LocalDateTime.parse("2023-12-31T23:59:59");
        System.out.println(d4);

        // 使用 DateTimeFormatter API 解析和格式化
        DateTimeFormatter formatter = DateTimeFormatter.ofPattern("yyyy/MM/dd HH:mm:ss");
        LocalDateTime d6 = LocalDateTime.parse("2023/12/31 23:59:59", formatter);
```

```
            System.out.println(formatter.format(d6));

            // 时间获取的一部分
            System.out.println(d6.getYear());
            System.out.println(d6.getMonth());      // 这不是整数,而是枚举
            System.out.println(d6.getDayOfYear());
            System.out.println(d6.getDayOfMonth());
            System.out.println(d6.getDayOfWeek());
            System.out.println(d6.getHour());
            System.out.println(d6.getMinute());
            System.out.println(d6.getSecond());
            System.out.println(d6.getNano());        // 纳秒

            // 时间增减
            LocalDateTime d7 = d6.minusDays(1);
            LocalDateTime d8 = d6.plusHours(1).plusMinutes(30);
            System.out.println(d7);
            System.out.println(d8);
        }
    }
```

程序中主要用了 LocalDateTime 及 DateTimeFormatter 两个类。运行结果如下:

```
2020-11-16T10:13:20.401
2020-11-16T03:13:20.401
2023-12-31T23:59:59
2023-12-31T23:59:59
2023/12/31 23:59:59
2023
DECEMBER
365
31
SUNDAY
23
59
59
0
2023-12-30T23:59:59
2024-01-01T01:29:59
```

7.3 集合类

7.3.1 Collection API

1. Collection API

集合是一系列对象的聚集(Collection)。集合在程序设计中是一种重要的数据结构,Java 中提供了有关集合的类库称为 Collection API。这里 Collection 表示多个元素组合在一起,也有人翻译成收集、聚集、集合、组合,但它比后面提到的 Set(有人翻译成"集合")的含义要广。

在一定意义上,Java 中数组就是一种集合,但数组是 Java 语言的一个组成部分,而 Collection API 是一组类库。数组的内容已在第 3 章中介绍,这里谈谈 Collection API 中的相关接口和类。

集合实际上是用一个对象代表一组对象,在集合中的每个对象称为一个元素,集合中的

元素一般都是相同的类型（或相同类的派生类）。在从集合中检索出各个元素时，常常要根据其具体类型不同而进行相应的强制类型转换（如果用后面介绍的泛型，则不必强制类型转换）。

Collection API 中的接口和类主要位于 java.util 包中。其中，最基本的接口是 Collection 接口（它是 Iterable 的子接口）和 Map 接口。Collection 接口是元素的集合，Map 接口是键-值对的集合。这里先介绍 Collection 接口，7.3.5 节中将介绍 Map 接口。

Collection 的子接口有以下两种。

（1）Set（集）：不记录元素的保存顺序，且不允许有重复元素。

（2）List（列表）：记录元素的保存顺序，且允许有重复元素。

Set 接口的重要实现类有 HashSet（哈希集）及 TreeSet（树集）。List 接口的重要实现类有 ArrayList，Vector，LinkedList 及 Stack。

另外还有一个 Queue 接口，它的重要实现类是 LinkedList、PriorityQueue 和 ArrayDeque，其中 LinkedList 实现了 List 及 Queue 两个接口。

CollectionAPI 中主要的接口和类如图 7-2 所示。

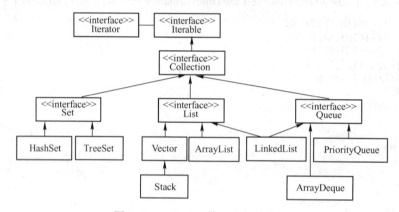

图 7-2　Collection 接口和相关的类

在 Collection 中的接口和类，一般都要指明其元素的类型，例如 List<String>表示元素是 String 类型的列表，其中用括尖号来指明其具体元素的类型，如：

  List<String> list = new ArrayList<String>();

在 Java 7 以上的版本中，在变量赋初值的等式右边，new 创建对象时，尖括号中的类型可以省略类型，表示与等式左边的元素类型一致，如：

  List<String> list = new ArrayList<>();

这里指明元素类型的机制称为"泛型"。关于泛型，后续还会讲到。

2. Collection 及其方法

Collection<T>接口中重要的方法如下（这里 T 是元素类型）。

 ↪ public boolean add(T obj)：加入元素。

 ↪ public boolean remove(T obj)：移除元素。

 ↪ public void clear()：清除所有元素。

 ↪ public boolean contains(T obj)：判断是否包含某元素。

- public int size()：元素个数。
- public boolean isEmpty()：判断是否为空。
- public Iterator iterator()：得到迭代器。

7.3.2 Set 接口及 HashSet、TreeSet 类

Set 接口是 Collection 的子接口，HashSet、TreeSet 是实现 Set 接口的两个类。

Set 表示的是不重复元素的集合，所谓不重复，是指两个对象不满足 a.equals(b)。在这个意义上，Set 相当于数学中的"集合"的概念。

其中 HashSet 是用 Hash 技术实现的，Hash（杂凑，哈希）是用对象计算的内容计算一个整数（即 getHashCode() 函数的返回值，称为哈希值），从而决定该对象存放的位置，它不保证元素的顺序。TreeSet 是基于红黑树（Red-Black tree）的 TreeMap 来实现的，它使得其中的元素按自然顺序进行排序（或者提供了 Comparator）。

HashSet 中可以包含 null 对象，但最多只能有一个 null 对象。TreeSet 不能包含 null 对象。

Set 可以使用增强的 for 语句来进行遍历。

【例 7-10】 TestHashSet.java 使用 HashSet。

```
import java.util.*;
public class TestHashSet {
    public static void main(String[] args) {
        Set<String> h = new HashSet<>();
        h.add("1st");
        h.add("2nd");
        h.add("3rd");
        h.add("4th");

        h.add("2nd");              // 重复元素，未被加入

        show(h);
    }
    public static void show(Set<String> set) {
        System.out.println(set);   // 调用了其 toString() 方法,注意显示时,元素无顺序
        for(String item : set) {   // 使用增强的 for 语句来进行遍历
            System.out.print(item + " ");
        }
    }
}
```

程序中使用了 Set 接口及 HashSet 类。运行结果如下：

[1st, 3rd, 2nd, 4th]
1st 3rd 2nd 4th

可以看出，Set 有两个特点：
- 元素的顺序与加入时的顺序没有关系，因为 Set 中元素的顺序是无意义的；
- 相等的元素没有被加入，因为 Set 中元素是不能重复的。

7.3.3 List 接口及 ArrayList，LinkedList 类

List（列表）接口是 Collection 的子接口，它表示有顺序的元素的组合。List 可以理解为是 Java 中的"动态数组"。我们知道，数组（用 [ ] 表示）在用 new 创建后，其大小

(length) 是不能改变的，而 List 中的数组元素的个数（size()）是可以改变的，元素可以加入及移除，所以说是"动态数组"。

List 的两个重要实现是 ArrayList（数组列表）和 LinkedList（向量）。ArrayList 底层是用数组来实现的，而 LinkedList 底层是用链表来实现的，如果数据元素比较多，而且增删操作比较频繁，则用 LinkedList 效率要高些；如果增删操作不太多，而获取元素较频繁，则用 ArrayList 比较好。

与 ArrayList 类相似的还有 Vector 类（向量），区别在于 Vector 是线程安全的（因而 Vector 效率要低一些），因为 Vector 是 synchronized 的，而 ArrayList 则不是。（关于 synchronized，见第 8 章）。

List 可以使用 add 来增加元素，使用 get（下标）来得到元素，使用 size() 方法得到元素的个数。可以使用普通的循环及增强的 for 语句来遍历 List。

【例 7-11】 TestArrayList.java 使用 ArrayList。

```
import java.util.*;

public class TestArrayList {
    public static void main(String[] args) {
        List<String> h = new ArrayList<>();
        h.add("1st");
        h.add("2nd");
        h.add("3rd");
        h.add("4th");
        h.add("3rd");                           // 重复元素，加入到不同位置
        show(h);
    }
    public static void show(List<String> list) {
        System.out.println(list);               // 使用 toString()
        for (int i=0; i<list.size(); i++) {     // 使用普通循环
            System.out.print(list.get(i) + " ");
        }
        System.out.println();
        for (String s : list) {                 // 使用增强的 for 语句
            System.out.print(s + " ");
        }
    }
}
```

运行结果如下：

[1st, 2nd, 3rd, 4th, 3rd]
1st 2nd 3rd 4th 3rd
1st 2nd 3rd 4th 3rd

可以看出，List 有两个特点：
- 元素的顺序是有意义的；
- 元素是可以重复的。

由于 List 的元素是有顺序的，所以除了实现 Collection 接口中的各方法外，还实现了有关元素的位置（索引）的方法。List<T>其中比较常用的方法有如下。
- public void add(T obj)：在列表末尾加入元素。
- public void add(int index, T obj)：在列表中某个位置插入元素。

- public T get(int index)：获取某个位置的元素。
- public T set(int index, T element)：设定某个位置的元素。
- public void remove(int index)：移除某个位置的元素。
- public int indexOf(T elem)：查找某个元素所在的位置。

【例 7-12】 **PhotoAlbum.java** 用照片的列表来表示相册。

```
import java.util.*;
class Photo {
    private String place;
    private String title;

    Photo(String place, String title) {
        this.place = place;
        this.title = title;
    }

    @Override
    public String toString() {
        return place + " : " + title;
    }
}
public class PhotoAlbum {
    public static void main(String[] args) {
        List<Photo> album = new ArrayList<>();
        album.add(new Photo("北京", "开会"));
        album.add(new Photo("上海", "研讨"));
        album.add(new Photo("广州", "学习"));
        for (Photo photo : album) {
            System.out.println(photo);
        }
    }
}
```

本例中，用一个列表来存放多张照片，运行结果如下：

```
北京 : 开会
上海 : 研讨
广州 : 学习
```

7.3.4 栈与队列

栈（stack）又称为堆栈，也是线性数据结构，并且是遵循"后进先出"（last in first out，LIFO）原则的重要线性数据结构。在 Java 中，Stack 是 java.util 包中专门用来实现栈的工具类。

栈只能在一端输入输出，它有一个固定的栈底和一个浮动的栈顶。栈顶可以理解为是一个永远指向栈最上面元素的指针。向栈中输入数据的操作成为"压栈"，被压入的数据保存在栈顶，并同时使栈顶指针上浮一格。从栈中输出数据的操作称为"弹栈"，被弹出的总是栈顶指针指向的位于栈顶的元素。如果栈顶指针指向了栈底，则说明当前的堆栈是空的。

java.util.Stack 类是 java.util.Vector 的子类，它实现了 List 接口，同时，Stack<T>类能实现椎栈操作的方法如下。

(1) 构造函数。

public Stack()：是栈类的构造函数，创建堆栈时使用。

(2) 压栈与弹栈操作。

public T push(T item)：将指定对象压入栈中。

public T pop()：将堆栈最上面的元素从栈中取出，并返回这个对象。

(3) 检查堆栈是否为空。

public boolean empty()：若堆栈中没有对象元素，则此方法返回 true；否则返回 false。

(4) 查找元素。

public T peek()：查看栈顶元素。

public int search(T item)：查找某个元素的位置，这个位置是从栈顶开始计算的，其中栈顶的位置为 1。

【例 7-13】TestStack.java 使用 Stack。

```java
import java.util.*;

public class TestStack {
    public static void main(String[] args) {
        Stack<String> stk = new Stack<>();
        stk.push("apple");
        stk.push("banana");
        stk.push("cherry");
        stk.push("orange");
        System.out.println(stk);

        System.out.println("popping elements:");
        while(!stk.empty()){
            System.out.println(stk.pop());
        }
    }
}
```

运行结果如下：

```
[apple, banana, cherry, orange]
popping elements:
orange
cherry
banana
apple
```

队列（queue）也是重要的线性数据结构。队列遵循"先进先出"（first in first out，FIFO）的原则，固定在一端输入数据（称为入队），另一端输出数据（称为出队）。可见队列中数据的插入和删除都必须在队列的头尾处进行，而不能像链表一样直接在任何位置插入和删除数据。

计算机系统的很多操作都要用到队列这种数据结构。例如，当需要在只有一个 CPU 的计算机系统中运行多个任务时，因为计算机一次只能处理一个任务，其他的任务就被安排在一个专门的队列中排队等候。任务的执行，按"先进先出"的原则进行。另外，打印机缓冲池中的等待作业队列、网络服务器中待处理的客户机请求队列，也都是使用队列数据结构的例子。

表示队列的接口是 Queue。链表（LinkedList）类已经实现了 Queue 接口，它具有入队

(enqueue)及出队(dequeue)方法。由于 LinkedList 类还实现了 List 接口,它同时也是一种列表。

另一种实现 Queue 的类是 PriorityQueue,它具有一个基于优先级堆的优先级队列,队头是最小的元素。

Queue<T>接口的重要方法如下。

(1) 出队与入队操作。

public T offer(T obj):将指定对象放入队列末尾。

public T poll():将队列头部的元素取出,并返回这个对象。

(2) 检查队列是否为空。

public boolean isEmpty():若队列中没有元素,则此方法返回 true;否则返回 false。

【例 7-14】TestQueue.java 用 LinkedList 队列。

```
import java.util.*;

class TestQueue {
    public static void main(String[] args) {
        Queue<Integer> q = new LinkedList<>();
        for (int i = 0; i < 5; i++) {
            q.offer(i);
        }
        System.out.println(q);
        while (!q.isEmpty()) {
            System.out.println(q.poll());
        }
    }
}
```

运行结果如下:

[0, 1, 2, 3, 4]
0
1
2
3
4

在本例中队列 Queue 接口引用的是 LinkedList 类的对象。程序中用了入队、出队和判断队列是否为空的操作。在调用 offer()方法将 int 整数放入队列时,会自动包装成 Integer 对象。

7.3.5 Map 接口及 HashMap,TreeMap 类

在 Collection API 中除了普通元素的集合(主要是 Collection 接口及其子接口),还有一类是"键-值"的集合,或者叫 key-value 的集合,这主要是由 Map 接口来完成的。在 Map <K,V>的写法中,K 与 V 分别表示键的类型和值的类型。

Map(映射)接口提供了一组"键-值"的集合。这种集合可以从三种角度来查看,一是键的集合,二是值的集合,三是"键-值"的集合。它们分别由以下3个方法来实现。

　　↳ public Set<K> keySet()。

　　↳ public Collection<V> values()。

　　↳ public Set<Map.Entry<K,V>> entrySet()。

它们都可以用增强的 for 语句来进行遍历。

Map 中的键是不能重复的，并且其顺序也没有意义。Map 的重要方法如下。

- public V put(K key, V value)：放入"键-值"对，如果原来键已存在，则键对应的值会将旧值更新为新值。
- public V get(K key)：得到键对应的值，如果没有得到，则返回 null。
- public V remove(K key)：去掉相应的键对应的"键-值"对。

Map 接口的重要实现类有：HashMap 及 TreeMap，前者采用 Hash 技术，后者采用红黑树技术。TreeMap 的优势是它是一个排序树，可以方便地从中找到最小或最大的键值，或者从其中取出键值大于或小于某个值的部分。

另外两个实现类是 Hashtable（哈希表），Properties（属性组），其中 Properties 是 Hashtable 的子类，它的键及值都限于 String 类。其中 Hashtable 它是较早实现的，它考虑了线程安全，但效率较低。如果不考虑线程安全，则用 HashMap 或 TreeMap 来代替；考虑线程安全性，则可用 ConcurrentHashMap 代替。

这几个类中的每个键都要求实现 equals() 方法及 hashCode() 方法，以使对象的区分成为可能。另外，HashMap 的键和值都可以为 null，TreeMap 的键不能为 null，而 Hashtable 及 Porpterties 的键和值都不能为 null。

【例 7-15】 **TestHashMap. java 使用 HashMap**。

```
import java.util.*;

class TestHashMap {
    public static void main(String[] args) {
        Map<String, String> map = new HashMap<>();
        map.put("one", "一");
        map.put("two", "二");
        map.put("three", "三");
        map.put("four", "四");
        map.put("four", "四二");

        System.out.println(map);

        for (String key : map.keySet()) {
            System.out.print(key + ":" + map.get(key) + "; ");
        }
        System.out.println();

        for (String value : map.values()) {
            System.out.print(value + "; ");
        }
        System.out.println();

        for (Map.Entry<String, String> entry : map.entrySet()) {
            System.out.print(entry.getKey() + ":" + entry.getValue() + "; ");
        }
        System.out.println();
    }
}
```

运行结果如下：

{four=四二, one=一, two=二, three=三}
four:四二; one:一; two:二; three:三;

四二；一；二；三；
four:四二；one:一；two:二；three:三；

7.4 泛型及集合遍历

7.3 节介绍了不少的集合类，可以这些集合类在使用时有两个问题是共同的，一是元素的类型问题，一是遍历所有元素的问题。在 Java 5 以前，处理这两个问题都比较麻烦，从 Java 5 以后，就方便了许多，本节介绍相关的概念与技术。

7.4.1 泛型

1. 泛型的简单使用

泛型（generic）是 Java 5 增加的最重要的 Java 语言特性。使用泛型可以解决这样的问题：程序可以针对不同的类有相同的处理办法，但这些类之间不一定有继承关系。具体运用到集合中，其表现形式如下：一个集合中保存的元素全是某种类型的，则可以在集合定义时，就把它规定清楚。例如，传统地写书一个 List 列表：

```
List list = new ArrayList( );
list.addElement("one");
String s = (String)list.get(0);
```

这里有两个问题：一是加入元素时，不能保证都加入相同类型的元素；二是取出元素时，要进行强制类型转换。

如果使用泛型，则程序可以写为：

```
List<String> list = new ArrayList<String>( );
list.addElement("one");
String s = list.get(0);
```

在新的写法中，一对尖括号表明了元素的类型，在这里为 String。当加入元素时，Java 会对元素的类型进行检查（如果元素不是 String，则编译不会通过）。取出其中元素时，Java 编译器可以知道其类型为 String，所以这里不必用强制类型转换就可以赋值给变量 s。

如果是针对 Date 对象的 Vector，则可以写成：

```
List<Date> list = new ArrayList<Date>( );
list.addElement(new Date( ));
Date d = list.get(0);
```

由此可见，使用泛型不仅简化了程序的书写，而且程序的类型更安全。由于同一个接口或类（这里为 List 及 ArrayList）可以适合不同的类型（这里为 String 或 Date），所以这种机制称为"泛型"。

2. 自定义泛型

自定义泛型最常见的有两种方式，一是泛型类，一是泛型方法。

泛型类的定义是在普通的类定义时，在类名后面多加一个或多个类型参数，类型参数用尖括号括起来，如：

```
class MyClass<T>{
    T getValue( ) {return …;}
}
```

其中类型参数 T，它可以用到这个类中的各个可以用于类型的地方（如变量类型、函数返回类型、函数参数类型等)。

泛型方法的定义,也加一个类型参数,不过,类型参数要写到函数返回类型的前面(因为函数返回类型可能就是参数类型)。如:

```
public<T> void myMethod( T  t ) {
    …;
}
```

在调用泛型类或泛型方法时,可将具体的类型参数代入。

使用泛型类时,将<类型参数>写到类名后面,如:

```
MyClass<String>   obj = new MyClass<String>( );
```

声明变量时,等式的右边还可以省略类型类参数,直接用一对尖括号:

```
MyClass<String>   obj = new MyClass<>( );
```

注意:

在 JDK 7 以上版本中,上面的等号后面,初始化 MyClass 中的尖括号中的类型可以省略,这是因为编译器可以推断出来。

在调用泛型方法时,也要将<类型参数>写到方法名的前面,如:

```
<Date>myMethod( new Date( ) );
```

【例 7-16】 **GenericTreeClass.java** 自定义泛型类实现树的结点。

```java
import java.util.*;
class GenericTreeClass {
    public static void main(String[ ] args) {
        TNode<String> t = new TNode<>("Root");
        t.add("Left");
        t.add("Middle");
        t.add("Right");
        t.getChild(0).add("aaa");
        t.getChild(0).add("bbb");
        t.traverse( );
    }
}

class TNode<T> {
    private T value;
    private ArrayList<TNode<T>> children = new ArrayList<>( );

    TNode(T v) {
        this.value = v;
    }

    public T getValue( ) {
        return this.value;
    }

    public void add(T v) {
        TNode<T> child = new TNode<>(v);
        this.children.add(child);
    }

    public TNode<T> getChild(int i) {
```

```
            if (i < 0 || i > this.children.size())
                return null;
            return this.children.get(i);
        }

        public void traverse() {
            System.out.println(this.value);
            for (TNode<T> child : this.children)
                child.traverse();
        }
    }
```

程序中定义了泛型的结点 TNode<T>，它内部有子结点的列表 children。运行结果如下：

```
Root
Left
aaa
bbb
Middle
Right
```

【例 7-17】 GenericMethod.java 自定义泛型函数实现创建一个对象。

```
import java.util.*;

class GenericMethod {
    public static void main(String[] args) {
        Date date = BeanUtil.<Date>getInstance("java.util.Date");
        System.out.println(date);
    }
}

class BeanUtil {
    public static <T> T getInstance(String clzName) {
        try {
            Class c = Class.forName(clzName);
            return (T) c.newInstance();
        } catch (ClassNotFoundException ex) {
        } catch (InstantiationException ex) {
        } catch (IllegalAccessException ex) {
        }
        return null;
    }
}
```

程序中的泛型方法里面使用了反射，用 Class 的 newInstance() 方法来创建对象。

3. 使用 extends 与通配符?

在定义泛型时，可以对类型参数进行限定。

使用 extends 可以规定参数类型必须是某种类型的子类型，如：

    class TNode<T extends Person>{...}

在类型参数中，还可以使用类型通配符"?"表示，如 Collections 的 reverse() 方法：

    public static void reverse(List<?> list)

有时，还会在通配符后面跟上 extends 或 super，前者表示是某种类的子类，后者表示是某种类的父类。

例如，Collections 的 fill() 方法：

    public static <T> void fill(List<? super T> list, T obj)

这里可以这样理解：若 T 为 Student，可以向 List<Person>中填充 Student 对象。

又比如 Collections 的 copy( )方法：

    public static <T> void copy(List<? super T> dest, List<? extends T> src)

有时，泛型的写法还真的比较复杂：

    public static <T extends Object & Comparable<? super T>> T min(Collection<? extends T> coll)

这里 & 表示同时满足的条件。

7.4.2 装箱与拆箱

在 Java 5 之前，由于集合中只能放对象而不能放基本数据类型（如 int），如果要将基本数据类型放入基本类型（称为装箱，boxing），则需要使用包装类（如 Integer 类）；取出其中的对象，则需要再次转成基本类型（称为拆箱，unboxing）。例如：

```
int   a = 3;
List   ary = new   ArrayList( );
ary. add( new Integer(a) );
Integer b = (Integer)ary. get(0);
int c = b. intValue( );
```

在 Java 5 以上的版本中则可以自动地进行装箱和拆箱：自动装箱是指基本类型自动转为包装类（如 int 转为 Integer）；自动拆箱是指包装类自动转为基本类型（如 Integer 转为 int）。这样，上面一段程序可以写得更为简单：

```
int a = 3;
List<Integer> ary = new ArrayList<>( );
ary. add(a);              // 装箱:int 自动转换成 Integer 对象作为 add 方法的参数
int c = ary. get(0);      // 拆箱:Integer 自动转换成 int 赋值给变量 c
```

7.4.3 Iterator 及 Enumeration

存取集合中的元素可以有多种方法。对于 ArrayList 类，它们的元素与位置（索引）有关，可以用与位置相关的方法来取得元素。除此之外，所有的 Collection 都可以用 Iterator（迭代器）来列举元素，Vector 等类还可以用 Enumeration（枚举器）来列举元素。Iterator 和 Enumeration 都是列举器，但 Iterator 的方法中还有 remove( )可用于移除对象，所以 Iterator 的功能更强，使用更方便。

对于实现 Collection 接口的类，都可以使用 Iterator 接口。事实上，Collection 接口的 Iterator( )方法返回的就是 Iterator。

Iterator 的方法有以下 3 个。

    ✥ public boolean hasNext( )：是否还有下一元素。

    ✥ public Object next( )：得到下一元素。

    ✥ public remove( )：移除当前元素。

需要注意的是，为了获取第一个元素，也必须用 next( )方法。

对于 List，可以通过其方法 listIterator( )来得到一个 ListIterator 接口，该接口是 Iterator 接口的子接口，它具有双向检索的功能，并能存取到元素的索引。ListIterator 除了具有以上三个方法外，还具有以下方法。

    ✥ boolean hasPrevious( )：是否有前一个元素。

    ✥ Object previous( )：得到前一个元素。

第7章 工具类及常用算法

- void add(Object o)：在当前位置前面加入一个元素。
- void set(Object o)：替换当前位置的元素。
- int nextIndex()：下一元素的索引。
- int previousIndex()：前一元素的索引。

对于有些类，还可以使用 Enumeration 来列举对象。例如，Vector 类的 elements() 方法可以返回一个 Enumeration 接口。Enumeration 接口有以下两个方法。

- boolean hasMoreElements()：还有元素。
- Object nextElement()：下一元素。

【例 7-18】 **TestListAllElements.java** 用几种不同方法列出向量中的所有元素。

```java
import java.util.*;
public class TestListAllElements {
    public static void main(String[] args) {
        Vector<String> v = new Vector<>();
        v.add("1st");
        v.add("2nd");
        v.add("3rd");
        printObject(v);
        printCollection(v);
        printList(v);
        printVector(v);
        printAllGetByIndex(v);
    }

    public static void printObject(Object s) {
        System.out.println(s);
    }

    public static <T> void printCollection(Collection<String> s) {
        Iterator<String> it = s.iterator();
        while (it.hasNext()) {
            System.out.println(it.next());
        }
    }

    public static <T> void printList(List<T> s) {
        ListIterator<T> it = s.listIterator();
        while (it.hasNext()) {
            System.out.println(it.next());
        }
        while (it.hasPrevious()) {
            System.out.println(it.previous());
        }
    }

    public static <T> void printVector(Vector<T> s) {
        Enumeration<T> em = s.elements();
        while (em.hasMoreElements()) {
            System.out.println(em.nextElement());
        }
    }

    public static <T> void printAllGetByIndex(List<T> s) {
```

```
        int size = s.size();
        for (int i = 0; i < size; i++) {
            System.out.println(s.get(i));
        }
    }
}
```

程序中，对 Collection 使用了 Iterator，对 List 使用 ListIterator，对 Vector 使用了 Enumeration。由于 Vector 实现了以上几种接口，所以可以用多种方法进行元素的列举。

7.4.4 集合与增强的 for 语句

在集合中使用列举器时，程序书写比较冗长：

```
for (Iterator i = album.iterator(); i.hasNext(); ) {
    Photo photo = (Photo) i.next();
    System.out.println(photo.toString());
}
```

在 Java 5 中，对于 for 语句进行了增强，它在 for 语句中使用一个类名、一个变量名、一个冒号及一个集合名来代表对集合中对象的列举。例如：

```
for (Photo photo : album) {
    System.out.println(photo.toString());
}
```

这里可以将冒号理解为对象在集合之中。可见，增强的 for 语句用起来方便多了。

下面是一个完整的示例，其中将 Photo 对象放入一个集合中，并使用了增强的 for 语句。

【例 7-19】 TestGenericAndFor.java 使用泛型及增强的 for 语句。

```java
import java.util.*;

class TestGenericAndFor {
    public static void main(String[] args) {
        List<Picture> album = new ArrayList<>();            // 使用泛型
        album.add(new Picture("one", new Date(), "在海边"));
        album.add(new Picture("two", new Date(), "在山顶"));
        album.add(new Picture("three", new Date(), "在旷野"));
        for (int i = 0; i < album.size(); i++) {            // 普通的 for 语句
            Picture picture = album.get(i);
            System.out.println(picture);
        }
        for (Picture picture : album) {                     // 使用增强的 for 语句
            System.out.println(picture);
        }
    }
}

class Picture {
    String title;
    Date date;
    String memo;

    Picture(String title, Date date, String memo) {
        this.title = title;
        this.date = date;
        this.memo = memo;
    }
```

```
        @Override
        public String toString() {
            return title + "(" + date + ")" + memo;
        }
    }
```

7.5 排序与查找

排序是将一个数据序列中的各个数据元素根据某种大小规则进行从大到小（称为降序）或从小到大（称为升序）排列的过程。查找则是从一个数据序列中找到某个元素的过程。考虑到执行的效率，人们提出了很多排序算法及查找算法。本节先介绍 JDK 中已经实现的排序及查找的 Arrays 类和 Collections 类，然后介绍几种自行编写的排序及查找程序。

7.5.1 使用 Arrays 类

java.util.Arrays 类是用于对数组进行排序和搜索的工具类。Arrays 类为所有基本数据类型的数组提供了 sort() 和 binarySearch() 方法，分别用于排序和二分法搜索。

【例 7-20】 TestArraysSort.java 使用 Arrays 的 sort()。

```java
import java.util.*;

public class TestArraysSort {
    static Random r = new Random();
    static String ssource = "ABCDEFGHIJKLMNOPQRSTUVWXYZ0123456789";
    static char[] src = ssource.toCharArray();

    static String randString(int length) {
        char[] buf = new char[length];
        for (int i = 0; i < length; i++) {
            int rnd = Math.abs(r.nextInt()) % src.length;
            buf[i] = src[rnd];
        }
        return new String(buf);
    }

    static String[] randStrings(int length, int size) {
        String[] s = new String[size];
        for (int i = 0; i < size; i++) {
            s[i] = randString(length);
        }
        return s;
    }

    public static void print(String[] s) {
        for (int i = 0; i < s.length; i++) {
            System.out.print(s[i] + " ");
        }
        System.out.println();
    }

    public static void main(String[] args) {
        String[] s = randStrings(4, 10);
        print(s);
        Arrays.sort(s);
        print(s);
        int loc = Arrays.binarySearch(s, s[2]);
```

```
            System.out.println("Location of " + s[2] + " is " + loc);
        }
    }
```

运行结果如下：

```
UQYB 9PMJ EA7M JRK6 O7T9 18R5 VMZA 8XJ7 QVRN XHYB
18R5 8XJ7 9PMJ EA7M JRK6 O7T9 QVRN UQYB VMZA XHYB
Location of 9PMJ is 2
```

程序中包含了用于产生随机字符串对象的函数，randString()返回一个任意长度的字符串，readStrings()创建随机字符串的一个数组。print()方法用来显示数组。针对数组，sort()进行排序，而binarySearch()进行二分法查找。

注意：

在执行binarySearch()之前需要先调用sort()进行排序，否则便会发生不可预测的行为，甚至可能无限循环。

7.5.2 使用Collections类

java.util.Collections类是一个针对Collection（特别是List）具有排序、查找、反序等功能的工具类。关于查找、排序的方法有以下几种。

- public static void sort(List list)。
- public static void sort(List list, Comparator c)。
- public static int binarySearch(List list, Object key)。
- public static int binarySearch(List list, Object key, Comparator c)。

这几个方法均为static方法，并且支持泛型。sort为排序，binarySearch为二分法查找。参数的含义如下。

- list：要进行查找、排序的List。对于binarySearch要求list已排好序。
- key：要查找的对象。
- Comparator c：比较器。

在使用时要注意，在排序和查找时，大小关系的规则是靠以下两种方法之一来提供的。

(1) 若不提供Comparator，则List中的对象必须实现java.lang.Comparable接口，Comparable接口只有一个方法：int compareTo(Object obj)。它根据大小关系返回正数、0、负数；若比obj大，返回正数；若相等，返回0；若比obj小，返回负数。

(2) 提供Comparator。其java.util.Comparator有两个方法。

- int compare(Object o1, Object o2)：根据大小关系返回正数、0、负数。若o1<o2，则返回负数；若o1与o2相等，则返回0；若o1>o2，则返回正数。
- boolean equals(Object obj)：判断是否相等。

【例7-21】TestCollectionsSort.java 排序。

```
import java.util.*;

class TestCollectionsSort {
    public static void main(String[] args) {
        List<Person> school = new ArrayList<>();
        school.add(new Person("Li", 23));
```

```java
        school.add(new Person("Wang", 28));
        school.add(new Person("Zhang", 21));
        school.add(new Person("Tang", 19));
        school.add(new Person("Chen", 22));
        school.add(new Person("Zhao", 22));
        System.out.println(school);

        // 按年龄及姓名排序
        Collections.sort(school, new PersonComparator());
        System.out.println(school);

        int index = Collections.binarySearch(
                school, new Person("Li", 23), new PersonComparator());
        if (index >= 0) {
            System.out.println("Found:" + school.get(index));
        } else {
            System.out.println("Not Found!");
        }

        // 按姓名排序,使用 lambda 表达式
        Collections.sort(school, (p1, p2) -> p1.name.compareTo(p2.name));
        System.out.println(school);
    }
}

class Person {
    String name;
    int age;

    public Person(String name, int age) {
        this.name = name;
        this.age = age;
    }

    @Override
    public String toString() {
        return name + ":" + age;
    }
}

class PersonComparator implements Comparator<Person> {
    public int compare(Person p1, Person p2) {
        if (p1.age > p2.age)
            return 1;
        else if (p1.age < p2.age)
            return -1;
        return p1.name.compareTo(p2.name);
    }
}
```

在程序中,实现 Comparator 接口可以单独写一个类,不过,更简单的是使用 Lambda 表达式。程序的运行结果如下:

```
[Li:23, Wang:28, Zhang:21, Tang:19, Chen:22, Zhao:22]
[Tang:19, Zhang:21, Chen:22, Zhao:22, Li:23, Wang:28]
Found:Li:23
[Chen:22, Li:23, Tang:19, Wang:28, Zhang:21, Zhao:22]
```

7.5.3 编写排序程序

除了使用系统中的类进行排序,也可以自己编写排序程序。这里介绍几种简单的排序。

1. 冒泡排序

冒泡排序算法的基本思路是把当前数据序列中的各相邻数据两两比较，发现任何一对数据间不符合要求的升序或降序关系则立即调换它们的顺序，从而保证相邻数据间符合升序或降序的关系。以升序排序为例，经过从头至尾的一次两两比较和交换（称为"扫描"）之后，序列中最大的数据被排到序列的最后。这样，这个数据的位置就不需要再变动了，因此就可以不再考虑这个数据，而对序列中的其他数据重复两两比较和交换的操作。

第二次扫描之后会得到整个序列中次大的数据并将它排在最大数据的前面和其他所有数据的后面，这也是它的最后位置，尚未排序的数据又减少了一个，依次类推，每一轮扫描都将使一个数据就位并使未排序的数据数目减一，所以经过若干轮扫描之后，所有的数据都将就位，未排序数据数目为零，而整个冒泡排序就完成了。

【例 7-22】 **BubbleSort.java 冒泡法排序（从小到大）**。冒泡法排序对相邻的两个元素进行比较，并把小的元素交换到前面。

```java
public class BubbleSort {
    public static void main(String args[]) {
        int i, j;
        int a[] = { 30, 1, -9, 70, 25 };
        int n = a.length;
        for (i = 1; i < n; i++) {
            for (j = 0; j < n - i; j++) {
                if (a[j] > a[j + 1]) {
                    int t = a[j];
                    a[j] = a[j + 1];
                    a[j + 1] = t;
                }
            }
        }
        for (i = 0; i < n; i++) {
            System.out.println(a[i] + " ");
        }
    }
}
```

运行结果如下：

-9 1 25 30 70

2. 选择排序

选择排序的基本思想是从中选出最小值，将它放在前面第 0 位置；然后在剩下的数中选择最小值，将它放在前面第 1 位置，依次类推。

【例 7-23】 **SelectSort.java 选择法排序**。

```java
public class SelectSort {
    public static void main(String args[]) {
        int i, j;
        int a[] = { 30, 1, -9, 70, 25 };
        int n = a.length;
        for (i = 0; i < n - 1; i++) {
            int m = a[i];
            int p = i;
            for (j = i + 1; j < n; j++) {
                if (m > a[j]) {
                    m = a[j];
                    p = j;
```

```
                    }
                }
                if (p != i) {
                    int t = a[i];
                    a[i] = a[p];
                    a[p] = t;
                }
            }
            for (i = 0; i < n; i++) {
                System.out.print(a[i] + " ");
            }
        }
    }
```

运行结果如下:

-9 1 25 30 70

3. 快速排序

快速排序的效率最高,它是将要排序的数据分成两个部分,前一部分都比后一部分要小,然后递归地处理这两部分。其具体方法较复杂,读者可以参考数据结构方面的书籍,这里给出一个 Java 的程序实现。

【例 7-24】 QuickSortTest.java 快速排序。

```
import java.util.*;

interface ICompare<T> {
    boolean lessThan(T lhs, T rhs);

    boolean lessThanOrEqual(T lhs, T rhs);
}

class SortedList<T> extends ArrayList<T> {
    private ICompare<T> compare; // To hold the callback

    public SortedList(ICompare<T> comp) {
        compare = comp;
    }

    public void sort() {
        quickSort(0, size() - 1);
    }

    private void quickSort(int left, int right) {
        if (left >= right)
            return;

        T o1 = this.get(right);
        int i = left - 1;
        int j = right;
        while (true) {
            while (compare.lessThan(this.get(++i), o1))
                ;
            while (j > 0)
                if (compare.lessThanOrEqual(this.get(--j), o1))
                    break;
            if (i >= j)
                break;
            swap(i, j);
```

```java
            }
            swap(i, right);
            quickSort(left, i - 1);
            quickSort(i + 1, right);
        }

        private void swap(int loc1, int loc2) {
            T tmp = this.get(loc1);
            this.set(loc1, this.get(loc2));
            this.set(loc2, tmp);
        }
    }

    class QuickSort {
        static class StringCompare implements ICompare<String> {
            public boolean lessThan(String l, String r) {
                return l.compareToIgnoreCase(r) < 0;
            }

            public boolean lessThanOrEqual(String l, String r) {
                return l.compareToIgnoreCase(r) <= 0;
            }
        }

        public static void main(String[] args) {
            SortedList<String> list = new SortedList<>(new StringCompare());
            list.add("d");
            list.add("A");
            list.add("C");
            list.add("c");
            list.add("b");
            list.add("B");
            list.add("D");
            list.add("a");
            list.sort();
            for (String s : list) {
                System.out.print(s + "  ");
            }
        }
    }
```

程序运行结果如下：

A a b B c C d D

7.6 遍试、迭代、递归及回溯

本节介绍在程序设计中常用的几种算法，包括遍试、迭代、递归和回溯，这些算法属于"通用算法"，它们在解决许多问题中都有应用。

7.6.1 遍试

程序中有一类问题，就是求解满足某种条件的值。大多数问题的求解没有直接的计算公式，但如果在有限的范围内，可以对所有的值都进行试验和判断，从而找到满足条件的值。这种算法称为"遍试"或"穷举"。

【例7-25】 All_153.java 求三位的水仙花数。所谓三位的水仙花数是指这样的三位数：其各位数字的立方和等于其自身，如 $153=1^3+5^3+3^3$。

```java
public class All_153 {
    public static void main(String args[]) {
        for (int a = 1; a <= 9; a++) {
            for (int b = 0; b <= 9; b++) {
                for (int c = 0; c <= 9; c++) {
                    if (a * a * a + b * b * b + c * c * c == 100 * a + 10 * b + c) {
                        System.out.println(100 * a + 10 * b + c);
                    }
                }
            }
        }
    }
}
```

该例中，针对三个数字进行三重循环，如果相关的数满足条件则显示出来，结果如下：

```
153
370
371
407
```

【例7-26】 All_628.java 求 9999 以内的完全数。所谓完全数是指这样的自然数：它的各个约数（不包括该数自身）之和等于该数自身。例如 28=1+2+4+7+14 就是一个完全数。

```java
class All_628 {
    public static void main(String[] args) {
        for (int n = 1; n <= 9999; n++) {
            if (n == divsum(n)) {
                System.out.println(n);
            }
        }
    }

    public static int divsum(int n) {
        int s = 0;
        for (int i = 1; i < n; i++) {
            if (n % i == 0) {
                s += i;
            }
        }
        return s;
    }
}
```

在该例中，两次用到了"遍试"的方法。

在主程序中，为了找到满足条件的数，对 1~9999 之间的所有数都进行试验和判断，看它是否等于其约数和，若相等，则显示出来。

在求约数和的函数 divsum 中，事先不知道谁是约数，于是从 1 到 n-1 都进行判断，检验其是否满足条件 n%i==0；若满足，则说明它是约数，将它加入总和中。

运行结果如下：

```
6
28
496
8128
```

【例7-27】**All_220. java** 求 **9999** 以内的"相亲数"。所谓相亲数是指这样的一对数：甲数的约数之和等于乙数，而乙数的约数之和等于甲数。

```java
class All_220 {
    public static void main(String[] args) {
        for (int n = 1; n <= 9999; n++) {
            int s = divsum(n);
            if (n > s && divsum(s) == n) {
                System.out.println(n + "," + s);
            }
        }
    }

    public static int divsum(int n) {
        int s = 0;
        for (int i = 1; i < n; i++) {
            if (n % i == 0) {
                s += i;
            }
        }
        return s;
    }
}
```

运行结果如下：

```
284, 220
1210, 1184
2924, 2620
5564, 5020
6368, 6232
```

7.6.2 迭代

迭代也是程序设计中的常用算法。迭代，实际上是多次利用同一公式进行计算，每次将计算的结果再代入公式进行计算。迭代在数值计算、分形理论及计算机艺术等领域都有广泛的用途。本节通过实例介绍这种算法。

【例7-28】**Sqrt. java** 自编一个函数求平方根。

```java
public class Sqrt {
    public static void main(String args[]) {
        System.out.println("该算法得到的值是：" + sqrt(9.0));
        System.out.println("系统中得到的值是：" + Math.sqrt(9.0));
    }

    static double sqrt(double a) {
        double x = 1.0;
        do {
            x = (x + a / x) / 2;
            System.out.println(x + " 与 " + a / x + "之间");
        } while (Math.abs(x * x - a) / a > 1e-6);
        return x;
    }
}
```

上述算法的直观解释是取 $1 \sim a$ 之间的一个值（这里取1）作为 x，然后求 x 与 a/x 之间的算术平均值作为新的 x。由于平方根总位于 x 与 a/x 之间，这样多次迭代运算就可以逼近平方根，运行结果如下：

5.0 与 1.8 之间
3.4 与 2.6470588235294117 之间
3.023529411764706 与 2.9766536964980546 之间
3.00009155413138 与 2.9999084486625875 之间
3.000000001396984 与 2.999999998603016 之间
该算法得到的值是：3.000000001396984
系统中得到的值是：3.0

事实上，上述方法是求方程 $x^2-a=0$ 的根的方法。这是牛顿迭代法的一个具体应用。设方程 $f(x)=0$。已知在根附近的值 x_0，可以用以下迭代公式来逼近真实的根：

$$x_{n+1}=x_n-f(x_n)/f'(x_n)$$

其几何意义如图 7-3 所示，x_{n+1} 比 x_n 更接近方程的根。

【例 7-29】**Julia.java** 利用迭代公式求 **Julia** 集。**Julia** 集是分形理论中的一种基本图形，如图 7-4 所示。

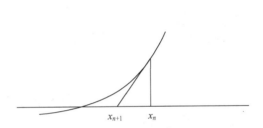

图 7-3 牛顿迭代法求方程的根

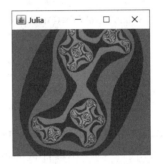

图 7-4 Julia 集

```
import java.awt.*;
import javax.swing.*;

class Julia extends JFrame {
    public static void main(String[] args) {
        Julia frm = new Julia();
        frm.drawJulia();
    }

    private Graphics graphics;
    private int width;
    private int height;

    public Julia() {
        super("Julia");
        this.setSize(300, 300);
        this.setDefaultCloseOperation(EXIT_ON_CLOSE);
        this.setVisible(true);
        graphics = this.getGraphics();
        width = this.getSize().width;
        height = this.getSize().height;
    }

    public void drawJulia() {
        // Scale (-1.5, 1.5)-(1.5, -1.5)

        final double a = 0.5;      // c=a+bi 为 Julia 集的参数
        final double b = 0.55;
```

```
                for (double x0 = -1.5; x0 < 1.5; x0 += 0.01)
                    for (double y0 = -1.5; y0 < 1.5; y0 += 0.01) {
                        double x = x0, y = y0;
                        int n;
                        for (n = 1; n < 100; n++) {
                            double x2 = x * x - y * y + a;
                            double y2 = 2 * x * y + b;
                            x = x2;
                            y = y2;
                            if (x * x + y * y > 4) {
                                break;
                            }
                        }
                        pSet(x0, y0, n);    // 按 n 值来将(x,y)点进行着色
                    }
            }

            public void pSet(double x, double y, int n) {
                graphics.setColor(new Color(n * 0xff8855));
                graphics.drawLine((int) (x * width / 3 + width / 2),
                    (int) (y * height / 3 + height / 2),
                    (int) (x * width / 3 + width / 2),
                    (int) (y * height / 3 + height / 2));
            }
        }
```

程序中的计算过程是，一个复数 $z=x+yi$，让它求平方，并加上 $a+bi$ 得到新的复数 z，反复计算，直到 $|z|>2$，根据计算的次数 n 来画出不同颜色的点。

7.6.3 递归

简单地说，递归（recursive）就是一个过程调用过程本身。在递归调用中，一个过程执行的某一步要用到它自身的上一步（或上几步）的结果。

递归是常用的编程技术，其基本形式就是"自己调用自己"，一个使用递归技术的方法即是直接或间接地调用自身的方法。递归方法实际上体现了"依次类推""分而治之"的思想。递归调用在完成阶乘运算、级数运算、幂指数运算等方面特别有效。

递归方法解决问题时划分为两个步骤：首先是求得范围缩小的同性质问题的结果，然后利用这个已得到的结果和一个简单的操作求得问题的最后解答。这样一个问题的解答将依赖于一个同性质问题的解答，而解答这个同性质的问题实际就是用不同的参数（体现范围缩小）来调用递归方法自身。

在执行递归操作时，Java 把递归过程中的信息保存在栈中。如果无限循环地递归，或者递归次数太多，则产生"栈溢出"错误。

【例 7-30】Fac.java 用递归方法求阶乘。利用的公式是 $n! = n \times (n-1)!$。该公式将 n 的阶乘归结到 $(n-1)$ 的阶乘。

```
public class Fac {
    public static void main(String args[]) {
        System.out.println("Factorial of 5 is " + fac(5));
    }

    static long fac(int n) {
        if (n == 0) {
            return 1;
```

```
            return fac( n - 1 ) * n;
        }
    }
```

运行结果如下:

Factorial of 5 is 120

【例7-31】 Fibonacci. java 求斐波那契（Fibonacci）数列的第 10 项。已知该数列的前两项都为 1，即 $F(1)=1$，$F(2)=1$；而后面各项满足：$F(n)=F(n-1)+F(n-2)$。

```
public class Fibonacci {
    public static void main( String args[ ] ) {
        for ( int i = 0; i < 10; i++) {
            System. out. print( fib( i ) + " , " );
        }
    }

    static long fib( int n ) {
        if ( n == 0 || n == 1 ) {
            return 1;
        }
        return fib( n - 1 ) + fib( n - 2 );
    }
}
```

以上方法是用递归方法来实现的，可以看出，用递归方法，程序结构简单、清晰。程序运行结果下：

1, 1, 2, 3, 5, 8, 13, 21, 34, 55,

【例7-32】 VonKoch. java 画 Von_Koch 曲线。该曲线可用递归方法画出，如图 7-5 所示。

```
import java. awt. * ;
import javax. swing. * ;

public class VonKoch extends JFrame {
    public static void main( String[ ] args ) {
        VonKoch p = new VonKoch( );
        p. drawVonKoch( 8, p. width );
    }

    private Graphics graphics;
    private int width;
    private int height;
    private double th, curx, cury;
    private final double PI = Math. PI;
    private final double m = 2 * ( 1 + Math. cos( 85 * PI / 180 ) );

    public VonKoch( ) {
        super( "VonKoch" );
        this. setSize( 400, 200 );
        this. setBackground( Color. lightGray );
        this. setVisible( true );

        graphics = this. getGraphics( );
        width = this. getSize( ). width;
        height = this. getSize( ). height;
    }

    void drawVonKoch( int n, double d ) {
```

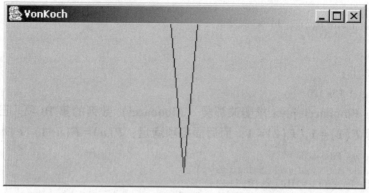

(a) $n=1$

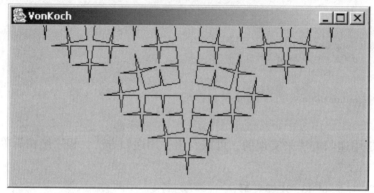

(b) $n=4$

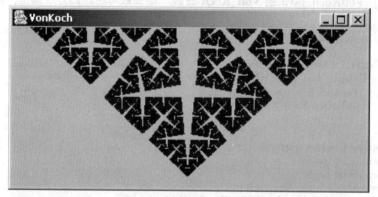

(c) $n=8$

图 7-5 Von_Koch 曲线

```
if (n == 0) {
    double x = curx + d * Math.cos(th * PI / 180);
    double y = cury + d * Math.sin(th * PI / 180);
    drawLineTo(x, y);
    return;
}
drawVonKoch(n - 1, d / m);
th = th + 85;
drawVonKoch(n - 1, d / m);
th = th - 170;
drawVonKoch(n - 1, d / m);
```

```
                th = th + 85;
                drawVonKoch(n - 1, d / m);
        }

        void drawLineTo(double x, double y) {
            graphics.drawLine((int) curx, (int) cury, (int) x, (int) y);
            curx = x;
            cury = y;
        }
    }
```

在 Von_Koch 曲线中,为了从一点走到另一点,要递归地走四段方向不同的路程。

【例 7-33】 CayleyTree.java 用计算机生成凯莱树。它由 Y 型树多次递归生成,如图 7-6 所示。

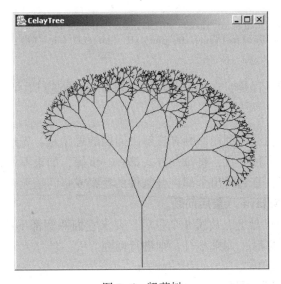

图 7-6 凯莱树

```
import java.awt.*;
import javax.swing.*;

public class CayleyTree extends JFrame {
    public static void main(String[] args) {
        CayleyTree frm = new CayleyTree();
        SwingUtilities.invokeLater(() -> {
            frm.drawTree(10, 200, 400, 100, -Math.PI / 2);
        });
    }

    private Graphics graphics;

    private final double PI = Math.PI;
    private final double th1 = 30 * PI / 180;
    private final double th2 = 20 * PI / 180;
    private final double per1 = 0.6;
    private final double per2 = 0.7;

    public CayleyTree() {
        super("CayleyTree");
        setSize(400, 440);
```

```
            setBackground(Color.lightGray);
            setDefaultCloseOperation(EXIT_ON_CLOSE);
            setVisible(true);
            graphics = this.getGraphics();
        }

        void drawTree(int n, double x0, double y0, double leng, double th) {
            if (n == 0)
                return;
            double x1 = x0 + leng * Math.cos(th);
            double y1 = y0 + leng * Math.sin(th);
            drawLine(x0, y0, x1, y1);
            drawTree(n - 1, x1, y1, per1 * leng, th + th1);
            drawTree(n - 1, x1, y1, per2 * leng, th - th2);
        }

        void drawLine(double x0, double y0, double x1, double y1) {
            graphics.drawLine((int) x0, (int) y0, (int) x1, (int) y1);
        }
    }
```

程序中画一棵树的过程是：先画一条画线（树干），再递归地画两棵子树。

7.6.4 回溯

回溯法也叫试探回溯法，利用回溯算法解决问题的思路是：先选择某一可能的线索进行试探，每一步试探都有多种方式，将每一方式都一一试探，如果不符合条件就返回纠正，反复进行这种试探和纠正，直到得出全部符合条件的答案或是问题无解为止。

【例7-34】Queen8.java 八皇后问题。

求出在一个8×8的棋盘上，放置8个皇后，要求它们两两都不能在纵横和两条斜线上。程序中试探地多放一个皇后，如果不行，则进行回溯。

```
class Queen8 {
    public static void main(String[] args) {
        new Queen8().solve();
    }

    private static final int N = 8;
    private int[] y;                    // 记录每列上的皇后放的位置
    int count = 0;                      // 解的个数

    public void solve() {
        count = 0;
        y = new int[N + 1];             // 初始化数组
        int x = 1;

        while (x > 0) {
            y[x]++;                     // 为当前 x 位置找一个皇后的位置
            while ((y[x] <= N) && (!check(x))) {
                y[x]++;                 // 找到合适的皇后
            }
            if (y[x] <= N) {            // 找到一个可以放置第 x 个皇后的位置,到该步为止,所求部分解都满足要求
                if (x == N) {           // 找到一个完整的放置方案
                    count++;
                    print();
                } else {
```

```java
                    x++;           // 继续寻找下一个皇后的位置,还没找到完整解决方案
                }
            } else {   // 未找到可以放置第 x 个皇后的位置,到该步为止,已经知道不满足要求
                y[x] = 0;         // 因为要回溯,下一次是寻找第 x-1 个皇后的位置,
                                  // 在下一次确定 x-1 的位置之后,第 x 个皇后的开始搜索的位置要重置
                x--;              // 回溯
            }
        }
    }
    private boolean check(int k) {   // 测试合法性
        for (int j = 1; j < k; j++) {
            if ((Math.abs(k - j) == Math.abs(y[j] - y[k])) || (y[j] == y[k])) {
                return false;
            }
        }
        return true;
    }
    private void print() {           // 显示
        System.out.println(count);
        for (int i = 1; i <= N; i++) {
            for (int j = 1; j <= N; j++) {
                if (j == y[i]) {
                    System.out.print("x");   // 如果该位置放了皇后则显示 x
                } else {
                    System.out.print("o");
                }
            }
            System.out.println();
        }
    }
}
```

习题

1. 在 Java 系统类中,Object 类有什么特殊之处?它在什么情况下使用?
2. 数据类型包装类与基本数据类型有什么关系?
3. Math 类用来实现什么功能?设 x、y 是整型变量,d 是双精度型变量,试书写表达式完成下面的操作:
    (1) 求 x 的 y 次方;
    (2) 求 x 和 y 的最小值;
    (3) 求 d 取整后的结果;
    (4) 求 d 的四舍五入后的结果;
    (5) 求 atan(d) 的数值。
4. Math.random() 方法用来实现什么功能?下面的语句起到什么作用?
    (int)(Math.random() * 6)+1
5. 编程生成 100 个 1~6 之间的随机数,统计 1~6 之间的每个数出现的概率;修改程序,使之生成 1000 个随机数并统计概率;比较不同的结果并给出结论。
6. 什么是字符串?Java 中的字符串分为哪两类?

7. 编写程序，接受用户输入的一个字符串和一个字符，把字符串中所有指定的字符删除后输出。
8. 编程判断一个字符串是否是回文。
9. String 类的 concat( ) 方法与 StringBuilder 类的 append( ) 方法都可以连接两个字符串，它们之间有何不同？
10. Java 中有几种常用的集合类及其区别如何？怎样获取集合中的各个元素？
11. 队列和堆栈各有什么特点？
12. 列表与数组有何不同？它们分别适合于什么场合？
13. 使用泛型及增强的 for 语句来列举列表中的元素。
14. 你了解几种排序算法？它们各自有什么优缺点？分别适合在什么情况下使用？
15. 求解"鸡兔同笼问题"：鸡和兔在一个笼里，共有腿 100 条，头 40 个，问鸡兔各有几只。
16. 求解"百鸡问题"。已知公鸡每只 3 元，母鸡每只 5 元，每 3 只小鸡 1 元。用 100 元钱买 100 只鸡，问每种鸡应各买多少。
17. 求四位的水仙花数。即满足这样条件的四位数：各位数字的 4 次方和等于该数自身。
18. 求 1000 以内的"相亲数"。所谓相亲数是指这样的一对数：甲数的约数之和等于乙数，而乙数的约数之和等于甲数。
19. "哥德巴赫猜想"指出，每个大于 6 的偶数，都可以表示为两个素数的和。试用程序将 6~100 内的所有偶数都表示为两个素数的和。
20. 斐波那契（Fibonacci）数列的第一项是 0，第二项是 1，以后各项都是前两项的和，试用递归算法和非递归算法各编写一个程序，求斐波那契数列第 N 项的值。
21. 用迭代法编写程序用于求解立方根。
22. 用迭代法编写程序用于求解以下方程：
$$x^2+\sin x-1.0=0$$
在 -1 附近的一个根。
23. 作出对应于不同 c 值的 Julia 集的图。
$$c=-1+0.005i$$
$$c=-0.2+0.75i$$
$$c=0.25+0.52i$$
$$c=0.5+0.55i$$
24. 求"配尔不定方程"的最小正整数解：
$$x^2-Dy^2=1$$
其中，D 为某个给定的常数。令 $D=92$，求其解。再令 $D=29$，求其解。这里假定已知其解都在 10 000 以内。
25. 从键盘上输入 10 个整数，并放入一个一维数组中，然后将其前 5 个元素与后 5 个元素对换，即：第 1 个元素与第 10 个元素互换，第 2 个元素与第 9 个元素互换，…，第 5 个元素与第 6 个元素互换。分别输出数组原来各元素的值和对换后各元素的值。
26. 有一个 $n\times m$ 的矩阵，编写程序，找出其中最大的那个元素所在的行和列，并输出其值及行号和列号。
27. 什么是递归方法？递归方法有哪两个基本要素？编写一个递归程序求一个一维数组所有元素的乘积。

第 8 章 线　　程

Java 语言的最大特色之一，就是在语言的级别支持多线程，并且支持并行计算，本章介绍多线程机制及其应用。

8.1　线程的创建与运行

8.1.1　Java 中的线程

1. 程序、进程与线程

程序是一段静态的代码，它是应用软件执行的蓝本。

进程是程序的一次动态执行过程，它对应从代码加载、执行到执行完毕的一个完整过程，这个过程也是进程本身从产生、发展到消亡的过程。作为执行蓝本的同一段程序，可以被多次加载到系统的不同内存区域分别执行，形成不同的进程。

线程是比进程更小的执行单位。一个进程在其执行过程中，可以产生多个线程，形成多条执行线索。每条线索，即每个线程也有它自身的产生、存在和消亡的过程，也是一个动态的概念。每个进程都有一段专用的内存区域。与此不同的是，线程间可以共享相同的内存单元，并利用这些共享单元来实现数据交换与必要的同步操作。

2. Thread 类及 Runnable 接口

可以将一个线程理解成以下三个部分的组合，如图 8-1 所示。

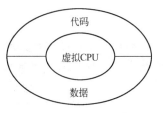

图 8-1　线程的构成

（1）CPU：虚拟的 CPU，专门用于执行该线程的任务。

（2）Code：代码，即线程中要执行的指令，在程序中表现为特定的方法。

（3）Data：数据，即线程中要处理的数据，在程序中表现为变量。

在 Java 中，由 java.lang.Thread 类来实现线程，其中：虚拟的 CPU，由 java.lang.Thread 类封装和虚拟；CPU 所执行的代码，在构造 Thread 类时，传递给 Thread 类对象。CPU 所处理的数据，在构造 Thread 类时，传递给 Thread 类对象。

为了构造一个 Thread 类，可以向 Thread 的构造函数传递一个 Runnable 对象，这个对象就是线程所需要的代码和数据的封装。

Runnable 对象是指实现了 java.lang.Runnable 接口的任何对象，Runnable 接口只有一个方法 public void run()，这个方法实际上就是线程所要执行的代码。

要启动线程中的代码，只需要执行 Thread 类的 start() 方法，则系统会在可能的情况下去执行 run() 方法中所规定的代码。

8.1.2 创建线程对象

创建线程对象,要告诉线程所要执行的代码,即 run( )方法。创建线程的简单方式有两种:一是通过继承 Thread 类,一是向 Thread 类传递一个 Runnable 对象。

1. 通过继承 Thread 类创建线程

从 Thread 派生出一个新类,在其中加入属性及方法,同时覆盖 run( )方法。当创建这样一个派生类的新对象后,使用 start( )方法,即可启动该线程。

【例 8-1】 TestThread1. java 简单的线程。

```java
public class TestThread1 {
    public static void main(String args[ ]) {
        Thread t = new MyThread(25);
        t.start();
        Thread t2 = new MyThread(26);
        t2.start();
    }
}

class MyThread extends Thread {
    private int n;
    public MyThread(int n) {
        this.n = n;
    }
    public void run() {
        for (int i = 0; i < n; i++) {
            System.out.print(" " + i);
        }
    }
}
```

在程序中通过继承,定义了 MyThread 类。用 new 创建了一个线程实例,用 start( )方法进行启动。程序运行结果如下:

0 1 2 3 0 1 2 3 4 5 6 7 8 9 10 11 12 13 14 15 4 5 6 7 8 9 10 11 12 13 14 15 16 17 18 19 20 21 22 23 24 16 17 18 19 20 21 22 23 24 25

从运行结果可以看出,这两个线程在"同时"运行,它们的输出可能是交织在一起的。

2. 通过向 Thread( )构造方法传递 Runnable 对象来创建线程

通过向 Thread( )构造方法传递 Runnable 对象来创建线程,是第二种方法。

【例 8-2】 TestThread2. java 实现 Runnable。

```java
public class TestThread2 {
    public static void main(String args[ ]) {
        MyTask mytask = new MyTask(10);
        Thread thread = new Thread(mytask);
        thread.start();

        for (int i = 0; i < 6; i++) {
            System.out.println("Main Thread -- " + i);
            try {
                Thread.sleep(500);
            } catch (InterruptedException e) {
            }
        }
    }
}
```

```
        }
    }
    class MyTask implements Runnable {
        private int n;

        public MyTask(int n) {
            this.n = n;
        }

        public void run() {
            for (int i = 0; i < n; i++) {
                System.out.println("Sub Thread -- " + i);
                try {
                    Thread.sleep(300);
                } catch (InterruptedException e) {
                }
            }
        }
    }
```

运行结果如下：

```
Main Thread -- 0
Sub Thread -- 0
Sub Thread -- 1
Main Thread -- 1
Sub Thread -- 2
Sub Thread -- 3
Main Thread -- 2
Sub Thread -- 4
Main Thread -- 3
Sub Thread -- 5
Sub Thread -- 6
Main Thread -- 4
Sub Thread -- 7
Sub Thread -- 8
Main Thread -- 5
Sub Thread -- 9
```

该程序定义了一个类 MyTask，它实现了 Runnable 接口，也就是说，它含有 public void run( )方法。在创建线程时，先创建一个 MyTask 对象，再将此对象作为 Thread 构造方法的参数。程序运行时，主线程（main( )函数所在的线程）与子线程也是"同时"执行的，其输出也是交错在一起的。

注意：

（1）run( )方法规定了线程要执行的任务，但一般不是直接调用 run( )方法，而是通过线程的 start( )来启动线程。

（2）程序中调用了 Thread 类的一个 static 方法：sleep( )，它表示线程等待（休眠）一定的时间（单位为毫秒），但休眠用的时间一般不会严格等于所给定的时间。休眠过程中，可能会被其他线程中断，所以要求捕获 InterruptedException 异常。

3. 使用 Callable 接口

上面两种方式都有一个缺点，就是在执行完任务之后无法获取执行结果。如果需要获取执行结果,就必须通过共享变量或者使用线程通信的方式来达到效果,这样使用起来就比较麻烦。不过从 Java 5 开始,就提供了 Callable 和 Future 接口,通过它们可以在任务执行完毕之后得到任务执行结果。

java.util.concurrent.Callable<T>接口中的 call( )方法表示要执行的任务,它返回的结果是类型为 T 的值。Future 接口表示异步任务,用于获取结果。

一般情况下是配合 ExecutorService 来使用的,在 ExecutorService 接口中可以用 submit 方法:

    <T> Future<T> submit(Callable<T> task);

它提交一个 Callable 对象,得到一个 Future 对象。

Future 对象可以用 get( )方法来获得结果,用 isDone( )方法来判断是否完成,用 cancel( )方法来取消任务的执行。

一般使用系统提供的 Executors 工具可以得到 ExecutorService 对象:

    ExecutorService executor = Executors.newFixedThreadPool(2);

它创建线程池并返回 ExecutorService 实例。

【例 8-3】 TestCallable.java 使用 Callable 与 Future 接口。

```java
import java.util.concurrent.*;

public class TestCallable {
    public static void main(String args[]) {
        ExecutorService pool = Executors.newFixedThreadPool(2);
        Future<Long> future1 = pool.submit(new MyCallableTask(20));
        Future<Long> future2 = pool.submit(new MyCallableTask(10));

        long factorial1 = 0;
        long factorial2 = 0;

        while (factorial1 == 0 || factorial2 == 0) {
            System.out.print(".");
            try {
                if (future1.isDone() && factorial1 == 0) {
                    factorial1 = future1.get();
                    System.out.print(" " + factorial1);
                }
                if (future2.isDone() && factorial2 == 0) {
                    factorial2 = future2.get();
                    System.out.print(" " + factorial2);
                }
            } catch (InterruptedException | ExecutionException e) {
            }
        }
    }
}

class MyCallableTask implements Callable<Long> {
    private int n;

    public MyCallableTask(int n) {
        this.n = n;
    }

    public Long call() {
        long factorial = 1;
```

```
            for (int i = 1; i <= n; i++) {
                factorial *= i;
            }
            return factorial;
        }
    }
```

程序中在 Callable 接口的 call( )方法中计算阶乘，而 Future 接口的 get( )方法取得结果。运行结果如下：

  . 2432902008176640000 3628800

4. 三种方法的比较

直接继承 Thread 类，这种方法的特点是：编写简单，可以直接操纵线程；但缺点也是明显的，因为若继承 Thread 类，就不能再从其他类继承。

使用 Runnable 接口，这种方法的特点是：可以将 Thread 类与所要处理的任务的类分开，形成清晰的模型；还可以从其他类继承。

另外，若直接继承 Thread 类，在类中 this 即指当前线程；若使用 Runnable 接口，要在类中获得当前线程，必须使用 Thread.currentThread( )方法。

使用 Callable 接口，这种方法的特点是：可以配合 Future 接口方便地取得结果。

5. 使用匿名类及 Lambda 表达式

在书写线程时，可以实现匿名类。同时，由于 Runnable、Callable 接口是函数式接口（只含一个抽象方法），所以可以写成 Lambda 表达式。

【例 8-4】TestThread4Anonymous.java 使用匿名类及 Lambda 表达式。

```
public class TestThread4Anonymous {
    public static void main(String args[]) {
        new Thread() {
            public void run() {
                for (int i = 0; i < 10; i += 2) {
                    System.out.println(i);
                }
            }
        }.start();

        new Thread(() -> {
            for (int i = 1; i < 10; i += 2) {
                System.out.println(i);
            }
        }).start();
    }
}
```

8.1.3 多线程

一个程序中可以有多个线程，多个线程可以同时运行。多个线程中可以共享代码及数据。例如在例 8-5 中，共建了 7 个线程，前 6 个线程共享相同的代码，其中 t1、t2、t3 共享了对象 c1，t4、t5、t6 共享了对象 c2；程序中还建立了另一个线程，该线程无穷循环地显示当前的时间。其中，使用了 SimpleDateFormat 类及 Date 类来获得时间。从该程序中可以看出几个线程同时运行的情况。

【例 8-5】TestThread3.java 多线程。

```
import java.util.*;
```

```java
import java.text.*;

public class TestThread3 {
    public static void main(String args[]) {
        Counting c1 = new Counting(1);
        Thread t1 = new Thread(c1);
        Thread t2 = new Thread(c1);
        Thread t3 = new Thread(c1);
        Counting c2 = new Counting(2);
        Thread t4 = new Thread(c2);
        Thread t5 = new Thread(c2);
        Thread t6 = new Thread(c2);
        DateDisplay timer = new DateDisplay();
        Thread t7 = new Thread(timer);
        t1.start();
        t2.start();
        t3.start();
        t4.start();
        t5.start();
        t6.start();
        t7.start();
    }
}

class Counting implements Runnable {
    int id;

    Counting(int id) {
        this.id = id;
    }

    public void run() {
        int i = 0;
        while (i++ <= 10) {
            System.out.println("ID: " + id + "   No. " + i);
            try {
                Thread.sleep(10);
            } catch (InterruptedException e) {
            }
        }
    }
}

class DateDisplay implements Runnable {
    public void run() {
        int i = 0;
        while (i++ <= 3) {
            System.out.println(new SimpleDateFormat().format(new Date()));
            try {
                Thread.sleep(40);
            } catch (InterruptedException e) {
            }
        }
    }
}
```

程序运行结果的片断如下:

    ID: 1   No. 9
    ID: 2   No. 9

20-11-28 下午 10:38
ID: 2   No. 10
ID: 2   No. 10

8.1.4 使用 Timer 类

在程序中，经常有一类任务是需要每隔一定时间就重复执行的，这个任务可以用线程来实现。不过，Java 5 以上的版本中提供了一个实用类 java.util.Timer 来完成这类任务。

Timer 类的常用的构造方法如下：

```
Timer timer = new Timer("名字");
```

Timer 类可以用以下方法来实现任务的调度：

```
schedule(TimerTask task, long delay, long period);
```

其中，TimerTask 是表示所要重复执行的任务，在实际使用时要继承抽象类 TimerTask 并实现其中的 run 方法；delay 表示第一次执行以前要等待的时间（ms）；period 是每两次执行的时间间隔（ms）。

【例 8-6】TimerTest.java 使用 Timer 来重复执行任务。

```java
import java.util.Date;
import java.util.Timer;
import java.util.TimerTask;

class TimerTest {
    public static void main(String[] args) {
        Timer timer = new Timer();
        TimerTask task = new MyTimerTask();
        timer.schedule(task, 1000, 1000);
    }
}

class MyTimerTask extends TimerTask {
    int n = 0;

    public void run() {
        n++;
        System.out.print(new Date());
        System.out.println("---" + n);
    }
}
```

8.1.5 应用举例

下面举一个实际运用的例子。程序中有多个线程，每个线程在不同的时间在不同的地方画一些图形。

【例 8-7】ThreadDraw.java 多线程绘图。

```java
import java.awt.*;
import javax.swing.*;

public class ThreadDraw extends JFrame {
    MovingShape[] shapes;

    public ThreadDraw() {
        setSize(426, 266);
        setDefaultCloseOperation(EXIT_ON_CLOSE);
```

```java
        setVisible(true);

        shapes = new MovingShape[10];
        for (int i = 0; i < shapes.length; i++) {
            shapes[i] = new MovingShape(this);
            shapes[i].start();
        }
    }

    public static void main(String[] args) {
        SwingUtilities.invokeLater(() -> {
            new ThreadDraw();
        });
    }
}

class MovingShape extends Thread {
    private int size = 100;
    private int speed = 10;
    private Color color;
    private int type;
    private int x, y, w, h, dx, dy;
    protected JFrame app;

    public boolean stopped;

    MovingShape(JFrame app) {
        this.app = app;
        x = (int)(Math.random() * app.getSize().width);
        y = (int)(Math.random() * app.getSize().height);
        w = (int)(Math.random() * size);
        w = (int)(Math.random() * size) + 2;
        h = (int)(Math.random() * size) + 2;
        dx = (int)(Math.random() * speed) + 2;
        dy = (int)(Math.random() * speed) + 2;
        color = new Color((int)(Math.random() * 128 + 128),
            (int)(Math.random() * 128 + 128),
            (int)(Math.random() * 128 + 128));
        type = (int)(Math.random() * 3);
    }

    public void run() {
        while (true) {
            if (stopped)
                break;

            // 线程中调用界面要用如下方式
            SwingUtilities.invokeLater(() -> {
                draw();
            });

            try {
                Thread.sleep(130);
            } catch (InterruptedException e) {
            }
        }
    }

    void draw() {
```

```
            x += dx;
            y += dy;
            if (x < 0 || x + w > app.getSize().width)
                dx = -dx;
            if (y < 0 || y + h > app.getSize().height)
                dy = -dy;

            Graphics g = app.getGraphics();
            switch (type) {
            case 0: // 矩形
                g.setColor(color);
                g.fillRect(x, y, w, h);
                g.setColor(Color.black);
                g.drawRect(x, y, w, h);
                break;
            case 1: // 椭圆形
                g.setColor(color);
                g.fillOval(x, y, w, h);
                g.setColor(Color.black);
                g.drawOval(x, y, w, h);
                break;
            case 2: // 圆角矩形
                g.setColor(color);
                g.fillRoundRect(x, y, w, h, w / 5, h / 5);
                g.setColor(Color.black);
                g.drawRoundRect(x, y, w, h, w / 5, h / 5);
                break;
            }
        }
    }
```

该程序中，每个线程进行自己的绘图任务，编程者不用去思考它们之间的调度问题，程序编写起来比较容易。程序运行结果如图 8-2 所示。

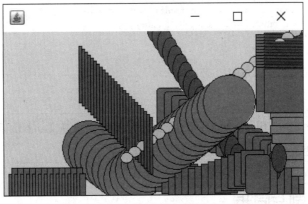

图 8-2 多线程绘图

要注意的是，在线程中（包括主线程及 MovingShape 线程）如果要操作图形用户界面，需要使用 SwingUtilities.invokeLater()来向界面线程发出操作请求，不能直接调用。

线程还经常用于那些需要等待的操作，比如下面这个例子，用多个线程同时下载多个网页，比顺序下载要节省时间（顺序下载是要等到前一个网页下载完成后才下载另一个网页）。该程序在 download()方法中使用了 URL 类，它表示网址，在后面的章节会详述，这里仅理解即可。

【例8-8】 ThreadDownload.java 多线程下载网页。

```java
import java.net.URL;
import java.io.*;

class ThreadDownload {
    public static void main(String[] args) throws IOException {
        final URL[] urls = { new URL("https://www.pku.edu.cn"),
                new URL("https://www.baidu.com"),
                new URL("https://www.sina.com.cn"),
                new URL("http://www.dstang.com") };
        final String[] files = { "pku.htm",
                "baidu.htm",
                "sina.htm",
                "study.htm", };

        for (int i = 0; i < urls.length; i++) {
            final int idx = i;
            new Thread(() -> {
                try {
                    System.out.println(urls[idx]);
                    download(urls[idx], files[idx]);
                } catch (Exception ex) {
                    ex.printStackTrace();
                }
            }).start();
        }
    }

    static void download(URL url, String file) throws IOException {
        try (InputStream input = url.openStream();
                OutputStream output = new FileOutputStream(file)) {
            byte[] data = new byte[1024];
            int length;
            while ((length = input.read(data)) != -1) {
                output.write(data, 0, length);
            }
        }
    }
}
```

注意：

其中，局部变量 urls、files、idx 用 final 修饰，是为了能在 Lambda 表达式（或者说匿名类）中使用。在 Java 8 以上版本中可以省略 final。

8.2 线程的控制与同步

8.2.1 线程的状态与生命周期

每个 Java 程序都有一个默认的主线程，主线程是 main()方法执行的线程。要想实现多线程，必须在主线程中创建新的线程对象。Java 语言使用 Thread 类及其子类的对象来表示线程。新建的线程在它的一个完整的生命周期中通常要经历如下的五种状态。

（1）新建（New）。当一个 Thread 类或其子类的对象被声明并创建时，新生的线程对象处于新建状态。此时，它已经有了相应的内存空间和其他资源，并已被初始化。

（2）就绪（Runnable）。处于新建状态的线程被启动后，将进入线程队列排队等待 CPU 时间片，此时它已经具备了运行的条件。一旦轮到它来享用 CPU 资源时，就可以脱离创建它的主线程而独立，开始自己的生命周期。另外，原来处于阻塞状态的线程被解除阻塞后也将进入就绪状态。

（3）运行（Running）。当就绪状态的线程被调度并获得处理器（CPU）资源时，便进入运行状态。每一个 Thread 类及其子类的对象都有一个重要的 run() 方法，当线程对象被调度执行时，它将自动调用本对象的 run() 方法开始执行。run() 方法定义了本线程的操作和功能。

（4）阻塞（Blocked）。一个正在执行的线程在某些特殊情况下，如被人为挂起或需要执行费时的输入、输出操作时，将让出 CPU 资源并暂时中止自己的执行，进入阻塞状态。阻塞时，它不能进入排队队列。只有当引起阻塞的原因被消除后，线程才可以转入就绪状态，重新进到线程队列中排队等待 CPU 资源，以便从原来的中止处开始继续运行。

（5）终止（Dead）。处于死亡状态（终止状态）的线程不具有继续运行的能力。线程死亡的原因有两个：一个是正常运行的线程完成了它的全部工作，即执行完了 run() 方法的最后一个语句并退出；另一个是线程被提前强制性地终止，如通过执行 stop() 终止线程。

线程在各个状态之间的转化及线程生命周期的演进（如图 8-3 所示）是由系统运行的状况、同时存在的其他线程和线程本身的算法所共同决定的。在创建和使用线程时应注意利用线程的方法宏观地控制这个过程。

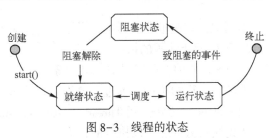

图 8-3 线程的状态

8.2.2 对线程的基本控制

1. 结束线程

在 JDK 1.0 中，可以用 Thread 对象的 stop() 方法来停止线程。但在以后的 JDK 版本中，已经不主张用 stop() 了。现在一般采取给线程设定一个标记变量的方法来决定线程是否应该终止。

【例 8-9】 **ThreadTerminateByFlag.java** 通过标记变量来决定是否结束线程。

```java
import java.util.*;

public class ThreadTerminateByFlag {
    public static void main(String args[]) {
        MyRunnable task = new MyRunnable();
        Thread thread = new Thread(task);
        thread.setName("MyRunnable");
        thread.start();
        for (int i = 0; i < 100; i++) {
            System.out.print("\r" + i);
            try {
                Thread.sleep(100);
            } catch (InterruptedException e) {
            }
        }
```

```
            task.stopRun();
        }
    }

    class MyRunnable implements Runnable {
        boolean flg = true;

        public void run() {
            while (flg) {
                System.out.print("\r\t" + new Date() + "...");
                try {
                    Thread.sleep(1000);
                } catch (InterruptedException e) {
                }
            }
            System.out.println("\n" + Thread.currentThread().getName() +"Stop");
        }

        public void stopRun() {
            flg = false;
        }
    }
```

本例中，在这里的线程中，通过设定变量 flg 为 false 来结束循环。

2. 暂时阻止线程的执行

在 JDK 1.0 中，可以用 Thread 对象的 suspend() 方法来暂时阻止线程的执行，用 resume() 方法来恢复线程的执行，不过已经不主张用这两个方法了。目前常用的方法如下。

（1） sleep() 方法。用 Thread.sleep(long millisecond) 来挂起线程的执行。sleep() 方法可以给优先级较低的线程以执行的机会。

其基本使用方法是：

```
try{
    Thread.sleep( 1000 );
} catch( InterruptedException e ){
    //...
}
```

（2） join() 方法。调用某 Thread 对象的 join() 方法，可以将一个线程加入到本线程中，本线程的执行会等待另一线程执行完毕再接着执行。

join() 方法可以不带参数，也可以带上一个长整数，表示等待的最长时间（毫秒）。

其基本使用方法是：

```
Thread t; // t 是另一线程
try{
    t.join();
} catch( InterruptedException e ){
    //...
}
```

【例 8-10】ThreadJoin.java 使用 join()。

```
import java.util.*;

public class ThreadJoin {
    public static void main(String args[]) {
        MyRunner r = new MyRunner();
        Thread thread = new Thread(r);
```

```
            thread. start( );
            try {
                thread. join( );
            } catch (InterruptedException e) {
            }
            for (int i = 0; i < 10; i++) {
                System. out. println(" \t" + i);
                try {
                    Thread. sleep(100);
                } catch (InterruptedException e) {
                }
            }
        }
    }

    class MyRunner implements Runnable {
        public void run( ) {
            for (int i = 0; i < 10; i++) {
                System. out. println(i);
                try {
                    Thread. sleep(100);
                } catch (InterruptedException e) {
                }
            }
        }
    }
```

程序运行结果如图 8-4 所示。程序中若没有用 join( )，则两个线程同时运行；若将 join( ) 加上，则主程序的线程会等待 MyRunner 的线程执行完毕后再进行。

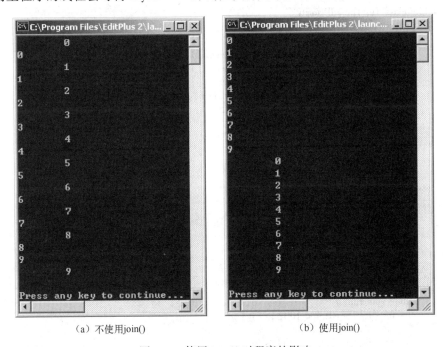

(a) 不使用join()   (b) 使用join()

图 8-4　使用 join( ) 对程序的影响

（3）yield( ) 方法。Thread 对象的 yield( ) 方法可以给其他线程以执行的机会。如果没有其他可运行的线程，则该方法不产生任何作用。

3. 设定线程的优先级

处于就绪状态的线程首先进入就绪队列排队等候 CPU 资源。同一时间在就绪队列中的线程可能有多个，它们各自任务的轻重缓急程度不同。为了体现上述差别，使工作安排得更加合理，多线程系统会给每个线程自动分配一个线程的优先级（priority），任务较紧急重要的线程，其优先级就较高，相反则较低。

同时处于就绪状态的线程，优先级高的，有优先被调度的权利。优先级相同的线程，一般遵循先到先服务的原则。但是，这种情况不一定十分严格，因为实际的执行过程与 Java 虚拟机的实现情况有关。

Thread 类有三个有关线程优先级的静态常量：MIN_PRIORITY、MAX_PRIORITY、NORM_PRIORITY。其中，MIN_PRIORITY 代表最小优先级，通常为 1；MAX_PRIORITY 代表最高优先级，通常为 10；NORM_PRIORITY 代表普通优先级，默认数值为 5。

对于一个新建线程，系统会遵循如下的原则为其指定优先级。

（1）新建线程将继承创建它的父线程的优先级。父线程是指执行创建新线程对象语句的线程，它可能是程序的主线程，也可能是某一个用户自定义的线程。

（2）一般情况下，主线程具有普通优先级。

另外，用户可以通过调用 Thread 类的 setPriority( ) 方法来修改系统自动设定的线程优先级，使之符合程序的特定需要。

【例 8-11】 TestThreadPriority.java 设定不同的优先级。读者可以发现，设定优先级会影响显示的结果。

```
public class TestThreadPriority {
    public static void main(String args[ ]) {
        Thread t1 = new Thread(new Runner(1));
        Thread t2 = new Thread(new Runner(2));
        Thread t3 = new Thread(new Runner(3));
        t1.setPriority(Thread.MIN_PRIORITY);
        t2.setPriority(Thread.NORM_PRIORITY);
        t3.setPriority(Thread.MAX_PRIORITY);
        t1.start( );
        t2.start( );
        t3.start( );
    }
}

class Runner implements Runnable {
    int id;

    Runner(int id) {
        this.id = id;
    }

    public void run( ) {
        for (int i = 0; i < 100; i++) {
            Thread.yield( );
            System.out.print(id);
        }
    }
}
```

程序运行结果如图 8-5 所示。从图 8-5 中可以看出高优先级的线程会优先执行。

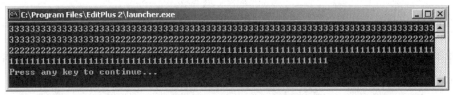

(a) 按程序中设定不同的优先级

(b) 若三个线程具有相同的优先级

图 8-5 不同优先级对线程的影响

4. 设定 Daemon 线程

线程有两种，一类是 Daemon 线程（或者叫后台线程、守护线程），一类是非 Daemon 线程。在 Java 程序中，若还有非 Demon 线程，整个程序就不会结束；当正在运行的线程都是守护线程时，Java 虚拟机退出。简单地说，主线程会强制结束守护线程。

将一个线程设置为守护线程，可以使用 setDaemon(true) 方法。

注意：

垃圾回收线程是后台线程，而且其优先级很低。

【例 8-12】 TestThreadDaemon.java 使用 Daemon 线程。

```
import java.util.*;

public class TestThreadDaemon {
    public static void main(String args[]) {
        Thread t = new MyDaemonThread();
        t.setDaemon(true);
        t.start();

        System.out.println("Main--" + new Date());
        try {
            Thread.sleep(500);
        } catch (InterruptedException ex) {
        }
        System.out.println("Main End");
    }
}

class MyDaemonThread extends Thread {
    public void run() {
        for (int i = 0; i < 10; i++) {
            System.out.println(i + "--" + new Date());
            try {
                Thread.sleep(100);
            } catch (InterruptedException ex) {
            }
        }
```

程序中,主线程只运行 500 ms,而 Daemon 线程在显示 5 行后就被停止了。程序的输出如下所示:

```
Main--Sun Nov 16 11:14:26 CST 2024
0--Sun Nov 16 11:14:26 CST 2024
1--Sun Nov 16 11:14:27 CST 2024
2--Sun Nov 16 11:14:27 CST 2024
3--Sun Nov 16 11:14:27 CST 2024
4--Sun Nov 16 11:14:27 CST 2024
Main End
```

8.2.3 synchronized 关键字

前面所提到的线程都是独立的,而且是异步执行。也就是说,每个线程都包含了运行时所需要的数据或方法,而不需要外部的资源或方法,也不必关心其他线程的状态或行为。但是经常有一些同时运行的线程需要共享数据。例如,一个线程向文件写数据,而同时另一个线程从同一文件中读取数据,就必须考虑其他线程的状态与行为,这时就需要实现同步来得到预期结果。

【例 8-13】 SyncCounter1.java 两线程共享同一资源。

```java
class SyncCounter1 {
    public static void main(String[] args) {
        Num num = new Num();
        Thread counter1 = new Counter(num);
        Thread counter2 = new Counter(num);
        for (int i = 0; i < 10; i++) {
            if (!num.testEquals())
                break;
            try {
                Thread.sleep(100);
            } catch (InterruptedException e) {
            }
        }
    }
}

class Num {
    private int x = 0;
    private int y = 0;

    void increase() {
        x++;
        y++;
    }

    boolean testEquals() {
        boolean ok = (x == y);
        System.out.println(x + "," + y + " :" + ok);
        return ok;
    }
}

class Counter extends Thread {
```

```
    private Num num;

    Counter( Num num) {
        this. num = num;
        this. setDaemon( true);
        this. setPriority( MIN_PRIORITY);
        this. start( );
    }

    public void run( ) {
        while ( true) {
            num..increase( );
        }
    }
}
```

程序运行结果如图 8-6 所示。

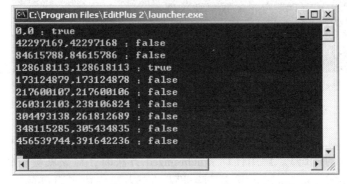

图 8-6 两线程共享同一资源带来的问题

该例中，Counter 线程操作对象 num，线程中调用 increase( )方法，使 x、y 同时增加。在 main( )中调用 testEquals( )方法以检查 x、y 是否相等。从图 8-6 中的结果可以看出大部分时间 x、y 并不相等。原因何在呢？

在这里，问题的关键在于有两个线程同时操作同一个对象。在线程执行时，可以出现这样的情况，当一个线程执行了 x++语句尚未执行 y++语句时，系统调度到另一个线程执行 x++ 及 y++，这时就会出现 x 多加一次的情况。由于转换线程的调度是不能预料的，所以出现了 x、y 不相等的情况。

这种由于多线程同时操作一个对象引起的现象，称为该对象不是线程安全的。为了多线程机制能够正常运转，需要采取一些措施来防止两个线程访问相同的资源的冲突，特别是在关键的时期。为防止出现这样的冲突，只需在线程使用一个资源时为其加锁即可。访问资源的第一个线程加上锁以后，其他线程便不能再使用那个资源，除非第一个线程被解锁。

对一种特殊的资源——内存中的对象，Java 提供了内建的机制来防止它们之间的冲突。这就是对于相关的方法使用关键字 synchronized。在任何时刻，只能有一个线程调用特定对象的一个 synchronized 方法（尽管那个线程可以调用多个对象的 synchronized 方法）。将上例中的 increase( )、testEquals( )设定成 synchronized 方法：

```
    synchronized void increase( ) {
        x++;
        y++;
```

```
    }
    synchronized boolean testEquals( ) {
        boolean ok = ( x = = y );
        System. out. println( x + "," + y + " :" + ok);
        return ok;
    }
```

这样,程序的运行结果就是正确的,如图 8-7 所示。

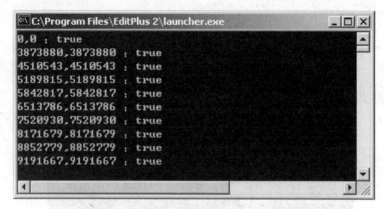

图 8-7 加上 synchronized 后的运行结果

每个对象都包含了一把锁(也叫作"监视器"),它自动成为 Object 对象的一部分(不必为此写任何特殊的代码)。调用任何 synchronized 方法时,对象就会被锁定,不可再调用那个对象的其他任何 synchronized 方法,除非第一个方法完成了自己的工作,并解除锁定。在上面的例子中,如果为一个对象调用 increase( ),便不能再为同样的对象调用 increase( )或 testEquals( ),除非 increase( )完成并解除锁定。因此,一个特定对象的所有 synchronized 方法都共享着该对象上的锁,而且这把锁能防止多个方法对通用内存同时进行写操作。

每个类也有自己的一把锁(作为类的 Class 对象的一部分),所以 synchronized static 方法可在一个类的范围内被相互间锁定起来,防止与 static 数据的接触。注意,如果想保护其他某些资源不被多个线程同时访问,可以强制通过 synchronized 方法访问那些资源。

由于通常将数据元素设为从属于 private (私有),然后只通过方法访问那些数据,而将所有访问该数据的方法设置为 synchronized (同步的),便可有效地防止冲突。

但对于非 private 字段,则不能保证这一点(因为它可能直接访问,而不通过 synchronized 方法)。

synchronized 关键字除了可用在方法名前面外,还可以用在一个方法的内部,其格式如下:

```
    synchronized(对象){
        .... 语句
    }
```

表示在这段语句执行期间,需要获得该对象上的锁,并锁住该锁,直至这段语句执行完毕。这里,对象可以用 this 或者其他对象。

8.2.4 线程间的同步控制

线程间的同步控制是多线程系统中的一个重要问题。下面以"生产者-消费者问题"这个一般性的模型来讨论线程的同步问题。

系统中使用某类资源的线程称为消费者,产生或释放同类资源的线程称为生产者。例如,在一个 Java 的应用程序中,生产者线程向文件中写数据,消费者线程从文件中读数据,这样,在这个程序中同时运行的两个线程共享同一个文件资源。

为了更简化讨论,在下面的例 8-14 中,生产者线程产生从 0~9 的整数,将它们存储在名为 "CubbyHole" 的对象中并打印出来。然后调用 sleep( ) 方法使生产者线程在一个随机产生的 0~100 秒的时间段内休息。

【例 8-14】生产者-消费者问题。

```
class Producer extends Thread {
    private CubbyHole cubbyhole;
    private int number;

    public Producer(CubbyHole c, int number) {
        cubbyhole = c;
        this.number = number;
    }

    public void run() {
        for (int i = 0; i <10; i++) {
            cubbyhole.put(i);
            System.out.println("Producer #" + this.number + " put: " + i);
            try {
                sleep((int)(Math.random() * 100));
            } catch (InterruptedException e) {
            }
        }
    }
}
```

消费者线程则不断地从 CubbyHole 对象中取这些整数:

```
class Consumer extends Thread {
    private CubbyHole cubbyhole;
    private int number;

    public Consumer(CubbyHole c, int number) {
        cubbyhole = c;
        this.number = number;
    }

    public void run() {
        int value = 0;
        for (int i = 0; i <10; i++) {
            value = cubbyhole.get();
            System.out.println("Consumer #" + this.number + " got: " + value);
        }
    }
}
```

在这里,假定 CubbyHole 的定义如下:

```
class CubbyHole {
    private int seq;
    public synchronized int get() {
        return seq;
    }
    public synchronized void put(int value) {
```

```
        seq = value;
    }
}
```

在例 8-14 中，生产者线程与消费者线程通过 CubbyHole 对象来共享数据。但是我们发现不论是生产者线程还是消费者线程都无法保证生产者线程每产生一个数据，消费者线程就能及时取得该数据并且只取一次。通过 CubbyHole 中的 put( ) 和 get( ) 方法只能保证较低层次的同步，让我们来看一看可能发生的情况。

第一种情况是如果生产者线程比消费者线程快，那么在消费者线程来不及取前一个数据之前，生产者线程又产生了新的数据，于是消费者线程很可能就会跳过前一个数据。这样就会有下面的结果：

```
…
Consumer #1 got: 3
Producer #1 put: 4
Producer #1 put: 5
Consumer #1 got: 5
…
```

第二种情况则反之，当消费者线程比生产者线程快时，消费者线程可能两次取同一个数据，就可能会产生下面的输出结果：

```
…
Producer #1 put: 4
Consumer #1 got: 4
Consumer #1 got: 4
Producer #1 put: 5
…
```

上面两种输出结果都不是我们所希望的那样：生产者线程写一个数，消费者线程就取这个数。像这种异步执行的多线程，由于希望同时进入同一对象中而发生错误结果的情况称为竞争条件（race condition）。

为了避免上述情况发生，就必须使生产者线程存储数据和消费者线程取数据同步起来。为达到这一目的，程序中采用了两种结构：一是监视器，二是使用 notify( ) 和 wait( ) 方法。下面分别介绍。

1. 监视器（monitor）

像 CubbyHole 这样被多个需同步的线程共享的对象称为条件变量（condition variable）；这里的条件变量就相当于一个监视器，Java 语言正是通过使用监视器来实现同步。一个 monitor 就相当于一个只能容纳一个线程的小盒子，在一段特定时间内只能有一个线程进入 monitor，而其他的线程将被暂停直到当前线程离开这个小盒子。

生产者-消费者问题中，类 CubbyHole 中提供了两个同步的方法：put( ) 方法用来改变 CubbyHole 中的数据，get( ) 方法则用来取数据。这样，系统就把每个 CubbyHole 类的实例与一个 monitor 相对应。

【例 8-15】 改进后的 **CubbyHole** 类。

```
class CubbyHole {
    private int seq;
    private boolean available = false;

    public synchronized int get( ) {
        while (available == false) {
```

```
            try {
                wait( ); // waits for notify( ) call from Producer
            } catch (InterruptedException e) {
            }
        }
        available = false;
        notify( );
        return seq;
    }

    public synchronized void put(int value) {
        while (available == true) {
            try {
                wait( ); // waits for notify( ) call from consumer
            } catch (InterruptedException e) {
            }
        }
        seq = value;
        available = true;
        notify( );
    }
}
```

类 CubbyHole 有两个变量：seq 是 CubbyHole 中的当前内容，布尔变量 available 指示当前内容是否可以取出。只有当 available 是 true 时，消费者线程才能取数据。为实现两线程同步，必须保证两点：

⇨ 消费者线程接收数据的前提是 available 为 true，即数据单元内容不空；
⇨ 生产者线程发送数据的前提是数据单元内容为空。

在程序中，通过调用对象的 notify( ) 和 wait( ) 方法来保证 CubbyHole 中的每个数据只被读取一次。

2. notify( ) 方法

在 get( ) 方法返回前调用 notify( )，它用来选择并唤醒等候进入监视器的线程。如果消费者线程调用了 get( ) 方法，那么在整个执行过程中它将占据 monitor，在 get( ) 方法结束前调用 notify( ) 方法来唤醒处于等待状态的生产者线程。这样，生产者线程就占据了 monitor 并继续执行。

put( ) 方法与 get( ) 方法相似，在一个线程结束前唤醒另一个线程。

与 notify( ) 方法类似的还有 notifyAll( ) 方法，不同的是它唤醒所有等待的线程，这些线程中的一个经过竞争进入 monitor，其他的继续等待。

3. wait( ) 方法

wait( ) 方法使当前线程处于等待状态，直到别的线程调用 notify( ) 方法来通知它。get( ) 方法包含了一个 while 循环，结束条件是 available 为 true。如果 available 为 false 的话，消费者就知道生产者还没有产生新的数据，将继续等待。while( ) 循环中调用 wait( ) 方法，等待生产者线程发送消息。当 put( ) 方法调用 notify( ) 时，消费者线程被唤醒并继续 while( ) 循环。put( ) 方法中的 wait( ) 方法作用相同。

可能出现的问题是：在 get( ) 方法的开始，available 为 false，消费者线程必须等待生产者线程发送数据，那么，如果消费者线程占据 monitor，生产者如何发送呢？同样，若数据未被消费者线程取走，而生产者线程占据 monitor，消费者线程怎样获得数据呢？在 Java 中是这样处理的：当一个线程进入等待状态后，monitor 就会自动释放，而当它被唤醒后，该线程又占据 monitor。这样就使等待的线程有机会进入 monitor。

下面来看一看主程序及输出结果：

```
class ProducerConsumerTest {
    public static void main(String args[ ]) {
        CubbyHole c = new CubbyHole( );
        Producer p1 = new Producer(c, 1);
        Consumer c1 = new Consumer(c, 1);
        p1.start( );
        c1.start( );
    }
}
```

输出结果如下：

```
Producer    #1    put: 0
Consumer    #1    got: 0
Producer    #1    put: 1
Consumer    #1    got: 1
Producer    #1    put: 2
Consumer    #1    got: 2
Producer    #1    put: 3
Consumer    #1    got: 3
Producer    #1    put: 4
Consumer    #1    got: 4
Producer    #1    put: 5
Consumer    #1    got: 5
Producer    #1    put: 6
Consumer    #1    got: 6
Producer    #1    put: 7
Consumer    #1    got: 7
Producer    #1    put: 8
Consumer    #1    got: 8
Producer    #1    put: 9
Consumer    #1    got: 9
```

由输出结果可以看到生产者和消费者两个线程实现了同步。

在使用 synchronized( ) 及 wait( ) 时，要注意的是，程序中多个线程互相等待对方资源，而在得到对方资源前不会释放自己的资源，造成都想得到资源而又都得不到，线程不能继续运行，这就是死锁问题。有关死锁等问题，读者可以参考操作系统等有关书籍。下面举一个例子，两个合作的线程互相等待对方，从而造成死锁。

【例 8-16】 DeadLockDemo.java 线程死锁程序。

```
class Worker {
    int id;

    public Worker(int id) {
        this.id = id;
    }

    synchronized void doTaskWithCooperator(Worker other) {
        try {
            Thread.sleep(500);
        } catch (Exception e) {
        }
        synchronized (other) {
            System.out.println("doing" + id);
```

```java
            }
        }
    }
    class DeadLockDemo {
        public static void main(String[] args) {
            Worker w1 = new Worker(1);
            Worker w2 = new Worker(2);
            Thread t1 = new Thread(() -> {
                w1.doTaskWithCooperator(w2);
            });
            Thread t2 = new Thread(() -> {
                w2.doTaskWithCooperator(w1);
            });
            t1.start();
            t2.start();
        }
    }
```

程序中使用了 synchronized，两个线程会出现互相等待对方的资源，从而出现死锁状态。

注意：

由于系统资源的共享，一些深层的死锁问题是很难发现和调试的，所以在编程时要谨慎地处理多线程。

8.3 线程的实用工具类

使用 Thread 建立多线程程序，必须自己处理 synchronized、对象锁定、wait()、notify() 等细节，比较烦琐。从 JDK 5 之后提供的并发 API 能够处理线程的一些高级操作，用户可以方便地使用。并 API 主要位于 java.util.concurrent 包及其子包中，其中有很多接口及工具类，这里主要介绍几个最常用的。

8.3.1 线程安全的集合

在第 7 章讲到的集合（Collection）绝大部分不是线程安全的，所以在多线程环境中使用时要小心。比如使用 Iterator 进行遍历时，为了不受另一线程干扰，需要加上 synchronized()：

```java
    List list = new ArrayList();
    synchronized(list) {
        Iterator iterator = list.iterator();
        while(iterator.hasNext()) {
            ...
        }
    }
```

使用 Collections.synchronizeList(list) 返回的 List 对象可以保证返回时线程是安全的，但遍历时仍然要加 synchronized()，使用增强的 for 循环语句亦然。

java.util.concurrent 包中提供了一些类来解决集合与线程相关的问题。下面介绍其中的几个重要的类。

CopyOnWriteArrayList 及 CopyOnWriteArraySet 分别实现了 List 接口及 Set 接口，它们在写入操作时（如 set、add 方法），内部会建立数组并复引原来数组索引的状态，这种"快照"的迭代器在生存期内不会更改,因此不会发生冲突,不会抛出 ConcurrentModificationException。对于很少进行写入而频繁使用迭代器的情况,使用这两个类就比较合适。

BlockingQueue 接口及其实现类 ArrayBlockingQueue、LinkedBlockingQueue 实现了 Queue 接口,并增加了两个方法:take( )方法在获取元素时要等待队列变为非空,put( )方法在存储元素时要等待有空闲空间。

ConcurrentMap 接口是 Map 接口的子接口,它有 putIfAbsent( )、remove( )与 replace( )等方法,这些方法是线程安全的。其实现类 ConcurrentHashMap、ConcurrentSkipListMap 可以分别看成支持线程操作安全的 HashMap 及 TreeMap 版本。

【例 8-17】 BlockingQueueDemo. java 使用 BlockingQueue 实现生产者-消费者问题。

```java
import java.util.concurrent.*;

class Producer implements Runnable {
    private BlockingQueue<Integer> queue;

    public Producer(BlockingQueue<Integer> queue) {
        this.queue = queue;
    }

    public void run() {
        for (int i = 0; i <= 10; i++) {
            try {
                Thread.sleep((int)(Math.random() * 10));
                queue.put(i); // 产生
                System.out.print("生产" + i + ".  ");
            } catch (InterruptedException ex) {
            }
        }
    }
}

class Comsumer implements Runnable {
    private BlockingQueue<Integer> queue;

    public Comsumer(BlockingQueue<Integer> queue) {
        this.queue = queue;
    }

    public void run() {
        for (int i = 0; i <= 10; i++) {
            try {
                Thread.sleep((int)(Math.random() * 10));
                Integer product = queue.take(); // 消费
                System.out.print("消费" + product + ".  ");
            } catch (InterruptedException ex) {
            }
        }
    }
}

class BlockingQueueDemo {
    public static void main(String[] args) {
        BlockingQueue<Integer> queue = new ArrayBlockingQueue<>(2); // 容量为2
        new Thread(new Producer(queue)).start();
        new Thread(new Comsumer(queue)).start();
```

程序中两个线程共用一个集合，BlockingQueue 是线程安全的，使用 put( ) 及 take( ) 可以实现同步，从而不用手工写 synchronized( )、wait( ) 及 notify( )。以下是其中一次运行的结果：

生产0. 消费0. 生产1. 消费1. 生产2. 生产3. 消费2. 生产4. 消费3. 消费4.
生产5. 消费5. 生产6. 生产7. 消费6. 生产8. 消费7. 生产9. 消费8. 生产10.
消费9. 消费10.

8.3.2 原子变量

java.util.concurrent.atomic 包提供支持在单个变量上的线程安全。其中的类 AtomicBoolean、AtomicInteger、AtomicLong 和 AtomicReference 提供对相应类型的单个变量的访问和更新。例如，类 AtomicLong 和 AtomicInteger 提供了原子增量方法。

Java 中变量前面可以加个修饰语 volatile，简单来讲，就是告诉编译器，在读取该变量数值的时候，应该直接从内存读取，而不是从寄存器读取其拷贝。使用 volatile 可以使得线程在访问变量时更完全一点。但这不够，比如执行 n++这个操作，实际上不是一个原子操作（它包括取数据、增加、放回数据），所以原子变量就是要解决这个问题，在存取时要保证其操作要么全部执行，要么全部不执行，而不是只执行一部分（如只读取到数据，还没完成增加、放回的操作，而这时被另一线程读取到了"中间状态"的数据）。

例如，可以使用 AtomicLong 类的 getAndIncrement( )方法来生成序列号：

```
class Sequencer {
    private final AtomicLong sequenceNumber = new AtomicLong(0);
    public long next( ) {
        return sequenceNumber.getAndIncrement( );
    }
}
```

【例 8-18】AtomicIntegerDemo.java 使用 AtomicInteger。

```
import java.util.concurrent.atomic.AtomicInteger;

class AtomicIntegerDemo {
    static int n = 0;
    static AtomicInteger cnt = new AtomicInteger(0);

    public static void main(String[ ] args) {
        final int NUM = 10000;
        Thread[ ] threads = new Thread[NUM];
        for (int i = 0; i < NUM; i++) {
            threads[i] = new Thread( ) {
                public void run( ) {
                    n++;
                    cnt.getAndIncrement( );
                }
            };
        }
        for (int i = 0; i < NUM; i++)
            threads[i].start( );
        try {
            Thread.sleep(3000);
        } catch (InterruptedException ex) {
        }
```

```
        System.out.printf("%d %b\n", n, n == NUM);
        System.out.printf("%d %b\n", cnt.get(), cnt.get() == NUM);
    }
}
```

程序中，cnt 是 AtomicInteger，它是线程安全的，用 NUM 个线程对其增 1 后，结果为 NUM；与此对照的普通的整数变量 n，其结果不一定为 NUM。读者可以试验一下。

8.3.3 读写锁

读写锁位于 java.util.concurrent.locks 包。这个包为锁和等待条件提供一些接口和类，它们将 synchronized()、wait() 等操作包装起来，以方便使用。其中的 ReadWriteLock 接口提供了可以共享读出而写入独占的锁。ReentrantReadWriteLock 类是该接口的实现。

ReadWriteLock 的 readLock() 及 writeLock() 方法返回 Lock 操作对象。这里两个锁就会比简单的 synchronized 更有效率，因为它可以减小锁住整个对象的时间。当读锁调用 lock() 方法时，只要没有写锁被锁定，就可以锁定。当写锁调用 lock() 方法时，要求没有任何读锁也没有任何写锁被锁定。

【例8-19】**ListWithReadWriteLock.java** 用读写锁来实现线程安全的列表。

```java
import java.util.Arrays;
import java.util.concurrent.locks.*;

public class ListWithReadWriteLock {
    private ReadWriteLock lock = new ReentrantReadWriteLock();
    private Object[] list;
    private int next;

    public ListWithReadWriteLock(int capacity) {
        list = new Object[capacity];
    }

    public void add(Object o) {
        try {
            lock.writeLock().lock();
            if (next == list.length) {
                list = Arrays.copyOf(list, list.length * 2);
            }
            list[next++] = o;
        } finally {
            lock.writeLock().unlock();
        }
    }

    public Object get(int index) {
        try {
            lock.readLock().lock();
            return list[index];
        } finally {
            lock.readLock().unlock();
        }
    }

    public int size() {
        try {
            lock.readLock().lock();
            return next;
```

```java
        } finally {
            lock.readLock().unlock();
        }
    }

    public static void main(String[] args) {
        ListWithReadWriteLock list = new ListWithReadWriteLock(16);

        new Thread(() -> {
            for (int i = 0; i < 5000; i++) {
                list.add(i);
                System.out.println("add:" + i);
            }
        }).start();

        new Thread(() -> {
            for (int i = 0; i < 5000; i++) {
                int size = list.size();
                int idx = (int)(Math.random() * size);
                System.out.println("get:" + list.get(idx));
            }
        }).start();
    }
}
```

程序在不同的方法中分别使用了读锁和写锁,以解决线程安全的问题,同时效率也较高。

8.3.4 Executor 与 Future

在实际开发中,如果有多个线程,一般不是自己显式地用 new Thread() 的方式来创建线程,这是因为如果创建太多线程,会特别占用系统的资源。一般应使用线程池,将多个任务交给线程池来执行。系统提供了一些实用的工具类来创建线程池,并且可以将任务交给线程池来执行。

java.util.concurrent 包提供了 Executor 与 Future 等接口,简单地说,Executor 接口表示线程的执行过程(包括利用线程池),Future 则提供了异步操作的可能。

Executor 接口有一个方法 execute(Runnable command),用来表示执行已提交的 Runnable 任务的对象。此接口提供一种将任务提交与每个任务后将如何运行的机制(包括线程使用的细节、调度等)分离开来的方法,因为在 Executor 中可以决定如何执行,如可以在调用者的线程中立即运行已提交的任务:

```java
class DirectExecutor implements Executor {
    public void execute(Runnable r) {
        r.run();
    }
}
```

更常见的情形是,任务是在某个不是调用者线程的线程中执行的。以下执行程序将为每个任务生成一个新线程。

```java
class ThreadPerTaskExecutor implements Executor {
    public void execute(Runnable r) {
        new Thread(r).start();
    }
}
```

显然,用不同的 Executor,可以达到不同的执行方式。

虽然可以自己实现 Executor，但更方便的方式是使用 ThreadPoolExecutor 类（它实现了 Executor 接口），另外用 Executors 类的 newCachedThreadPool() 或 newFixedThreadPool() 方法就可以得到具有线程池功能的 Executor。线程池可以循环地使用已分配好的线程，而不用每次都创建新的线程，用完的线程又放回到线程池，供下一次使用。线程的创建会占用不少的资源，而使用线程池会节省系统资源。

在并行 API 中，可以用 Callable 表示要任务。Callable 接口类似于 Runnable 接口，但是它具有返回值，而 Runnable 只能是 void 的。Callback<T>接口中的方法是 <T>call()。

ExecutorService 的 submit() 方法可以提交一个 Callable 任务，并得到一个 Future 对象。

Future 接口表示异步计算的结果。它提供了检查计算是否完成的方法，以等待计算的完成，并获取计算的结果。计算完成后可以使用 get() 方法来获取结果，如有计算没完成会阻塞直到完成或取消。cancel() 方法可以取消任务的执行。

下面的示例表明了 Executor、Callable 及 Future 的一般用法。

【例 8-20】 ExcecutorAndFuture.java 使用线程池及异步计算斐波那契数。

```java
import java.util.concurrent.*;

class ExcecutorAndFuture {
    public static void main(String[] args) {
        ExecutorService executor = Executors.newCachedThreadPool();
        System.out.println("准备计算");
        Future<Long> future = executor.submit(new Callable<Long>() {
            public Long call() {
                return fibonacci(20);
            }
        });
        // 或者写为 Future<Long> future = executor.submit(() -> fibonacci(20));

        System.out.println("主线程可以执行别的事");
        try {
            Thread.sleep(2000);
            System.out.println("异步取得结果:");
            System.out.println(future.get());
            executor.shutdown(); // 结束 executor
        } catch (InterruptedException | ExecutionException ex) {
            ex.printStackTrace();
        }
    }

    static long fibonacci(int n) {
        if (n == 0 || n == 1)
            return 1;
        return fibonacci(n - 1) + fibonacci(n - 2);
    }
}
```

程序中，Executors.newCachedThreadPool() 可以方便地得到线程池执行者，使用 submit 来提交一个异步任务，使用 Future 的 get() 方法可以得到结果。

注意：

使用 Future 在一定意义上实现了异步编程。

8.3.5 使用 CountDownLatch

上面使用 synchronized、wait、notify 等方式来实现线程之间的同步及等待，但是这种写法比较麻烦，可以考虑使用 CountDownLatch 类，它的作用是等待多个任务完成以后再继续进行后面的工作。

【例 8-21】 CountDownLatchDemo.java 使用 CountDownLatch。

```java
import java.util.Random;
import java.util.concurrent.*;

public class CountDownLatchDemo {
    public static void main(String[] args) {
        ExecutorService executor = Executors.newCachedThreadPool();

        CountDownLatch latch = new CountDownLatch(3);

        WorkerRunnable w1 = new WorkerRunnable(latch, "One");
        WorkerRunnable w2 = new WorkerRunnable(latch, "Two");
        WorkerRunnable w3 = new WorkerRunnable(latch, "Three");
        executor.execute(w1);
        executor.execute(w2);
        executor.execute(w3);

        try {
            latch.await();
        } catch (InterruptedException ex) {
        }

        System.out.println("几件事情都已完成!");
        executor.shutdown();
    }
}

class WorkerRunnable implements Runnable {
    private CountDownLatch downLatch;
    private String name;

    public WorkerRunnable(CountDownLatch downLatch, String name) {
        this.downLatch = downLatch;
        this.name = name;
    }

    public void run() {
        System.out.println(this.name + "正在运行...");
        try {
            TimeUnit.SECONDS.sleep(new Random().nextInt(5));
        } catch (InterruptedException ie) {
        }
        System.out.println(this.name + "运行完成!");
        this.downLatch.countDown();  // 对 CountDownLatch 进行设置
    }
}
```

程序中有三个子任务。在主程序中，为了等待三个子任务全部结束，使用了 CountDownLatch，在每个子任务完成时使用 countDown() 方法，而在主程序中使用 await() 方法。程序的运行结果如下所示：

```
Two 正在运行…
One 正在运行…
Three 正在运行…
Two 运行完成!
Three 运行完成!
One 运行完成!
几件事情都已完成!
```

8.4 流式操作及并行流

Java 8 中提供了 java.util.stream 包,这个包提供了流式操作(stream)。流式操作是 Java 语言最具革命性的改变之一,它使得在数组及集合上进行函数式操作(如过滤、排序、汇总等)成为可能,而且这些操作可以并行地进行。函数式操作、并行运算这两个特点是适应了计算领域的最新发展。流式操作中可以并行地处理,能避免用户手工写线程相关代码。

8.4.1 使用流的基本方法

流是指能够串行地或并行地进行函数式操作的一系列元素的集合。

使用流要经过两个步骤,先是获得流,然后是操作流。

获得流可以在数组及集合上进行,有以下一些方法。

(1) 在数组上获得流:Arrays.stream(数组)。

(2) 在数组上获得并行流:Arrays.stream(数组).parallel()。

(3) 在集合(Collection,包括 Set、List)上获得流:Collection.stream()。

(4) 在集合上获得并行流:Collection.parallelStream()。

(5) 使用 Stream.of(一系列的元素)可以获得一个流,如 Stream.of(1, 5, 7, 6)。

获得的流对象是已实现 java.util.stream.Stream 接口的对象,其上可以进行一系列的操作,包括过滤、转变、求和,等等。

学习流的操作的最好办法是通过一些例子来进行。

比如,对数组得到的流进行操作:

```
Arrays.stream(a)                    //对数组 a 获得流
    .filter( i -> i>20 )            //过滤,条件是大于 20
    .map( i -> i*i )                //映射,得到每个数的平方
    .sorted()                       //排序
    .distinct()                     //去掉重复元素
    .limit(10)                      //取其中 10 个元素
    .max();                         //求出最大值
```

又比如,对集合进行操作:

```
int sumOfWeights = blocks.stream()              //获得流
    .filter(b -> b.getColor() == RED)           //过滤,条件是红色
    .mapToInt(b -> b.getWeight())               //映射,得到重量
    .sum();                                     //求和
```

又比如:

```
Collection people = new ArrayList();
people.stream()
    .filter( p -> p.age>20 )                            //过滤,条件是年龄大于 20
    .sorted( Comparator.comparing( Person::getName ) )  //按姓名排序
    .limit(5)                                           //取其中 5 个记录
```

```
        .mapToDouble( p -> p.score )             //映射,得到分数
        .average( );                             //求平均值
```
流式操作表达起来很流畅,如:
```
    myOrders.stream( )                           //获得订单的流
        .filter( t -> t.getBuyer( ).getAge( )>65 )   //选择购买者年龄大于65的订单
        .map( t -> t.getSeller( ) )              //得到这些订单的销售员
        .distinct( )                             //去掉重复的
        .sorted( Compator.comparing( s->s.getName( ) )   //按销售员的姓名排序
        .forEach( s -> System.out.println( s.getName( ) );   //输出每个人的姓名
```
下面是一个完整的例子。

【例 8-22】 **StreamArray.java** 针对数组使用流。
```
    import java.util.*;

    class StreamArray {
        public static void main( String[ ] args ) {
            int[ ] a = new int[ 100 ];
            for ( int i = 0; i < a.length; i++ )
                a[ i ] = ( int ) ( Math.random( ) * 100 );

            OptionalInt result = Arrays.stream( a )
                .parallel( )
                .filter( i -> i > 20 )
                .map( i -> i * i )
                .sorted( )
                .distinct( )
                .limit( 10 )
                .max( );

            System.out.println( result.isPresent( ) ? "最大值为" + result.getAsInt( ) : "无值" );
        }
    }
```

在程序中,流处理的最后一步是求最大值,它得到的结果是一个 OptionalInt,表示是一个可能有值的整数,也可能没有值。可以通过 isPresent( ) 来判断是否有值,而取得其中的值可以使用方法 getAsInt( )。

下面是另一个例子。

【例 8-23】 **StreamList.java** 针对集合使用流。
```
    import java.util.*;
    import java.util.stream.Stream;

    class StreamList {
        public static void main( String[ ] args ) {
            Collection<Person> people = Arrays.asList(
                new Person( "Tang", 18, 88 ),
                new Person( "Cheng", 18, 88 ),
                new Person( "Zhang", 18, 99 ),
                new Person( "Wang", 19, 84 ),
                new Person( "Wang", 21, 84 ) );

            Object result = people.parallelStream( )
                .filter( p -> p.age < 20 )
                .sorted( ( p1, p2 ) -> p1.age - p2.age )
                .sorted( Person::better )
                .sorted( Comparator.comparing( Person::getName ) )
```

```java
                    .limit(5)
                    .mapToDouble(p -> p.score)
                    .average();
            System.out.println(result);
        }
    }

    class Person {
        public String name;
        public int age;
        public double score;

        public Person(String n, int a, double s) {
            name = n;
            age = a;
            score = s;
        }

        public String getName() {
            return name;
        }

        @Override
        public String toString() {
            return String.format("%s[%d](%f)", name, age, score);
        }

        public static int better(Person p1, Person p2) {
            return (int)(p2.score - p1.score);
        }
    }
```

在程序中，多处使用了 Lambda 表达式，第一个 sorted() 的排序依据是用 Person::better 表示一个 Lambda 表达式，第二个 sorted() 的排序依据是用 Comparator.comparing(Person::getName) 表示将姓名转成一个比较函数。最后的结果用了 Object 类型，其实是一个 OptionalDouble，可以使用它的 getAsDouble() 得到其值，如果直接显示它，则显示结果为：

    OptionalDouble[89.75]

值得一提的是：程序中使用了 Arrays.asList()，它可以带多个参数（可变长参数）得到一个列表。前面定义的变量的类型是 Collection<Person>，写起来比较麻烦，可以直接用 var 来写：

    var people = Arrays.asList(...);

其中 var 是 Java 10 增加的关键词，它表示由编译器推断类型，这是因为编译器可以由它赋的初始值来推断其类型。var 也可以用在简单的场合：

```
var i = 5;          // var 相当于 int
var s = "hello";    // var 相当于 String
```

注意：

流式操作不仅仅使得并行操作成为可能，而且它是一种全新的处理方式——函数式操作，这可以说是编程思维上的一大改进。

8.4.2 流及操作的种类

下面对流的种类及操作的种类更详细地进行介绍。

1. 流的种类

Stream 是普通的流，它的子接口还有以下几种。

(1) IntStream：整数的流。

(2) LongStream：长整数的流。

(3) DoubleStream：实数的流。

对于普通的 Stream 可以通过 mapToInt( )、mapToLong( )、mapToDouble 来转成相应的流，例如：

persons. stream( ). mapToInt(w -> w. getWeight( ))

2. 流式操作的种类

流操作既可以是中间的（intermediate operation），也可以是末端的（terminal operation）。

中间的操作保持流打开状态，并允许后续的操作。例 8-23 中的 filter( )和 sorted( )等方法就是中间的操作。这些操作的返回结果仍是流，它们返回当前的流以便串联更多的操作。

末端的操作是对流的最终操作。当一个末端操作被调用，流被"消耗"并且不再可用。例 8-23 中的 average( )方法就是一个末端的操作。

通常，处理一个流涉及以下步骤。

(1) 从某个源头获得一个流。

(2) 执行一个或更多的中间的操作。

(3) 执行一个末端的操作。

常见的中间操作如下。

⋄ filter：排除所有与断言不匹配的元素。

⋄ map：通过 Function 对元素执行一对一的转换。

⋄ peek：对每个遇到的元素执行一些操作。主要对调试很有用。

⋄ distinct：去掉所有重复的元素（按 equals 方法的结果来决定是否重复）。

⋄ sorted：进行排序（按照自然顺序或比较器 Comparator 决定的顺序）。

⋄ limit：限制一定的数量。

⋄ substream：提取一个范围的（根据 index）元素。

⋄ skip：忽略一些元素。

⋄ mapToDouble、mapToInt、mapToLong：类型转换。

常见的末端操作如下。

⋄ forEach：对流中的每个元素执行一些操作。

⋄ toArray：将流中的元素转换到一个数组。

⋄ min：根据一个比较器找到流中元素的最小值。

⋄ max：根据一个比较器找到流中元素的最大值。

⋄ count：计算流中元素的数量。

⋄ anyMatch：判断流中是否至少有一个元素匹配断言。

⋄ allMatch：判断流中是否每一个元素都匹配断言。

⋄ noneMatch：判断流中是否没有一个元素匹配断言。

⋄ findFirst：取得流中的第一个元素。

⋄ findAny：取得流中的任意元素，可能对某些流要比 findFirst 代价低。

对于子接口（IntStream、LongStream、DoubleStream）还有更多的操作，如 sum（求和）、average（求平均值）、summaryStatistics（进行统计）等。

在流的各种操作中，以下几种更具普遍性。

（1）中间操作的：

↘ map 操作，通过 Function 对元素执行一对一的转换

（2）末端操作的：

↘ reduce 操作，通过一个二目操作将元素积累到一起（单量）。

```
String s = Stream.of("abc", "def", "ghj").reduce("", (a,b)->a+b);   //将字符串连起来
```

↘ collect 操作，将元素按一定规则收集放到一个集合中。常见的 collect 用法是：

```
List<String> asList = stringStream.collect(Collectors.toList());             //转成一个列表
Map<String, List<Person>> peopleByCity
    = personStream.collect(Collectors.groupingBy(Person::getCity));   //按城市进行分组
```

事实上有些操作是这些普通操作的特例，如：DoubleStream 的 max() 等价于 reduce(Double::max)。

注意：

map-reduce 就是并行计算中最有名的处理方式。

在流的使用过程中，要注意的是：

（1）许多流的中间操作，它并不是立即执行的，它可能要等到末端操作或者对它进行遍历时才会执行。这种方式称为惰性执行。

（2）使用流的 parallel() 或 parallelStream() 得到的流是并行流，它的底层是多线程的，它会将数据进行拆分并利用多个 CPU 来并行地执行。并行流中使用了线程而不要求程序员手动编写线程代码，大大地方便了编程。并行流会增加一些开销，对于数据不太大的场合，并行流的执行时间并不一定比普通流更短。

流是一种新的思考方式，并且是新的代码书写风格，学习者需要一个适应过程，可以多查看 JDK 文档及其中的示例。

习题

1. 程序中怎样创建线程？
2. 程序中怎样控制线程？
3. 多线程之间怎样进行同步？
4. 编写一个程序，用一个线程显示时间，一个线程用来计算（如判断一个大数是否是质数），当质数计算完毕后，停止时间的显示。
5. 编写一个程序，实现多线程执行任务。
6. 编写一个程序，用读写锁来实现资源的共享。
7. 编写一个程序，用线程池及异步编程获取网页的内容字符长度。
8. 将以前的一些数组、集合上的程序改用流式操作。
9. 用一些实例，对比一下普通流与并行流的执行效率。

第 9 章　流、文件及基于文本的应用

与外部设备和网络进行交流的输入、输出操作，尤其是对磁盘的文件操作，是计算机程序重要的功能。本章介绍流式输入与输出及文件处理，并介绍基于文本的应用程序。

9.1　流式输入与输出

为进行数据的输入、输出操作，Java 把不同的输入、输出源（控制台、文件、网络连接等）抽象表述为"流"（stream）。有两种基本的流：输入流和输出流。输入流只能从中读取数据，而不能向其写入数据；输出流只能向其写入数据，而不能从中读取数据。

流实际上指在计算机的输入与输出之间运动的数据的序列，流中的数据既可以是未经加工的原始二进制数据，也可以是经一定编码处理后符合某种格式规定的特定数据，如字符流序列、数字流序列等。

java.io 包中定义了多个类（抽象的或者具体的）来处理不同性质的输入、输出流。

注意：

java.io 中的 Stream 与 java.util.stream 中的 Stream 是不同的。

9.1.1　字节流与字符流

按处理数据的类型，流可以分为字节流与字符流，它们处理的信息的基本单位分别是字节（byte）与字符（char）。输入字节流的类为 InputStream，输出字节流的类为 OutputStream，输入字符流的类为 Reader，输出字符流的类为 Writer，如表 9-1 所示。这四个类是抽象类，其他的输入输出流类是它们的子类。

表 9-1　字节流与字符流

处 理 类 型	流 类 型	
	字　节　流	字　符　流
输入	InputStream	Reader
输出	OutputStream	Writer

1. InputStream 类

InputStream 类最重要的方法是读数据的 read( ) 方法。read( ) 方法功能是逐字节地以二进制的原始方式读取数据，它有 3 种形式：

- public int read( );
- public int read(byte[ ] b);
- public int read(byte[ ] b, int off, int len)。

第一个 read( ) 方法从输入流的当前位置处读取一个字节（8 位）的二进制数据，然后以

此数据为低位字节，配上 3 个全零字节合成为一个 32 位的整型量（0~255）后返回给调用此方法的语句。如果输入流的当前位置没有数据，则返回-1。

第二个和第三个 read( ) 方法从输入流的当前位置处连续读取多个字节并保存在参数指定的字节数组 b[ ] 中，同时返回所读到的字节的数目。第三个方法，len 指定要读取的字节个数，off 指定在数组的存放位置。

在流的操作过程中，都有一个"当前位置"的概念。每个流都有一个位置指针，它在流刚被创建时产生并指向流的第一个数据，以后的每次读操作都是在当前位置指针处执行；伴随着流操作的执行，位置指针自动后移，指向下一个未被读取的数据。位置指针决定了 read( ) 方法将在输入流中读到哪个数据。

InputStream 方法还有如下几种。

- public long skip(long n)：使位置指针从当前位置向后跳过 n 个字节。
- publicvoid mark(n)：在当前位置指针处做一个标记，n 表示后面最多读多少字节这个标记就会不保留。
- public void reset( )：将位置指针返回到标记的位置。
- public boolean markSupported( )：是否支持标记操作。
- public int available( )：流中有多少字节可读。
- public void close( )：关闭流，并断开外设数据源的连接，释放占用的系统资源。

2. OutputStream 类

OutputStream 类的重要方法是 write( )，它的功能是将字节写入流中。write( ) 方法有 3 种形式。

- public void write（int b)：将参数 b 的低位字节写入到输出流。
- public void write（byte[ ] b)：将字节数组 b[ ] 中的全部字节顺序写入到输出流。
- public void write(byte[ ] b, int off, int len)：将字节数组 b[ ] 中从 off 开始的 len 个字节写入到流中。

Output 的另外两个方法是 flush( ) 及 close( )。

- public void flush ( )。
- public void close( )。

flush( ) 方法刷新缓冲区的内容。对于缓冲流式输出来说，write( ) 方法所写的数据并没有直接传到与输出流相连的外部设备上，而是先暂时存放在流的缓冲区中，等到缓冲区中的数据积累到一定的数量，再统一执行一次向外部设备的写操作，把它们全部写到外部设备上。这样处理可以降低计算机对外部设备的读写次数、提高系统的效率。但是在某些情况下，缓冲区中的数据不满时就需要将它写到外部设备上，此时应使用强制清空缓冲区并执行外部设备写操作的 flush( ) 方法。

close( ) 方法关闭输出流。当输出操作完毕时，应调用 close( ) 方法来关闭输出流与外部设备的连接并释放所占用的系统资源。

3. Reader 类

Reader 类与 InputStream 类相似，都是输入流，但差别在于 Reader 类读取的是字符，而不是字节。

Reader 的重要方法是 read( )，它有 3 种形式：

- public int read( );
- public int read(char[ ] b);
- public int read(char[ ] b, int off, int len)。

其中，第一个方法将读入的字符转为整数返回，若不能读到字符，返回-1；后两个方法读入字符放入数组中。

Reader 的方法还有以下几种。

- public long skip(long n)：使位置指针从当前位置向后跳过 n 个字符。
- public void mark(int n)：在当前位置指针处做一个标记，n 表示后面最多读多少字符这个标记就会不保留。
- public void reset( )：将位置指针返回到标记的位置。
- public boolean markSupported( )：是否支持 mark 操作。
- public void close( )：关闭流，并断开与对外部设备数据源的连接，释放占用的系统资源。

4. Writer 类

Writer 类与 OutputStream 类相似，都是输出流，但差别在于 Writer 类写入的是字符，而不是字节。Writer 的方法有以下几种。

- public void write(int c)：将整数 c 当成字符写入到输出流。
- public void append(char c)：将字符 c 写入到输出流，与 write(c)的作用是一样的。
- public void write(char[ ] b)：将字符数组 b[ ]中的全部字节顺序写入到输出流。
- public void write(char[ ] b, int off, int len)：将字符数组 b[ ]中从 off 开始的 len 个字节写入到流中。
- public void write(String s)：将字符串写入流中。
- public void write(String s, int off, int len)：将字符串写入流中，off 为位置，len 为长度。
- public void flush( )：刷新流。
- public void close( )：关闭流。

9.1.2 节点流和处理流

按照流是否直接与特定的地方（如磁盘、内存、设备等）相连，分为节点流（node stream）与处理流（processing stream）两类。节点流可以从或向一个特定的地方（节点）读写数据，如文件流 FileReader。处理流是对一个已存在的流的连接和封装，通过所封装的流的功能调用实现数据读、写功能。处理流又称为过滤流，如缓冲处理流 BufferedReader。

节点流与处理流的关系如图 9-1 所示。节点流直接与节点（如文件）相连，而处理流对节点流或其他处理流进一步进行处理（如缓冲、组装成对象，等等）。

处理流的构造方法总是要带一个其他的流对象作参数。例如：

```
BufferedReader in = new BufferedReader(new FileReader(file));
BufferedReaderin2 =
        new BufferedReader(
            new(InputStreamReader(
                new FileInputStream(file), "utf-8"));
```

一个流对象经过其他流的多次包装，称为流的链接，如图 9-2 所示。

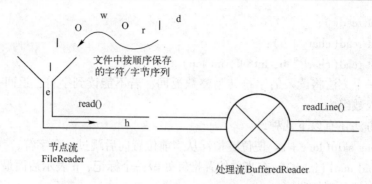

图 9-1 节点流与处理流的关系

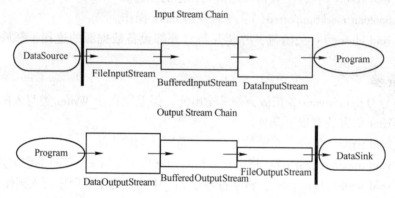

图 9-2 流的链接

常用的节点流和处理流分别如表 9-2、表 9-3 所示。

表 9-2 常用的节点流

节点类型	字 节 流	字 符 流
File 文件	FileInputStream FileOutputStream	FileReader FileWriter
Memory Array 内存数组	ByteArrayInputStream ByteArrayOutputStream	CharArrayReader CharArrayWriter
Memory String 字符串		StringReader StringWriter
Pipe 管道	PipedInputStream PipedOutputStream	PipedReader PipedWriter

表 9-3 常用的处理流

处理类型	字 节 流	字 符 流
Buffering 缓冲	BufferedInputStream BufferedOutputStream	BufferedReader BufferedWriter
Filtering 过滤	FilterInputStream FilterOutputStream	FilterReader FilterWriter
Converting between Bytes and Character 字节流转为字符流		InputStreamReader OutputStreamWriter

续表

处理类型	字节流	字符流
Object Serialization 对象序列化	ObjectInputStream ObjectOutputStream	
Data Conversion 基本数据类型转化	DataInputStream DataOutputStream	
Counting 行号处理	LineNumberInputStream	LineNumberReader
Peeking Ahead 可回退流	PushbackInputStream	PushbackReader
Pinting 可显示处理	PrintStream	PrintWriter

基本输入/输出流（InputStream、OutputStream）是定义基本的输入/输出操作的抽象类，在 Java 程序中真正使用的是它们的子类，对应于不同数据源和输入/输出任务，以及不同的输入/输出流。其中较常用的有：过滤输入/输出流 FilterInputStream 和 FilterOutputStream 两个抽象类，又分别派生出 DataInputStream、DataOutputStream 等子类。过滤输入/输出流的主要特点是在输入/输出数据的同时能对所传输的数据做指定类型或格式的转换，即可实现对二进制字节数据的理解和编码转换。文件输入/输出流 FileInputStream 和 FileOutputStream 主要负责完成对本地磁盘文件的顺序读写操作。管道输入/输出流 PipedInputStream 和 PipedOutputStream 负责实现程序内部线程间的通信或不同程序间的通信。字节数组流 ByteArrayInputStream 和 ByteArrayOutputStream 可实现与内存缓冲区的同步读写。顺序输入流 SequenceInputStream 可以把两个其他的输入流首尾相接，合并成一个完整的输入流，等等。

从抽象类 Reader 和 Writer 中也派生出一些子类，这些子类使 InputStream 和 OutputStream 的以字节为单位的输入/输出转换为以字符为单位的输入/输出，使用起来比 InputStream 和 OutputStrem 要方便很多。

DataInputStream 流中定义了多个针对不同类型数据的读方法，如 readByte()、readBoolean()、readShort()、readChar()、readInt()、readLong()、readFloat()、readDouble()、readLine()等。同样，DataOutputStream 中也定义了多个针对不同数据类型的写操作，如 writeByte()、writeBoolean()、writeShort()、writeChar()、writeInt()、writeLong()、writeFloat()、writeDouble()、writeChars()等。每个方法都含有一个不同类型的参数，用来指定写入输出流的数据内容。这里为了叙述简洁，省略了参数。

特别值得一提的是，能将字节流转为字符流的类是 InputStreamReader 及 OutputStreamWriter。

如果需要从与本地系统不同的字符编码（encoding）格式的文件中读取数据，需要在构造 InputStreamReader 对象时显式指定其字符编码，例如：

  ir = new InputStreamReader(System.in,"gbk")

常用的字符编码是 utf-8 及 gbk，前者是国际通用的编码，后者是国家标准编码。

Java 的输入、输出类库中的流的种类很多，这里只作了一个简要的介绍。更详细的内容可以参看 JDK 文档。

9.1.3 标准输入和标准输出

计算机系统都有默认的标准输入设备和标准输出设备。对一般的系统，标准输入通常是键盘，标准输出通常是显示器屏幕。Java 程序使用字符界面与系统标准输入/输出间进行数据通信，即从键盘输入数据，或向屏幕输出数据，是十分常见的操作，为此而频频创建输入、输出流类对象将很不方便。为此，Java 系统事先定义好两个流对象，分别与系统的标准输入和标准输出相联系，它们是 System.in 和 System.out。

System 是 Java 中一个功能很强大的类，利用它可以获得很多 Java 运行时的系统信息。System 类的所有属性和方法都是静态的，即调用时需要以类名 System 为前缀。System.in 和 System.out 就是 System 类的两个静态属性，分别对应了系统的标准输入和标准输出。

1. 标准输入

Java 的标准输入 System.in 是 InputStream 类的对象，当程序中需要从键盘输入数据的时候，只需调用 System.in 的 read()方法即可。

在使用 System.in.read()方法读取数据时，需要注意如下几点。

注意：

（1）System.in.read()语句必须包含在 try 块中，且 try 块后面应该有一个可接收 IOException 例外的 catch 块。

（2）执行 System.in.read()方法将从键盘缓冲区读取一个字节的数据，然而返回的却是 32 位的整型量。需要注意的是，只有这个整型量的低位字节是真正输入的数据，其高位字节是全零。

（3）另外，作为 InputStream 类的对象，System.in 只能从键盘读取二进制的数据，而不能把这些信息转换为整数、字符、浮点数或字符串等复杂数据类型的量。

（4）当键盘缓冲区中没有未被读取的数据时，执行 System.in.read()将导致系统转入阻塞（block）状态。在阻塞状态下，当前流程将停留在上述语句位置且整个程序被挂起，等待用户输入一个键盘数据后，才能继续运行下去，所以程序中有时利用 System.in.read()语句来达到暂时保留屏幕的目的。

为了使用方便，经常将 System.in 用各种处理流进行封装处理，如：

```
BufferedReader br = new BufferedReader( new InputStreamReader(System.in));
br.readLine();
```

即使这样，用起来还是很麻烦。现在一般使用 Scanner 类，如获得一个用户输入的整数：

```
Scanner scanner = new Scanner(System.in);
int a = scanner.nextInt();
scanner.close();
```

2. 标准输出

Java 的标准输出 System.out 是打印输出流 PrintStream 类的对象。PrintStream 是过滤输出流类 FilterOutputStream 的一个子类，其中定义了向屏幕输送不同类型数据的方法 print()和 println()。

（1）println()方法。println()方法有多种重载形式，概括起来可表述为：

```
public void println(表达式);
```

println()的作用是向屏幕输出其参数指定的变量或对象，然后再换行，使光标停留在屏幕下一行第一个字符的位置。如果 println( ) 方法的参数为空，则将输出一个空行。

println( ) 方法可输出多种不同类型的变量或对象，包括 boolean、double、float、int、long 类型的变量及 Object 类的对象。由于 Java 中规定子类对象作为实际参数可以与父类对象的形式参数匹配，而 Object 类又是所有 Java 类的父类，所以 println( ) 实际可以通过重载实现对所有类对象的屏幕输出。

（2） print( ) 方法。print( ) 方法的重载情况与 println( ) 方法完全相同，也可以实现在屏幕上输出不同类型的变量和对象的操作。不同的是，print( ) 方法输出对象后并不附带一个换行，下一次输出时将输出在同一行中。

9.1.4 文本文件及二进制文件应用示例

在日常应用中，经常要对文本文件及二进制文件进行处理，一般的方法是首先得到文件流，文本文件还要将文件流包装成 Reader、Writer。下面举几个例子。

【例 9-1】 FileCopyByChar. java 复制文件并显示文件，将每个字符读入，并写入另一个文件，同时显示出来。

```java
import java.io.*;

public class FileCopyByChar {
    public static void main(String[] args) {
        try {
            FileReader input = new FileReader("FileCopyByChar.java",);
            FileWriter output = new FileWriter("temp.txt");
            int c = input.read();
            while (c != -1) {
                output.write(c);
                System.out.print((char) c);
                c = input.read();
            }
            input.close();
            output.close();
        } catch (IOException e) {
            e.printStackTrace();
        }
    }
}
```

【例 9-2】 **FileCopyByLine. java** 复制文件并显示文件，将每个字符读入，并写入另一个文件，同时显示出来。这里用了 **BufferedReader** 及 **BufferedWriter**，前面一个类的重要方法是 **readLine( )**，它读入一行字符。

```java
import java.io.*;

public class FileCopyByLine {
    public static void main(String[] args) {
        try {
            FileReader input = new FileReader("FileCopyByLine.java");
            BufferedReader br = new BufferedReader(input);
            FileWriter output = new FileWriter("temp.txt");
            BufferedWriter bw = new BufferedWriter(output);

            String s = br.readLine();
            while (s != null) {
                bw.write(s);
```

```java
                    bw.newLine();
                    System.out.println(s);
                    s = br.readLine();
                }
                br.close();
                bw.close();
            } catch (IOException e) {
                e.printStackTrace();
            }
        }
    }
```

【例 9-3】 **CopyFileAddLineNumber.java** 读入一个 java 文件,将每行中的注释去掉,并加上行号,写入另一个文件。

```java
    import java.io.*;

    public class CopyFileAddLineNumber {
        public static void main(String[] args) {
            String infname = "CopyFileAddLineNumber.java";
            String outfname = "CopyFileAddLineNumber.txt";
            if (args.length >= 1)
                infname = args[0];
            if (args.length >= 2)
                outfname = args[1];

            try {
                File fin = new File(infname);
                File fout = new File(outfname);

                BufferedReader in = new BufferedReader(new FileReader(fin));
                PrintWriter out = new PrintWriter(new FileWriter(fout));

                int cnt = 0;                              // 行号
                String s = in.readLine();
                while (s != null) {
                    cnt++;
                    s = deleteComments(s);                // 去掉以//开始的注释
                    out.println(cnt + ": \t" + s);        // 写出
                    s = in.readLine();  // 读入
                }
                in.close();                               // 关闭缓冲读入流及文件读入流的连接.
                out.close();
            } catch (FileNotFoundException e1) {
                System.err.println("File not found!");
            } catch (IOException e2) {
                e2.printStackTrace();
            }
        }

        static String deleteComments(String s)            // 去掉以//开始的注释
        {
            if (s == null)
                return s;
            int pos = s.indexOf("//");
            if (pos < 0)
                return s;
            return s.substring(0, pos);
        }
    }
```

以上都是文本文件的例子，下面举一个二进制文件的例子。

【例 9-4】 Dump. java 流的复制。程序中每次读取 **1024** 字节并写入到另一个流中，直到结束。

```java
import java.io.*;

public class Dump {
    public static void main(String[] args) {
        try {
            dump(new FileInputStream("aaa.bmp"), new FileOutputStream("bbb.bmp"));
        } catch (FileNotFoundException fex) {
            fex.printStackTrace();
        } catch (IOException ioe) {
            ioe.printStackTrace();
        }
    }

    public static void dump(InputStream src, OutputStream dest) throws IOException {
        InputStream input = new BufferedInputStream(src);
        OutputStream output = new BufferedOutputStream(dest);
        byte[] data = new byte[1024];
        int length = -1;
        while ((length = input.read(data)) != -1) {
            output.write(data, 0, length);
        }
        input.close();
        output.close();
    }
}
```

值得一提的是，上面的 dump(src, dest) 函数，在 Java 9 以上版本中可以用 src.transferTo(dest) 一句来代替。InputStream 的 transferTo() 函数的作用是将源流中的所有字节读出并写入到目标流中。还有，InputStream 增加了一个方法 readAllBytes()，能一次读出所有字节。

9.1.5 对象序列化

对象序列化是程序中比较重要的概念。

1. 对象序列化

Java 对象一般位于内存中，但在现实应用中常常要求在 Java 虚拟机停止运行之后能够保存（持久化）指定的对象，并在将来重新读取被保存的对象。Java 对象序列化（serialize）、反序列化（deserialize）就能够实现该功能。

使用 Java 对象序列化，在保存对象时，会把其状态保存为一组字节，在未来再将这些字节组装成对象（反序列化）。要注意的是，对象序列化保存的是实例对象的"状态"，即它的成员变量，对象序列化不会保存类中的静态变量。

除了在持久化对象时会用到对象序列化之外，当使用 RMI（远程方法调用）或在网络中传递对象时，都会用到对象序列化。

2. 简单的序列化及反序列化

Java 序列化 API 为处理对象序列化提供了一个标准机制，该 API 简单易用。只要一个类实现了 java.io.Serializable 接口，那么它就可以被序列化。由于这个接口中没有定义方法，所以只要声明 implements java.io.Serializable 即可。

此处将创建一个可序列化的类 Person，使用 ObjectOutputStream 类的 writeObject( ) 方法进行序列化，使用 ObjectInputStream 类的 readObject( ) 方法进行反序列化。writeObject( ) 方法要求对象是基本类型（数值、布尔、字符等）或 Serializable 对象；String 类等已实现了 Serializable 接口，可以直接使用。

【例 9-5】 SerializeDemo.java 简单的序列化及反序列化。

```java
import java.io.*;

class Person implements Serializable {
    String name;
    int age;

    // static int ppp;
    // transient int qqq;
    Person(String name, int age) {
        this.name = name;
        this.age = age;
    }

    public String toString() {
        return name + "(" + age + ")";
    }
}

public class SerializeDemo {
    public static void main(String[] args) throws IOException {
        Person[] ps = { new Person("Li", 18), new Person("Wang", 19) };
        String fileName = "s.temp";
        // Serialize
        ObjectOutputStream output = new ObjectOutputStream(new FileOutputStream(fileName));
        for (Person p : ps)
            output.writeObject(p);
        output.close();
        // deserialize
        ObjectInputStream input = new ObjectInputStream(new FileInputStream(fileName));
        Person p = null;
        try {
            while ((p = (Person) input.readObject()) != null) {
                System.out.println(p);
            }
        } catch (ClassNotFoundException ex) {
        } catch (EOFException eofex) {
        }
        input.close();
    }
}
```

要注意的是，一个对象中的 static 字段及 transient 所修饰的字段（例 9-5 中代码注释掉了的两个字段）是不会序列化的。

3. 自定义序列化及反序列化

上面提到的是默认序列化及反序列化方法。一般来说，在默认的情况下，不仅会序列化当前对象本身，还会对该对象引用的其他对象进行序列化。同样地，这些其他对象引用的另外对象也将被序列化，以此类推。所以，有时这个序列化过程就会较复杂，开销也较大。有一些办法可以影响序列化过程。

如果一个字段不需要序列化，则可以将该字段用 transient 修饰，它表示该字段是瞬态的，不用序列化。

另外一种方法是在实体类中添加两个方法 writeObject() 与 readObject()，如下所示：

```
public class Person implements Serializable {
    ...
    transient private Integer age = null;
    ...
    private void writeObject(ObjectOutputStream out) throws IOException {
        out.defaultWriteObject();
        out.writeInt(age);
    }
    private void readObject(ObjectInputStream in)
     throws IOException, ClassNotFoundException {
        in.defaultReadObject();
        age = in.readInt();
    }
}
```

writeObject() 及 readObject() 方法中除调用默认的 out.defaultWriteObject() 及 in.defaultReadObject() 之外，还可以处理一些额外的逻辑。

还有一种办法来自定义序列化过程，就是实现 Externalizable 接口。使用该接口之后，之前基于 Serializable 接口的序列化机制就将失效。Externalizable 接口要 Override 以下两个方法：

```
public void writeExternal(ObjectOutput out) throws IOException {
}
public void readExternal(ObjectInput in)
    throws IOException, ClassNotFoundException {
}
```

其内容与 Serializable 接口的两个方法相似。同时，要求实体类必须有一个 public 的不带参数的构造方法，因为系统首先需要构造这个对象，然后再反列化进行字段的设置。

如果还要做一些额外的工作（诸如返回单例模式对象等特殊情况），可以在实体类中添加以下方法：

```
private Object readResolve() throws ObjectStreamException {
}
```

9.2 文件及目录

9.2.1 文件与目录管理

Java 支持文件管理和目录管理，它们都是由专门的 java.io.File 类来实现的。File 类也在 java.io 包中，但它不是 InputStream 或者 OutputStream 的子类，因为它不负责数据的输入、输出，而是专门被用来管理磁盘文件和目录。

每个 File 类的对象表示一个磁盘文件或目录，其对象属性中包含了文件或目录的相关信息，如名称、长度、所含文件个数等，调用它的方法则可以完成对文件或目录的常用管理操作，如创建、删除等。

1. File 对象

每个 File 类的对象都对应了系统的一个磁盘文件或目录，所以创建 File 对象时需指明它所对应的文件或目录名。File 类共提供了三个不同的构造函数。

（1）File（String path）。这里的 path 指明了新创建的 File 对象对应的磁盘文件或目录名及其路径名。path 参数也可以对应磁盘上的某个目录，如"c：\myProgram\Java"或"myProgram\Java"。

注意：

不同的操作系统所使用的目录分隔符是不一样的。例如，DOS 系统、Windows 系统使用反斜线，而 Unix 系统却使用正斜线。在字符串中使用反斜线时要注意转义符，即"\\"表示一个\。

为了使 Java 程序能在不同的平台间平滑移植，可以借助 System 类的一个静态方法来得到当前系统规定的目录分隔符：

```
String sep = System.getProperty("file.separator");
String sep = File.separator;        //或者直接使用 File 类的一个静态字段
```

（2）File(String path, String name)。该构造函数有两个参数，path 表示目录的路径，name 表示文件或目录名，系统会将 path 与 name 连起来形成最终的路径。

（3）File(File dir, String name)。该构造函数使用另一个已经存在的代表某磁盘目录的 File 对象作为第一个参数，表示文件或目录的路径，第二个字符串参数表述文件或目录名。

2. 获取文件或目录属性

一个对应于某磁盘文件或目录的 File 对象一经创建，就可以通过调用它的方法来获得该文件或目录的属性。其中，较常用的方法如下。

public boolean exists( )：判断文件或目录是否存在。若文件或目录存在，返回 true，否则返回 false

public boolean isFile( )：若对象代表有效文件，则返回 true；

public boolean isDirectory( )：若对象代表有效目录，则返回 true。

public String getName( )：返回文件名或目录名。

public String getPath( )：返回文件或目录的路径

public long length( )：获取文件的长度，返回文件的字节数。

public boolean canRead( )：若文件为可读文件，返回 true，否则返回 false。

public boolean canWrite( )：若文件为可写文件，返回 true，否则返回 false。

public String[ ] list( )：将目录中所有文件名及子目录名保存在字符串数组中返回。

public boolean equals(File f)：比较两个文件或目录，若两个 File 对象相同，则返回 true。

3. 文件或目录操作

File 类中还定义了一些对文件或目录进行管理、操作的方法，常用的有如下几种。

public boolean renameTo(File newFile)：将文件重命名成 newFile 对应的文件名。

public void delete( )：将当前文件删除。

public boolean mkdir( )：创建当前目录的子目录。

【例 9-6】 ListAllFiles.java 递归地列出某目录下的所有文件。

```java
import java.io.*;

class ListAllFiles {
    public static void main(String[] args) {
        listFiles(new File("d:\\tang"));
    }

    public static void listFiles(File dir) {
        if (!dir.exists() || ! dir.isDirectory())
            return;

        String[] files = dir.list();
        for (int i = 0; i < files.length; i++) {
            File file = new File(dir, files[i]);
            if (file.isFile()) {
                System.out.println(dir + "\\" + file.getName() + "\t" + file.length());
            } else {
                System.out.println(dir + "\\" + file.getName() + "\t<dir>");

                listFiles(file); // 对于子目录,进行递归调用
            }
        }
    }
}
```

程序运行结果如图 9-3 所示。

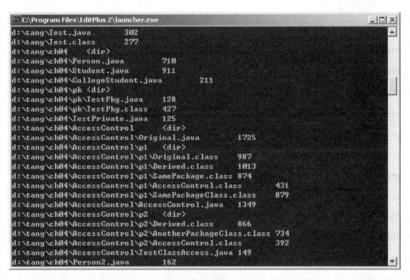

图 9-3　递归地列出某目录下的所有文件

程序中，为了处理目录下的子目录，listFiles 中调用 listFiles，这是一种递归。

9.2.2　使用 NIO2 文件系统 API

JDK 7 提出了 NIO2 文件系统 API。java.nio 是对原来的 java.io 的改进，JDK 7 中引入的 NIO2 增加了文件 API、引入了异步操作等功能，是对 NIO 的一次大的改进。这里只介绍与文件系统相关的 java.nio.file 及其子包。

NIO2 文件系统 API 提供了一组标准接口与类，它们可以针对不同文件系统中的存取方

式、文件属性、文件权限等进行一致的处理,而不论是 Windows 还是 Linux 的文件系统。

java.noi.file 包中操作文件最重要的类是 Path 和 Files。其中,Path 表示文件路径,相当于 java.io.File,但功能更强大。Files 类则方便获取文件的属性及操作文件的内容。

1. 创建 Path 对象

创建 Path 对象,最简单的办法是用 Paths.get( )方法,它接受多个参数,例如:

    Path p = Paths.get("c:\\workspace");
    Path p = Paths.get(System.getProperty("user.home"), "Doucuments", "Download");

2. 获取文件或目录属性

Path 对象仅代表路径信息,不一定对应实际的文件或文件夹,可以用以下方法取得相关路径信息。

public Path getName( ):返回文件名或目录名。

public Path getFileName( ):返回文件名。

publicPath getParent( ):返回父路径。

如果要取得其对应的文件或目录的属性,可以通过 Files.getAttribute( )或 Files.readAttributes( )来获得,得到的对象是 BasicFileAttributes 或者是其子类 DosFileAttributes 或 PosixFileAttributes 对象,它们具有 isDirectory(判断是否是目录)、createTime(创建时间)、lastModifiedTime(最后修改时间)等方法。

3. 文件或目录操作

Files 类中还定义了一些对文件或目录进行管理、操作的方法,常用的有如下几种。

public static Path copy(Path src, Path desc):复制文件。

public static Path move(Path src, Path desc):移动文件。

public static Path createDirectory(Path path):创建目录。

public static boolean deleteIfExists(Path path):删除文件。

public static boolean exists(Path path):是否存在。

public static boolean isDirectory(Path path):是否是目录。

public static long size(Path path):得到大小。

public static Object getAttribute (Path path):得到属性。

4. 内容处理

Files 类可以直接处理文件内容。

static Stream<String> lines(Path path):得到一个流式操作的流。

static Stream<String> lines(Path path, CharSet cs):得到一个流式操作的流。

static byte[ ] readAllBytes(Path path):读取所有的字节。

static List<String> readAllLines(Path path):读取所有的行。

5. 获取目录下的文件信息

static DirectoryStream<Path> newDirectoryStream(Path dir, String filter):获取其下的文件。

public static Path walkFileTree(Path path, FileVisitor visitor):遍历目录树。

下面是一个综合的例子。

【例 9-7】 NOI2Test.java 显示用户目录下的一些文件及其相关信息。

    import java.io.IOException;

```java
import java.nio.file.*;
import java.nio.file.attribute.*;

class NOI2Test {
    public static void main(String... args) throws IOException {
        Path path = Paths.get(System.getProperty("user.dir"));
        try (DirectoryStream<Path> stream =
                Files.newDirectoryStream(path, "*.{png,java}")) {
            for (Path entry : stream) {
                showInfo(entry);
            }
        }
    }
    static void showInfo(Path path) throws IOException {
        System.out.print(path.getFileName());
        System.out.print(Files.isDirectory(path));
        System.out.print(Files.size(path));
        DosFileAttributes attr = Files.readAttributes(path, DosFileAttributes.class);
        System.out.print(attr.creationTime());
        System.out.print(attr.isReadOnly());
        System.out.print(attr.isDirectory());
        System.out.print(attr.size());
        System.out.println(".");
    }
}
```

9.2.3 文件输入与输出流

使用 File 类，可以方便地建立与某磁盘文件的连接，了解它的有关属性并对其进行一定的管理性操作。但是，如果希望从磁盘文件读取数据，或者将数据写入文件，还需要使用文件输入/输出流类 FileInputStream 和 FileOutputStream。

利用文件输入/输出流完成磁盘文件的读写一般应遵循如下的步骤。

1. 利用文件名字符串或 File 对象创建输入/输出流对象

以 FileInputStream 为例，它有两个常用的构造函数。

FileInputStream(String fileName)：利用文件名（包括路径名）字符串创建从该文件读入数据的输入流。

FileInputStream(File f)：利用已存在的 File 对象创建从该对象对应的磁盘文件中读入数据的文件输入流。

注意：

无论哪个构造函数，在创建文件输入或输出流时都可能因给出的文件名不对或路径不对，或文件的属性不对等，不能读出文件而造成错误，此时系统会抛出异常 FileNotFoundException，所以创建文件输入/输出流并调用构造函数的语句应该被包括在 try 块中，并有相应的 catch 块来处理它们可能产生的异常。

2. 从文件输入/输出流中读写数据

从文件输入/输出流中读写数据有两种方式：一是直接利用 FileInputStream 和 FileOutputStream 自身的读写功能；二是以 FileInputStream 和 FileOutputStream 为原始数据源，再套上其他功能较强大的输入/输出流完成文件的读写操作。

FileInputStream 和 FileOutputStream 自身的读写功能是直接从父类 InputStream 和 OutputStream 那里继承来的，并未加任何功能的扩充和增强，如前面介绍过的 read( )、write( ) 等方法，都只能完成以字节为单位的原始二进制数据的读写。read( ) 和 write( ) 的执行还可能因 IO 错误导致抛出 IOException 异常对象，在文件尾执行 read( ) 操作时将导致阻塞。

为了能更方便地从文件中读写不同类型的数据，一般都采用第二种方式，即以 FileInputStream 和 FileOutputStream 为数据源完成与磁盘文件的映射连接后，再创建其他流类的对象从 FileInputStream 和 FileOutputStream 对象中读写数据。一般较常用的是过滤流的两个子类 DataInputStream 和 DataOutputStream。例如下面的写法：

```
File myFile = new File("MyTextFile");
DataInputStream din = new DataInputStream(new FileInputStream(myFile));
DataOutputStream dour = new DataOutputStream(new FileOutputStream(myFile), "utf-8");
```

【例 9-8】FileDisplay.java 显示文本内容。例中用 **JFileChooser** 来让用户选择文件，如图 9-4 所示。

```java
import java.io.*;
import javax.swing.*;
import javax.swing.filechooser.*;

public class FileDisplay {
    public static void main(String args[]) {
        SwingUtilities.invokeLater(() -> {
            chooseAndDisplay();
        });
    }

    static void chooseAndDisplay() {
        JFrame frame = new JFrame("test for filedialog");
        JTextArea text = new JTextArea(40, 40);
        frame.add(text);
        frame.setSize(600, 500);
        frame.setVisible(true);

        JFileChooser chooser = new JFileChooser();
        javax.swing.filechooser.FileFilter filter =
                new FileNameExtensionFilter("Text and Source Files", "txt", "java", "py");
        chooser.setFileFilter(filter);
        int returnVal = chooser.showOpenDialog(frame);
        File file = null;
        if (returnVal == JFileChooser.APPROVE_OPTION) {
            file = chooser.getSelectedFile();
        }
        if (file == null)
            return;

        try {
            BufferedReader in = new BufferedReader(new FileReader(file));
            String s;
            s = in.readLine();
            while (s != null) {
                text.append(s + "\n");
                s = in.readLine();
            }
            in.close();
        } catch (IOException e2) {
```

```
            e2. printStackTrace( );
         }
      }
   }
```

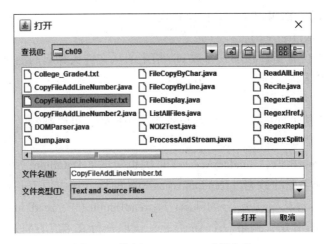

图 9-4　使用 JFileChooser 选择文件

程序中 JFileChooser 对象的 getSelectedFile( )方法可以得到用户选择的文件。

9.2.4　RandomAccessFile 类

FileInputStream 和 FileOutputStream 实现的是对磁盘文件的顺序读写，而且读和写要分别创建不同的对象。相比之下，Java 中还定义了另一个使用更方便的类——RandomAccessFile，它可以实现对文件的随机读写操作。

1. 创建 RandomAccessFile 对象

RandomAccessFile 类有两个构造函数：RandomAccessFile（String name，String mode）和 RandomAccessFile(File f，String mode)。

无论使用哪个创建 RandomAccessFile 对象，都要求提供两种信息：一个作为数据源的文件，以文件名字符串或文件对象的方式表述；另一个是访问模式字符串，它规定了 RandomAccessFile 对象可以用何种方式打开和访问指定的文件。访问模式字符串 mode 有两种取值："r" 代表以只读方式打开文件；"rw" 代表以读写方式打开文件，这时用一个对象就可以同时实现读写两种操作。

创建 RandomAccessFile 对象时，可能产生两种异常：当指定的文件不存在时，系统将抛出 FileNotFoundException；若试图用读写方式打开只读属性的文件或出现了其他输入/输出错误，则会抛出 IOException 异常。下面是创建 RandomAccessFile 对象的语句：

```
        File bankMegFile = new File("BankFile. txt");
        RandomAccessFile myRAF = new RandomAccessFile( bankMegFile,"rw");//读写方式
```

2. 对文件位置指针的操作

与前面的顺序读写操作不同，RandomAccessFile 实现的是随机读写，即可以在文件的任意位置执行数据读写，而不一定要从前向后操作。要实现这样的功能，必须定义文件位置指针和移动这个指针的方法。RandomAccessFile 对象的文件位置指针遵循如下的规律。

（1）新建 RandomAccessFile 对象的文件位置指针位于文件的开头处。
（2）每次读写操作之后，文件位置指针都相应后移读写的字节数。
（3）利用 getPointer() 方法可获取当前文件位置指针从文件头算起的绝对位置。

   public long getPointer();

（4）利用 seek() 方法可以移动文件位置指针。

   public void seek(long pos);

这个方法将文件位置指针移动到参数 pos 指定的从文件头算起的绝对位置处。

（5）length() 方法将返回文件的字节长度。

   public long length();

根据 length() 方法返回的文件长度与位置指针相比较，可以判断是否读到了文件尾。

3. 读操作

与 DataInputStream 相似，RandomAccessFile 类也实现了 DataInput 接口，即它也可以用多种方法分别读取不同类型的数据。RandomAccessFile 的读方法主要有：readBealoon()、readChar()、readInt()、readLong()、readFloat()、readDouble()、readLine()、readUTF() 等。readLine() 从当前位置开始，到第一个 '\n' 为止，读取一行文本，它将返回一个 String 对象。其他方法前面已经介绍过，不再赘述。

4. 写操作

在实现了 DataInput 接口的同时，RandomAccessFile 类还实现了 DataOutput 接口，这就使它具有了与 DataOutputStream 类同样的输出功能。RandomAccessFile 类包含的写方法主要有：writeBealoon()、writeChar()、writeInt()、writeLong()、writeFloat()、writeDouble()、writeLine()、writeUTF() 等。其中，writeUTF() 方法可以向文件输出一个字符串对象。

9.3 基于文本的应用

基于文本的应用程序，经常与字符串（String、StringBuilder）及文件（File）、流（InputStream、OutputStream、Reader、Writer）等相关。许多内容在前面的章节中已经讲过，这里介绍基于文本应用中的几个问题。

9.3.1 Java Application 命令行参数

Java Application 是用命令行来启动执行的，命令行参数就成为向 Java Application 传入数据的常用而有效的手段。

在启动 Java 应用程序时可以一次性地向应用程序中传递 0 到多个参数——命令行参数。命令行参数使用格式如下：

   java 类名 参数 参数 ...

参数之间用空格隔开，如果某个参数本身含有空格，则可以将参数用一对双引号引起来。

命令行参数被系统以 String 数组的方式传递给应用程序中的 main 方法，由参数 args 接收：

   public static void main(String[] args)

或者写成可变长参数的形式：

```
public static void main(String... args)
```

【例 9-9】 TestCommandLine.java 使用命令行参数。

```java
public class TestCommandLine {
    public static void main(String[] args) {
        for (int i = 0; i < args.length; i++) {
            System.out.println("args[" + i + "] = " + args[i]);
        }
    }
}
```

运行时，使用：

```
java TestCommandLine lisa "bily" "Mr Brown"
```

程序运行结果如图 9-5 所示。

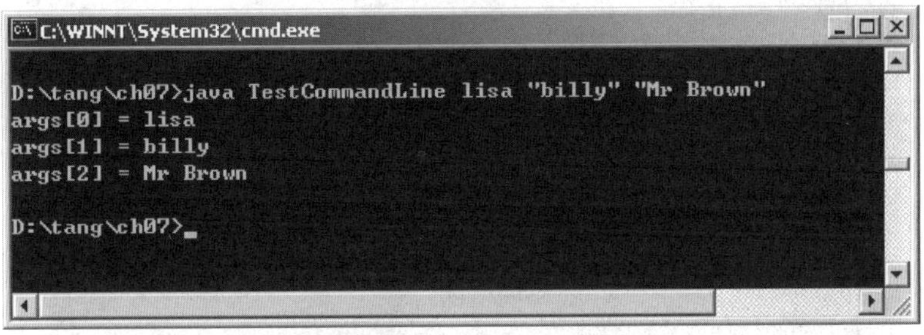

图 9-5　使用命令行参数

9.3.2　环境参数

程序运行时，常常要使用环境参数来决定程序的不同表现。这里介绍一下相关的概念，以及如何在程序中获取环境参数。

环境参数是设于运行环境中的一些信息，其形式如下：

环境参数名 = 参数值

在 Windows 平台下，设定环境参数，可以通过依次选择【我的电脑】→【属性】→【高级】，对环境变量进行设置。

在命令行中，用 set 命令设定环境参数，即：

set　环境参数名=参数值

另外，在运行 Java 时，也可以设定环境变量：

java　-D 环境变量名=值　类名　命令行参数

在 Java 编程中，用 System.getProperties() 或 System.getProperty() 方法来获取环境参数。

【例 9-10】 TestProperties.java 获取环境参数。

```java
import java.util.Properties;
import java.util.Enumeration;
import java.util.Map;

public class TestProperties {
    public static void main(String[] args) {
        Properties ps = System.getProperties();
```

```
            Enumeration<? > pn = ps.propertyNames();
            while (pn.hasMoreElements()) {
                String pName = (String) pn.nextElement();
                String pValue = ps.getProperty(pName);
                System.out.println(pName + "----" + pValue);
            }
        }
    }
```

程序中的 Properties 是 HashTable 的子类。

运行时，可以用：

    java -DmyProperty=MyValue TestProperties

运行时，显示很多环境变量，其中包括 Java 虚拟机提供的一些参数、系统环境提供的一些参数，以及在 Java 命令行上给定的参数。运行结果如图 9-6 所示。

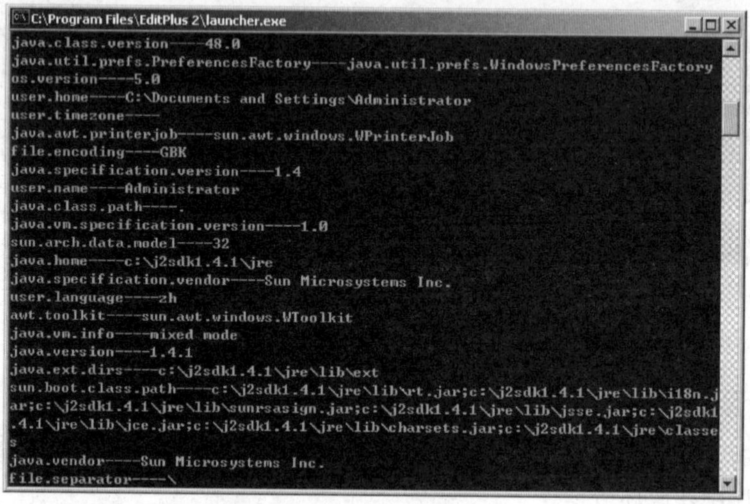

图 9-6 获取环境参数

9.3.3 处理 Deprecated 的 API

由于 JDK 版本的变化，有一部分类、方法或属性在新的版本中不提倡使用或者不能使用，这种情况称为过时的（deprecated）。JDK 文档中对 deprecated 的函数都有说明。

【例 9-11】 TestDeprecated1.java 处理 Deprecated 的 API。

```
public class TestDeprecated1 {
    public static void main(String[] args) {
        Thread thread = new Thread(() -> {
            for (;;) {
                System.out.print(".");
            }
        });
        thread.start();
        try {
            Thread.sleep(1000);
        } catch (InterruptedException ex) {
        }
        thread.stop();
    }
}
```

该程序中使用了 Thread 的 stop() 方法，因为它可能造成线程状态的不确定性，所以在新版的 JDK 中，已不主张使用，编译时会提出警告。若要查看 Deprecation 的详细信息，在编译时，可加上 -deprecation 选项。

要解决这类问题，就要用新的 API 代替原来的方法或者用其他方法实现。这里为了让线程可以结束，可以使用标志变量 stopped，当它为 true 时，结束循环，从而结束线程。

```
public class TestDeprecated2 {
    static boolean stopped = false;
    public static void main(String[] args) {
        Thread thread = new Thread(() -> {
            for(;;) {
                System.out.print(".");
                if(stopped)
                    break;
            }
        });
        thread.start();
        try {
            Thread.sleep(1000);
        } catch(InterruptedException ex) {
        }
        stopped = true;
    }
}
```

9.4 正则表达式

正则表达式是文本处理中常用的工具，它实际上是用来匹配字符串的一种模式。在 Java 中有一个正则表达式引擎（在 java.util.regex 包中），可以用正则表达式来验证和处理文本字符。

9.4.1 正则表达式的基本元素

正则表达式实际上是用通配符来表示所要查找或匹配的字符串，比如[0-9]{2,4}$表示数字字符连续有 2~4 个，且这串字符要出现在行尾。这里，[0-9] 表示要匹配的字符范围，{2,4} 表示字符数量，$表示位置（边界）在行尾。

表 9-4 和表 9-5 列出了构成正则表达式所需的基本元素。

表 9-4　正则表达式中的字符

字符	含义	描述
.	代表一个字符的通配符	能和回车符之外的任何字符相匹配
[ ]	字符集	能和括号内的任何一个字符相匹配。方括号内也可以表示一个范围，用"-"符号将起始和末尾字符区分开来，如 [0-9]
[^]	排斥性字符集	和集合之外的任意字符匹配，如 [^0-9] 表示非数字
^	起始位置	定位到一行的起始处并向后匹配
$	结束位置	定位到一行的结尾处并向前匹配
( )	组	按照子表达式进行分组

续表

字 符	含 义	描 述
|	或	或关系的逻辑选择，通常和组结合使用
\	转义	匹配反斜线符号之后的字符，所以可以转义一些特殊符号，例如\$和\.

表 9-5 正则表达式中元素次数的控制符

符 号	含 义	描 述
*	零个或多个	字符零个或多个
+	一个或多个	字符一个或多个
?	零个或一个	字符一个或零个
{n}	多个	字符 n 个
*?	零个或多个	零个或多个，但不要太贪婪，如<.*?>在\ aaaa\<p>bbb 第一次找到\ 即可，而不是贪婪地得到\ aaaa\<p>

为了方便使用，在 Java 中还预定义了一些字符。

- \d：表示数字，相当于 [0-9]。
- \D：表示非数字，相当于 [^0-9]。
- \s：表示空白符，相当于 [\t\n\x0B\f\r]。
- \S：表示非空白符，相当于 [^\s]。
- \w：表示单词字符，相当于 [a-zA-Z_0-9]。
- \W：表示非单词字符，相当于 [^\w]。

下面给出表 9-4 中所列元素的一些实例。

a..c——能够匹配 "abbc" "aZZc" "a09c" 等。

a..c\$——能够匹配 "abbc" "aZZc" "a09c" 等，从一行的尾部开始向前匹配。

[Bbw]ill——能够匹配 "Bill" "bill" "will"。

0[^23456]a——能够匹配 "01a" "07a" "0ba"，但不能匹配 "02a" 或者 "05a"。

(good|bad)day——能够匹配 "goodday" "badday"。

a\(b\)——能够匹配 "a(b)"，反斜线符号说明圆括号不是作为一个组的分隔符，而是作为普通字符来对待。

下面给出表 9-5 中所列元素的一些实例。

a+b——匹配一个或多个字符 "a" 之后跟随着字符 "b"，例如，"ab" "aab" "aaab"。

ab+——一个 "a" 后面跟着一个或多个 "b" 的字符串进行匹配，所以它可以对 "ab" "abab" "ababab" 等进行匹配。

(ab)+——对出现一次或重复 "ab" 字符串进行匹配，所以它可以对 "ab" "abab" "ababab" 等进行匹配。

[0-9]{4}——匹配任何 4 位数字。

\([0-9]{3}\)-[0-9]{3}-[0-9]{4}——匹配类似（666)-666-6666 形式的电话号码。

^.*\$——能够匹配整个一行，因为 .* 能匹配零个或多个任何字符，并且^和\$定位到该

行的首尾处，然后开始匹配。

^Dav(e|id)——如果在一行的开始出现了"Dave"或"David"，那么就进行匹配。"^"表示对行首进行匹配，"()"划清一组的界线，"|"（一个或运算符）表示可以选择的。

9.4.2 Pattern 及 Matcher

java.util.regex 包中主要提供了 Pattern 类及 Matcher 类来完成正则表达式的功能。

1. Pattern 类

Pattern 类的实例表示以字符串形式指定的正则表达式。

用字符串形式指定的正则表达式必须先编译成 Pattern 类的实例。

Pattern 的 split( ) 方法可以将字符串在与此模式匹配的位置切分开。

【例 9-12】RegexSplitter.java 对以逗号和/或空格分隔的输入字符串进行分割。

```
import java.util.regex.*;

public class RegexSplitter {
    public static void main(String[] args) throws Exception {
        Pattern p = Pattern.compile("[,\\s]+");
        String[] result = p.split("one,two, three    four , five ");
        for (int i = 0; i < result.length; i++) {
            System.out.println(result[i]);
        }
    }
}
```

程序中，正则表达式表示用逗号及空白（\s）进行分割（split）。要注意"\"在 Java 的源程序的字符串中要写成"\\"。程序的运行结果如下：

```
one
two
three
four
five
```

Pattern 类的静态方法 matches（模式串，字符串）方法可以直接进行模式的匹配判断。

【例 9-13】RegexEmailValidate.java 判断一个 E-mail 地址是否合法。

```
import java.util.regex.*;

public class RegexEmailValidate {
    public static void main(String[] args) throws Exception {
        String pattern = "^[^@]+@\\w+(\\.\\w+)+$";
        String email = "dstang2000@263.net";
        boolean ok = Pattern.matches(pattern, email);
        System.out.println(ok);
    }
}
```

例 9-13 中的模式要求 E-mail 地址在@的前面有多个非@的字符，在@之后，需要一些由点（.）隔开的一些单词字符（\w）。要注意点在正则表达式中写成\.，而\在 Java 字符串中要写成\\，所以点最终是"\\."。程序的运行结果是 true。

2. Matcher 类

Matcher 类的实例用于表示一次匹配。

通过调用某个模式（Pattern 对象）的 matcher 方法可以得到 Matcher 对象。Matcher 对象有以下三个方法。

（1）matches()方法根据此模式，对整个输入序列进行匹配。

（2）lookingAt()方法根据此模式，从开始处对输入序列进行匹配。

（3）find()方法将扫描输入序列，寻找下一个与模式匹配的地方。一般用于循环。

这些方法都会返回一个表示成功或失败的布尔值。如果匹配成功，通过查询匹配器的状态，可以获得更多的信息。

Matcher 对象的 group() 得到的是整个匹配的字符串，而 group(n) 表示该次匹配里面的第 n 个分组（即第 n 对圆括号里的匹配到的字符串），这里 n 是从 1 开始计数的。

另外，Matcher 类还定义了用新字符串替换匹配序列的方法。appendReplacement 方法先添加字符串中从当前位置到下一个匹配位置之间的所有字符，然后添加替换值。appendTail 添加的是字符串中从最后一次匹配的位置之后开始，直到结尾的部分。

【例 9-14】 RegexReplacement.java 简单的单词替换。

```java
import java.util.regex.*;

public class RegexReplacement {
    public static void main(String[] args) throws Exception {
        Pattern pattern = Pattern.compile("(cat|dog)s?");
        String text = "One cat, two dogs and three chickens are in the yard.";
        Matcher matcher = pattern.matcher(text);
        StringBuffer sb = new StringBuffer();
        while (matcher.find()) {
            matcher.appendReplacement(sb, "big $0");
        }
        matcher.appendTail(sb);
        System.out.println(sb.toString());
    }
}
```

例 9-14 通过在字符串中查找 cat 或 dog（可以带 s）的每一次匹配，并换成 big 加上匹配的字符串（用$0 表示），加入到 sb 中，最后再用 appendTail() 方法将最后一次匹配后剩下的字符串加入到 sb 中。程序的输出结果是"One big cat, two big dogs and three chickens are in the yard."。

【例 9-15】 RegexHref.java 从网页中找到链接。

```java
import java.util.regex.*;

class RegexHref {
    public static void main(String[] args) {
        String patternString = "\\s*(href|src)\\s*=\\s*\"(.*?)\"";
        String text = "<a href=\"http://a.com/1.htm\">aaa</a> \n"
                + "<img src=\"http://bb.com/pic.jpg\">";
        Pattern pattern = Pattern.compile(patternString, Pattern.CASE_INSENSITIVE);
        Matcher matcher = pattern.matcher(text);
        StringBuffer buffer = new StringBuffer();
        while (matcher.find()) {
            // 整个捕获,相当于 goup(0)
            buffer.append("获捕到" + matcher.group());
            // 捕获中的一部分(第 2 对圆括号对应的,即是网址)
            buffer.append("其中网址为" + matcher.group(2));
            buffer.append("\r\n");
        }
```

```
            System.out.println(buffer.toString());
        }
    }
```

程序中的正则表达式里用.*? 来表示网址（引号中的内容，它匹配任意字符，直到遇到引号为止）。其中，*? 表示任意个，但是不要"太贪婪"，即不要一下子找到最后的引号。程序运行结果是：

  获捕到 href="http://a.com/1.htm" 其中网址为 http://a.com/1.htm
  获捕到 src="http://bb.com/pic.jpg" 其中网址为 http://bb.com/pic.jpg

9.5 XML 处理

XML 是一类用于描述数据的文本文件，它用在配置、数据交换、远程调用等多种场合，是很重要的表示数据的方式。本节介绍 XML 编程方面的基本知识。

9.5.1 XML 的基本概念

1．XML 概述

XML 的功能基于以下两个重要的特征。

 ↳ XML 是基于文本的，便于各种程序进行理解和处理。
 ↳ XML 是可扩展的，用户可以定义自己的标签。

这些特征使得 XML 几乎具有很大的灵活性。现在，XML 广泛用于文档格式化、数据交换、数据存储、数据库操作。基于 XML 的 Web Service 不仅用 XML 来表示程序间要交流的数据，还用 XML 来表示程序间的相互调用的指令。

2. XML 文件

一个 XML 文件的主要内容是由有嵌套关系的标签及文字构成的。下面是一个用于表示书目信息的 XML 文件：

```xml
<?xml version="1.0" encoding="utf-8"?>
<!-- My BookList -->
<books>
    <book isbn="7861004877" topic="Java">
        <title>Java Programming with JDK8</title>
        <publisher>Wrox Press</publisher>
        <author>Burton Harvey</author>
        <author>Simon Robinson</author>
        <author>Julian Templeman</author>
        <author>Simon Watson</author>
        <price>34.99</price>
    </book>
    <book isbn="7861004915" topic="C++">
        <title>C++ Programming with the Public Beta</title>
        <publisher>Wrox Press</publisher>
        <author>Billy Hollis</author>
        <author>Rockford Lhotka</author>
        <price>34.99</price>
    </book>
    <book isbn="7893115860" topic="Java">
        <title>A Programmers' Introduction to Java</title>
        <publisher>APress</publisher>
        <author>Eric Gunnerson</author>
```

```
        <price>34.95</price>
    </book>
    <book isbn="7735613778" topic="VB">
        <title>Introducing Microsoft VB.NET</title>
        <publisher>Microsoft Press</publisher>
        <author>David Platt</author>
        <price>29.99</price>
    </book>
</books>
```

代码中第一行用<?和?>记号围起来的部分称为 XML 指令,它不是 XML 数据的一部分。<?xml?>指令表明其后为 XML 文档。第二行为注释语句,可以看到,XML 和 HTML 的注释语句的格式是一样的。

XML 文档由一组标签集组成,其中只能有一个最外层标签(此例中即<books>)作为根元素。

所有的开始标签都必须匹配一个结束标签。如果 XML 元素没有内容,那么允许合并开始和结束标签,因此下面这两行 XML 代码是等效的:

```
<stock></stock>
<stock/>
```

类似于 HTML,XML 标签可以包含由"键-值"对组成的属性,如下所示:

```
<book isbn="7735613778" topic=".NET">
```

XML 文档中的某些字符具有特殊意义,如大于号及小于号。为了表示这些特殊的字符,可以使用"实体引用",实体引用是出现在字符"&"和";"间的字符串,如 < 表示小于号。要在 XML 文档中使用下列字符串:

```
The start of an XML tag is denoted by <
```

应该这样编码:

```
The start of an XML tag is denoted by &lt;
```

也可以使用 CDATA 区,其中的字符都当作普通字符进行处理:

```
<![CDATA[
Unparsed data such as <this> and <this> goes here...]]>
```

3. XSL 及 XPath

XML 表示数据,可用于存储和传输数据,但其中没有提供这些数据如何进行显示的信息。在实际应用中,还需要将数据转成其他有用的格式,如用于在浏览器中显示的 HTML、用于打印的 PDF、用于数据库修改操作的输入,等等。

XSL(XML style sheet language,XML 样式表语言)提供了对 XML 文件使用样式表的方法,包含下列多种使用途径。

(1)把 XML 转化成 HTML,以便在浏览器中显示。

(2)把 XML 转化成 HTML 的不同子集,以便用于多种设备(WAP 电话、浏览器、便携机等)的显示。

(3)把 XML 转化成其他格式,如 PDF 或者 RTF。

(4)把 XML 转化成其他的 XML 格式。

XSL 的基本思想是:在文档中按一定条件匹配相应的元素,然后决定输出哪些内容。例如,考察前例中的某本书的作者:

```
<author>Herman Melville</author>
```
如果要以 HTML 二级标题的格式输出上述内容,如下所示:
```
<h2>Herman Melville</h2>
```
在 XSL 中则可以使用如下 XSL 代码实现:
```
<! -- Match all authors   -->
<xsl:template match="book/author">
<h2><xsl:value-of select="."   /></h2>
</xsl:template>
```

注意:

XSL 样式表本身也是 XML 文档,并遵守 XML 的所有规则。样式表中的命令的表示格式以 "xsl:" 作为前缀。

样式表命令中的"模板(template)"的作用是在 XML 文档中匹配一个或多个元素。在前面的代码段中,`<xsl:template match="book/author">`命令表示要匹配<book>元素的子元素<author>,而<xsl:value-of>命令表示将选中的当前对象(.)取出来,它会放到<h2></h2>里面。

XSL 代码中的 match 表达式是 XPath 表达式。XPath,即 XML 路径语言,是在 XML 文档中描述节点集的一种符号。XPath 有点儿像文件路径那样,用斜杠来分隔父元素与子元素。常见的形式如下。

- /books/book:表示 books 下面的各个 book 元素。
- //book:表示在根元素及各级子元素中查找 book 元素。
- //book@ topic:表示查找 book 元素的 topic 属性。
- //book[1]:表示查找第 1 个 book 元素。
- //book[@ topic='Java']:表示查找满足条件(topic 属性为 Java)的 book 元素。

9.5.2 XML 编程

在 Java 中,使用 javax.xml 包及其子包来支持对 XML 文档的处理。由于 XML 所涉及的内容相当广泛,已经超出了本书的范围。下面仅就几个常见任务介绍如何进行 XML 编程。

1. XML 的处理方式

有两种处理 XML 文档的途径:第一种方式叫 DOM,第二种方式叫 SAX。

DOM 方式是让解析器读取全部文档,分析它们,然后在内存中建立一棵具有层次结构的树。一旦建立好这棵树,就可以遍历和修改了,可以添加、删除、重排序以及改变元素。在内存中表示 XML 文档的模型,称为文档对象模型(Document Object Mode, DOM)。DOM 处理方式适用于小型 XML 文件解析、需要全解析或者大部分解析 XML、需要修改 XML 树内容以生成自己的对象模型。

SAX 方式是逐行读取文档,依次验证各个元素。许多解析器都可以对 XML 文档实现简单、高效的前向分析。实践中有一条广泛应用的标准是:用于 XML 解析的简单 API(simple API for XML parsing, SAX)。在 SAX 方式中,解析器逐个读取元素,然后调用用户提供的函数,这些函数能够通知用户关心的事件(如元素的开始、结束或者遇到处理指令)。由于其不需要将整个 XML 文档读入内存当中,它比较节省系统资源,但编程相对麻烦。

2. 使用 DOM 方式解析 XML 文档

JDK 中的 DOM API 遵循 W3C DOM 规范,其中 org.w3c.dom 包提供了 Document、DocumentType、Node、NodeList、Element 等接口，这些接口均是访问 DOM 文档所必须的。可以利用这些接口创建、遍历、修改 DOM 文档。javax.xml 包及其子包则是提供关于解析处理 XML 的类。在 Java 9 以上的版本中，org.w3c.dom 包及 javax.xml 包位于 java.xml 模块中。

javax.xml.parsers 包中的 DoumentBuilder 和 DocumentBuilderFactory 用于解析 XML 文档生成对应的 DOM Document 对象。

javax.xml.transform.dom 和 javax.xml.transform.stream 包中 DOMSource 类和 StreamSource 类，用于将更新后的 DOM 文档写入 XML 文件。

下面给出一个运用 DOM 解析 XML 的例子。

【例 9-16】DOMParser.java 使用 DOM 方式解析 XML。

```java
import java.io.*;
import org.w3c.dom.*;
import org.xml.sax.*;
import javax.xml.parsers.*;

public class DOMParser {

    // 载入 XML 至 Document
    public static Document loadXml(String filePath) {
        Document document = null;
        try {
            DocumentBuilderFactory builderFactory = DocumentBuilderFactory.newInstance();
            DocumentBuilder builder = builderFactory.newDocumentBuilder();
            // 载入 XML 到 DOM
            document = builder.parse(new File(filePath));
        } catch (ParserConfigurationException e) {
            e.printStackTrace();
        } catch (SAXException e) {
            e.printStackTrace();
        } catch (IOException e) {
            e.printStackTrace();
        }
        return document;
    }

    public static void main(String[] args) {
        // 载入 XML 至 Document
        Document document = loadXml("books.xml");
        // 得到根元素
        Element rootElement = document.getDocumentElement();

        // 遍历
        NodeList nodes = rootElement.getChildNodes();
        for (int i = 0; i < nodes.getLength(); i++) {
            Node node = nodes.item(i);
            if (node.getNodeType() == Node.ELEMENT_NODE) {
                System.out.println(node.getTextContent());
                Element element = (Element) node;
                // 这里可以进一步处理
                NamedNodeMap attributes = element.getAttributes(); // 所有的属性
                for (int a = 0; a < attributes.getLength(); a++) {
                    Node attr = attributes.item(a);
                    System.out.println(attr.getNodeName() + ": " + attr.getNodeValue());
                }
            }
        }
    }
}
```

```
            }
        // 按标记查找到元素
        NodeList nodeList = rootElement.getElementsByTagName("book");
        if (nodeList != null) {
            for (int i = 0; i < nodeList.getLength(); i++) {
                Element element = (Element) nodeList.item(i);
                String isbn = element.getAttribute("isbn");
                System.out.println("isbn: " + isbn);
            }
        }
    }
}
```

在上面的例子中,loadXml()方法负责解析 XML 文件并生成对应的 DOM Document 对象。其中,DocumentBuilderFactory 用于生成 DOM 文档解析器,以便解析 XML 文档。在获取了 XML 文件对应的 Document 对象之后,可以调用一系列的 API 方便地对文档对象模型中的元素进行访问和处理。需要注意的是,调用 Element 对象的 getChildNodes() 方法时,将返回其下所有的子节点,其中包括空白节点,因此需要在处理子 Element 之前对节点类型加以判断。

可以看出,DOM 解析 XML 易于开发,只需要通过解析器建立起 XML 对应的 DOM 树状结构便可以方便地使用 API 对节点进行访问和处理,并且支持节点的删除和修改等。但是这种方式会将整个 XML 文件的内容解析成树状结构存放在内存中,因此不适合用 DOM 解析很大的 XML 文件。

3. 使用 SAX 方式解析 XML 文档

与 DOM 建立树状结构的方式不同,SAX 采用事件模型来解析 XML 文档(即遇到不同的内容进行不同的处理),是解析 XML 文档的一种更快速、更轻量的方法。利用 SAX 可以对 XML 文档进行有选择地解析和访问,而不必像 DOM 那样加载整个文档,因此它对内存的要求较低。但 SAX 对 XML 文档的解析为一次性读取,不创建任何文档对象,很难同时访问文档中的多处数据。

【例 9-17】SAXParser.java 使用 SAX 方式解析 XML。

```
import java.util.*;
import java.io.*;
import org.xml.sax.*;
import org.xml.sax.helpers.*;

public class SAXParser {
    static class BookHandler extends DefaultHandler {
        private List<String> nameList;
        private boolean title = false;

        public List<String> getNameList() {
            return nameList;
        }

        // 当遇到文档开始
        @Override
        public void startDocument() throws SAXException {
            System.out.println("Start parsing document...");
            nameList = new ArrayList<String>();
        }
```

```java
// 当遇到文档结束
@Override
public void endDocument() throws SAXException {
    System.out.println("End");
}

/**
 * 当遇到文档元素开始.
 *
 * @param namespaceURI
 *            名称空间
 * @param localName
 *            本地名
 * @param qName
 *            带前缀的名字
 * @param atts
 *            属性
 */
@Override
public void startElement(String uri, String localName, String qName,
        Attributes atts) throws SAXException {
    // 进行处理
    if (qName.equals("title")) {
        title = true;
    }
}

@Override
public void endElement(String namespaceURI, String localName,
        String qName) throws SAXException {
    // 处理元素结束
    if (title) {
        title = false;
    }
}

@Override
public void characters(char[] ch, int start, int length) {
    // 处理一个元素内部的字符
    if (title) {
        String bookTitle = new String(ch, start, length);
        System.out.println("Book title: " + bookTitle);
        nameList.add(bookTitle);
    }
}

public static void main(String[] args) throws SAXException, IOException {
    XMLReader parser = XMLReaderFactory.createXMLReader();
    BookHandler bookHandler = new BookHandler();
    parser.setContentHandler(bookHandler);
    parser.parse("books.xml");
    System.out.println(bookHandler.getNameList());
}
```

SAX 解析器接口和事件处理器接口定义在 org.xml.sax 包中，主要的接口包括 ContentHandler、DTDHandler、EntityResolver 及 ErrorHandler。其中，ContentHandler 是主要的处理器接口，用于处理基本的文档解析事件；DTDHandler 和 EntityResolver 接口用于处理与

DTD 验证和实体解析相关的事件；ErrorHandler 是基本的错误处理接口。DefaultHandler 类实现了上述四个事件处理接口。例 9-17 中 BookHandler 继承了 DefaultHandler 类，并覆盖了其中的五个回调方法 startDocument()、endDocument()、startElement()、endElement() 及 characters() 以加入自己的事件处理逻辑。

4. 使用 XPath 方式查询 XML 文档

在 XML DOM 中，使用节点的 getChildren() 要一层一层地获取才能到达下层的节点，使用起来很不方便。使用 XPath 方式来查询 XML 文档则可以更方便地查询到子节点。

javax.xml.xpath 包中的 XPathFactory、XPath、XPathExpression 用于处理 XPath 相关的查询任务，如下例所示。

【例 9-18】 XPathDemo.java 使用 XPath 查询 XML。

```java
import java.io.IOException;
import javax.xml.parsers.*;
import javax.xml.xpath.*;
import org.w3c.dom.*;
import org.xml.sax.SAXException;

public class XPathDemo {
    public static void main(String[] args)
            throws ParserConfigurationException, SAXException,
            IOException, XPathExpressionException {
        DocumentBuilderFactory factory = DocumentBuilderFactory.newInstance();
        factory.setNamespaceAware(false);
        DocumentBuilder builder = factory.newDocumentBuilder();
        Document doc = builder.parse("books.xml");

        XPathFactory xFactory = XPathFactory.newInstance();
        XPath xpath = xFactory.newXPath();
        XPathExpression expr = xpath.compile("//book/title");
        Object result = expr.evaluate(doc, XPathConstants.NODESET);
        NodeList nodes = (NodeList) result;
        for (int i = 0; i < nodes.getLength(); i++) {
            System.out.println(nodes.item(i).getTextContent());
        }
    }
}
```

习题

1. 字节流与字符流有什么差别？
2. 节点流与处理流有什么差别？
3. 输入流与输出流各有什么方法？
4. 怎样进行文件及目录的管理？
5. 编写一个程序，从命令行上接收两个实数，计算其乘积。
6. 编写一个程序，从命令行上接收两个文件名，比较两个文件的长度及内容。
7. 编写一个程序，能将一个 Java 源程序中的空行及注释去掉。
8. 编写一个程序，用正则表达式进行查找和替换。
9. 编写一个程序，能用 XPath 在 XML 文档中查询相关的信息。

第10章 图形用户界面

图形用户界面（graphical user interface，GUI）是程序与用户交互的方式，利用它可以接受用户的输入并向用户输出程序运行的结果。本章将介绍图形用户界面的基本组成和主要操作，包括AWT组件、Swing组件、布局管理、事件处理、绘制图形、显示动画等，在本章的最后还介绍了基于GUI的应用程序的一般建立方法，包括使用菜单、工具栏、剪贴板等。

10.1 界面组件

10.1.1 图形用户界面概述

设计和构造用户界面，是软件开发中的一项重要工作。用户界面是计算机用户与计算机系统交互的接口，用户界面功能是否完善、使用是否方便，将直接影响到用户对应用软件的使用。图形用户界面（GUI），使用图形的方式借助菜单、按钮等标准界面元素和鼠标操作，帮助用户方便地向计算机系统发出命令，启动操作，并将系统运行的结果同样以图形的方式显示给用户。图形用户界面画面生动、操作简便，已经成为目前几乎所有应用软件的既成标准。所以，学习设计和开发图形用户界面是十分重要的。

简单地说，图形用户界面就是一组图形界面成分和界面元素的有机组合，这些成分和元素之间不但外观上有着包含、相邻、相交等物理关系，内在的也有包含、调用等逻辑关系，它们互相作用、传递消息，共同组成一个能响应特定事件、具有一定功能的图形界面系统。

Java语言中，处理图形用户界面的类库主要是java.awt包和javax.swing包。

AWT是abstract window toolkit（抽象窗口工具集）的英文缩写。"抽象窗口"使得开发人员所设计的界面独立于具体的界面实现。也就是说，开发人员用AWT开发出的图形用户界面可以适用于所有的平台系统。当然，这仅是理想情况。实际上AWT在不同的平台上可能会出现不同的运行效果，如窗口大小、字体效果将发生变化等。

javax.swing包是JDK 1.2以后版本所引入的图形用户界面类库，其中定义的SwingGUI组件相对于java.awt包的各种GUI组件增加了许多功能。它是"轻量级"的用户界面库，它的界面是绘制出来的，所以在不同平台上的运行效果基本一样。

由于Swing技术已取代AWT技术（虽然还使用了一些java.awt的类），所以本书以Swing技术为主进行介绍。

Swing是第二代GUI开发工具集。javax.swing包被列入Java的基础类库（JFC），Swing建立在AWT，Java2D，Accessibility等的基础上，如图10-1所示。

与AWT相比，Swing具有更好的可移植性，Swing提供了更完整的组件，增加了许多功能。此外，Swing引入了许多新的特性和能力。

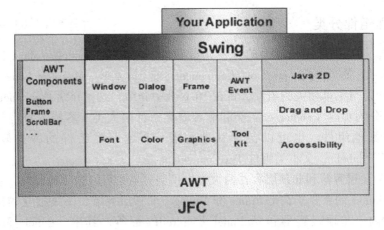

图 10-1 Swing 及其在 JFC 中所处的位置

- Swing 提供了一个完全的 UI 组件集合。
- 所有的组件都是很小巧的（没有"重量级"组件被使用），Swing 提供了更好的跨平台性。
- 界面的外观可以在不同的平台和不同的操作系统有一致的效果。
- 双缓存的重绘功能。
- 拖放支持。
- 大部分组件自动地支持文本、图形、工具提示（Tooltip）。
- 更好地支持滚动，可以简单地将组件加到一个 JScrollPane 中即可。
- 更多特殊的组件，例如 JColorChooser、JFileChooser、JPasswordField、JHTMLPane（完成简单的 HTML 格式化和显示），以及 JTextPane（一个支持格式化、字处理和图像的文字编辑器）。它们都非常易用。

值得一提的是，在 Java 发展过程中，主要是 Java 7、Java 8 时期，GUI 框架中出现过 JavaFX 技术，它是建立丰富客户端界面的一种技术，其特点是专门用一种语言来描述界面，用 Java 代码来编写业务逻辑。不过，由于技术的发展（特别是 Web 技术及 HTML 5 技术的发展），现在 JavaFX 已显得不是那么重要，并且在新版本的 Java SE 中已不包括 JavaFX 了，所以本书不介绍 JavaFX。

设计和实现图形用户界面的工作主要有以下几点。

（1）创建组件（component）：创建组成界面的各种元素，如按钮、文本框等。

（2）指定布局（layout）：根据具体需要排列它们的位置关系。

（3）响应事件（event）：定义图形用户界面的事件和各界面元素对不同事件（如单击、鼠标移动等）的响应，从而实现图形用户界面与用户的交互功能。

本章将对组件、布局、事件等进行讲解，读者可以据此编制一些图形用户界面的程序。在实际开发过程中，经常借助各种具有可视化图形界面设计功能的软件，如 IDEA、NetBeans 等、Eclipse 中安装的 WindowBuilder 插件，这些工具软件有助于提高界面设计的效率。

10.1.2　界面组件分类

在 Java 中，构成图形用户界面的各种元素称为组件（component）。Java 程序要显示的 GUI 组件都是抽象类 java.awt.Component 或 java.awt.MenuComponent 的子类。MenuComponent 是与菜单相关的组件，将在 10.6 节中介绍，这里介绍 Component 类。

AWT 组件分为容器（container）类和非容器类组件两大类。容器本身也是组件，但容器中可以包含其他组件，也可以包含其他容器。非容器类组件的种类较多，如按钮（button）、标签（label）、文本类组件 TextComponent 等。

容器又分为顶层容器和非顶层容器两大类。顶层容器是可以独立的窗口，顶层容器的类是 Window，Window 的重要子类是 Frame 和 Dialog。非顶层容器，不是独立的窗口，它们必须位于窗口之内，非顶层容器包括 Panel 及 ScrollPane 等。其中，Panel 都是无边框的；ScrollPanel 一组是可以自动处理滚动操作的容器；Window、Frame、Dialog 和 FileDialog 是一组大都含有边框，并可以移动、放大、缩小、关闭的功能较强的独立容器。

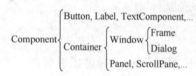

图 10-2　AWT 组件的分类

AWT 组件的分类，可以用图 10-2 来表示。相关类的继承关系如图 10-3 所示。

```
java.lang.Object                    java.lang.Object
    java.awt.Component                  java.awt.Component
        java.awt.Container                  java.awt.Container
            java.awt.Window                     javax.swing.JComponent
                java.awt.Frame                      javax.swing.AbstractButton
                    javax.swing.JFrame                  javax.swing.JButton
```

图 10-3　JFrame 及 JButton 类的继承关系

注意：

Swing 组件是在 AWT 基础上开发的，大部分的 Swing 组件继承了对应的 AWT 组件，如 javax.swing.JFrame 继承了 java.awt.Frame，javax.swing.JPanel 继承了 java.awt.Panel。javax.swing.JButton 则与 java.awt.Button 对应，javax.swing.JLabel 与 java.awt.Label 对应，不过，要注意的是，javax.swing.JButton、javax.swing.JLabel 继承的是 javax.swing.JComponent，而 JComponent 则继承了 java.awt.Container，所以从这个意义上，JButton、JLabel 等都是容器对象，其内部可以再包含其他对象，并且具有较复杂的功能。

1. Container 类

Contain 类的特点是：容器中可以容纳其他组件，使用 add( ) 方法，可以将其他对象加入到容器中，加入到容器中后，组件的位置和尺寸由布局管理器决定（关于布局管理器在 10.2 节中详细介绍）。如果要人工控制组件在容器中的大小位置，可取消布局管理器，即用方法 setLayout(null)，然后使用 Component 类的成员方法 setLocation( )、setSize( ) 和 setBounds( ) 来设定其大小及位置。

下面介绍两类重要的容器：JFrame 及 JPanel。

(1) JFrame 类具有以下特点。
⇨ JFrame 类是 Frame 类的直接子类,而 Frame 是 Window 的子类。
⇨ JFrame 对象显示效果是一个"窗口",带有标题和尺寸重置角标。
⇨ 默认初始化为不可见的,可使用 setVisible(true) 方法使之变为可见。
⇨ 默认的布局管理器是 BorderLayout,可使用 setLayout() 方法改变其默认布局管理器。
(2) JPanel 类具有以下特点。
⇨ JPanel 不是顶层窗口,它必须位于窗口或其他容器之内。
⇨ JPanel 提供可以容纳其他组件,在程序中经常用于布局和定位。
⇨ 默认的布局管理器是 FlowLayout,可使用 setLayout() 方法改变其默认布局管理器。
⇨ JPanel 内部可以采用和所在容器不同的布局管理器。

【例 10-1】 TestJFrame.java 使用 JFrame。

```
import java.awt.*;
import javax.swing.*;

public class TestJFrame {
    public static void main(String args[]) {
        JFrame f = new JFrame("Test JFrame");
        f.setSize(320, 200);
        f.getContentPane().setBackground(Color.blue);
        f.setDefaultCloseOperation(JFrame.EXIT_ON_CLOSE);

        SwingUtilities.invokeLater(()->{
            f.setVisible(true);
        });
    }
}
```

程序运行结果如图 10-4 所示。JFrame 是编写窗口应用程序最重要的顶层容器。JFrame 在使用时要注意以下几点。

⇨ JFrame 内部含有一个内容面板(ContentPane),它是用来包含各种其他组件的,可以通过 getContentPane() 来得到它。事实上,JFrame 的 add(子组件)等价于 getContentPane().add(子组件),而 setLayout(布局)相当于 getContentPane().setLayout(布局)。

图 10-4 简单的 JFrame

⇨ JFrame 需要使用 setDefaultCloseOperation() 方法来设置关闭窗口的作用,一般使用 JFrame.EXIT_ON_CLOSE 表示关闭时退出程序。如果不设置,则关闭窗口时只是简单地将窗口隐藏起来。

⇨ 在 main() 方法或其他线程(只要不是界面线程)中,需要使用 SwingUtilities.invokeLater() 来操作界面,否则会发生异常。

【例 10-2】 TestJPanel.java 在 JFrame 中加入 JPanel。

```
import java.awt.*;
import javax.swing.*;

public class TestJPanel {
    public static void main(String args[]) {
        JFrame f = new JFrame("Test JPanel");
        f.setSize(300, 220);
```

```
            f.setLocation(500, 400);
            f.getContentPane().setBackground(Color.blue);

            JPanel pan = new JPanel();
            pan.setSize(150, 100);
            pan.setLocation(50, 50);
            pan.setBackground(Color.green);

            JButton b = new JButton("ok");
            b.setSize(80, 20);
            b.setLocation(50, 30);
            b.setBackground(Color.red);

            f.setLayout(null);  // 取消默认布局管理器
            pan.setLayout(null);
            pan.add(b);  // 面板上加入按钮
            f.getContentPane().add(pan);  // 窗体上加入面板

            SwingUtilities.invokeLater(() -> {
                f.setVisible(true);
            });
        }
    }
```

图 10-5 在 Frame 中加入 Panel

程序运行结果如图 10-5 所示。程序中在 JFrame 中加入了 JPanel，而 JPanel 中加入了 JButton。其中 f.getContentPane().add(pan)可以写为 f.add(pan)，这是因为在 JFrame 的 add() 方法内部直接调用了 getContentPane().add() 方法。

2. 非 Container 类组件

非 Container 类组件，又称为控制组件（控件），与容器不同，它里面不再包含其他组件。控制组件的作用是完成与用户的交互，包括接收用户的一个命令（如按钮），接收用户的一个文本或选择输入，向用户显示一段文本或一个图形，等等。常用的控制组件有以下几种。

（1）命令类：按钮 Button。
（2）选择类：单选按钮 RadioButton、复选按钮 Checkbox、列表框 List、下拉框 Choice。
（3）文字处理类：文本字段 TextField、文本区域 TextArea。

使用控制组件，通常需要如下的步骤。
（1）创建某控制组件类的对象，指定其文本、大小等属性。
（2）使用某种布局策略，将该控制组件对象加入到某个容器中的某指定位置处。
（3）将该组件对象注册给它所能产生的事件对应的事件监听者，重载事件处理方法，实现利用该组件对象与用户交互的功能。

值得注意是，上面提到的这些控件都是 AWT 中的。而在 Swing 中，JButton, JTextField 等控件都是继承于 JComponent 的，而 JComponent 是继承 java.awt.Container 的，所以这些"控件"在一定意义上都是容器。所以在 Swing 中区分容器与非容器就不是那么重要了。

10.1.3 Component 的方法

Component 类是所有组件和容器的抽象父类，其中定义了一些每个容器和组件都可能用到的方法，较常用的方法如下。

- public void add(PopupMenu popup)：在组件上加入一个弹出菜单，当用户用鼠标右键单击组件时将弹出这个菜单。
- public Color getBackground()：获得组件的背景色。
- public Font getFont()：获得组件使用的字体。
- public Color getForeground()：获得组件的前景色。
- public Graphics getGraphics()：获得在组件上绘图时需要使用的 Graphics 对象。
- public void repaint(int x,int y,int width,int height)：以指定的坐标点（x，y）为左上角，重画组件中指定宽度（width）、指定高度（height）的区域。
- public void setBackground(Color c)：设置组件的背景色。
- public void setEnabled(boolean b)：设置组件的使能状态。参数 b 为 true 则组件使能，否则组件不使能。只有使能状态的组件才能接受用户输入并引发事件。
- public void setFont(Font f)：设置组件使用的字体。
- public void setSize(int width,int height)：设置组件的大小。
- public void setVisible(boolean b)：设置组件是否可见的属性。参数 b 为 true 时，组件在包括它的容器可见时也可见；否则组件不可见。
- public void setForeground(Color c)：设置组件的前景色。
- public void requestFocus()：使组件获得注意的焦点。

由于 Component 是其他组件类的父类，所以以上所有方法都可以应用到其他各种组件中。对于具体的组件，还有相应的方法，读者可以查看 JDK 文档。

10.2 布局管理

在 Java 的 GUI 界面设计，布局控制是相当重要的一环节。将一个组件加入容器中时，布局控制决定了所加入的组件的大小和位置。如果将一个容器的布局管理器设为 null，即用方法 setLayout(null)，则要设定容器中每个对象的大小和位置。而布局管理器能自动设定容器中的组件的大小和位置，当容器改变大小时，布局管理器能自动地改变其中组件的大小和位置。

java.awt 包中共定义了多种布局管理器，包括 FlowLayout、BorderLayout、CardLayout、GridLayout 和 GridBagLayout 等，每个布局管理器对应一种布局策略。下面将详细讨论这几种布局管理器。

10.2.1 FlowLayout

FlowLayout 是容器 Panel 默认使用的布局管理器。

FlowLayout 对应的布局策略非常简单。遵循这种策略的容器将其中的组件按照加入的先后顺序从左向右排列，一行排满之后就下转到下一行继续从左至右排列，每一行中的组件都居中排列；在组件不多时，使用这种策略非常方便，但是当容器内的 GUI 元素增加时，就显得高低参差不齐。

设定一个容器的布局管理器，可以使用 setLayout() 方法，如：

    setLayout(new FlowLayout());

对于使用 FlowLayout 的容器，加入组件使用 add() 方法：

add(组件名);

FlowLayout 的构造方法有三种形式:FlowLayout( )、FlowLayout(int align) 和 FlowLayout(int align,int hgap,int vgap)。参数 align 指定每行组件的对齐方法,可以取三个静态常量 LEFT、CENTER、RIGHT 之一,默认为 CENTER。hgap 及 vgap 指组件间的横纵间距,默认为 5 个像素,如图 10-6 所示,(a) 和 (b) 显示当窗口宽度不同时,其内部组件的位置有变化。

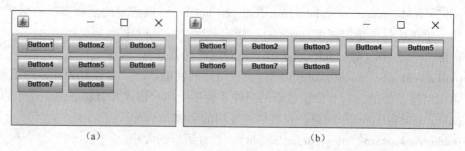

图 10-6 FlowLayout

【例 10-3】TestFlowLayout. java 使用 FlowLayout。

```
import java.awt.*;
import javax.swing.*;

public class TestFlowLayout extends JFrame {
    JButton[] buttons = new JButton[8];

    public TestFlowLayout( ) {
        for (int i = 0; i < buttons.length; i++) {
            buttons[i] = new JButton("Button" + (i + 1));
        }

        setLayout(new FlowLayout(FlowLayout.LEFT, 10, 5));

        for (int i = 0; i < buttons.length; i++) {
            add(buttons[i]);
        }

        setSize(300, 200);
        setDefaultCloseOperation(EXIT_ON_CLOSE);
        setVisible(true);
    }

    public static void main(String args[]) {
        SwingUtilities.invokeLater(( ) -> {
            new TestFlowLayout( );
        });
    }
}
```

10.2.2 BorderLayout

BorderLayout 是容器 JFrame 和 JDialog 默认使用的布局管理器。

BorderLayout 也是一种简单的布局策略,它把容器内的空间简单地划分为东、西、南、北、中五个区域,每加入一个组件都应该指明把这个组件加在哪个区域中。

分布在北部和南部区域的组件将横向扩展至占据整个容器的长度，分布在东部和西部的组件将伸展至占据容器剩余部分的全部宽度，最后剩余的部分将分配给位于中央的组件。如果某个区域没有分配组件，则其他组件可以占据它的空间。例如，如果北部没有分配组件，则西部和东部的组件将向上扩展到容器的最上方，如果西部和东部没有分配组件，则位于中央的组件将横向扩展到容器的左右边界，如图 10-7 所示。

图 10-7 BorderLayout

BorderLayout 的构造方法有两种形式：BorderLayout( ) 和 BorderLayout(int hgap, int vgap)。其中，hgap 及 vgap 指组件间的横纵间距，默认为 0 个像素。

BorderLayout 只能指定五个区域位置。如果一个区域加入的组件超过多个，则只能显示该区域的最后加入的一个对象。如果容器中需要加入超过五个组件，就必须使用容器的嵌套或改用其他的布局策略。

【例 10-4】TestBorderLayout.java 使用 BorderLayout。

```
import java.awt.*;
import javax.swing.*;

public class TestBorderLayout extends JFrame {
    public TestBorderLayout( ) {
        setLayout(new BorderLayout( ));

        add(new JButton("North"), BorderLayout.NORTH);
        add(new JButton("South"), BorderLayout.SOUTH);
        add(new JButton("East"), BorderLayout.EAST);
        add(new JButton("West"), BorderLayout.WEST);
        add(new JButton("Center"), BorderLayout.CENTER);
        // add(new Button("another"), BorderLayout.CENTER);      //不起作用

        setSize(300, 200);
        setDefaultCloseOperation(EXIT_ON_CLOSE);
        setVisible(true);
    }
    public static void main(String args[ ]) {
        SwingUtilities.invokeLater(( ) -> {
            new TestBorderLayout( );
        });
    }
}
```

10.2.3 GridLayout

GridLayout 是使用较多的布局管理器，其基本布局策略是把容器的空间划分成若干行、若干列的网格区域，组件就位于这些划分出来的小格中。GridLayout 比较灵活，划分多少网格由程序自由控制，而且组件定位也比较精确。

使用 GridLayout 布局管理器的一般步骤如下。

（1）创建 GridLayout 对象作为布局管理器。指定划分网格的行数和列数，并使用容器的 setLayout( ) 方法为容器设置这个布局管理器：

　　setLayout(new GridLayout(行数,列数))

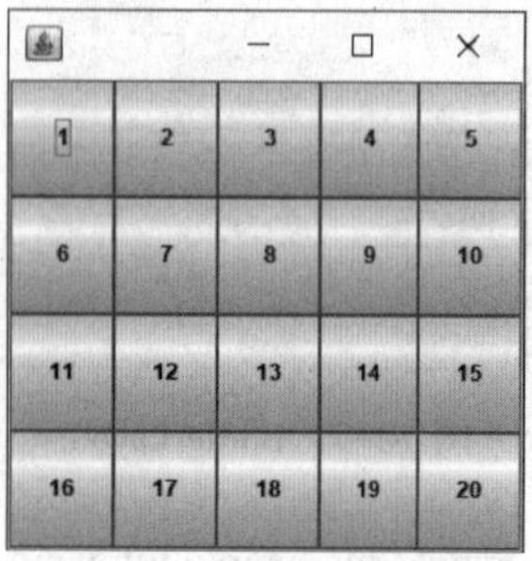

图 10-8　GridLayout

（2）调用容器的方法 add( )将组件加入容器。组件填入容器的顺序将按照第一行第一个，第一行第二个，…，第一行最后一个，第二行第一个，…，最后一行最后一个进行。每网格中都必须填入组件，如果希望某个网格为空白，可以为它加入一个空的标签 add(new Label( ))，如图 10-8 所示。

【例 10-5】 TestGridLayout. Java 使用 **GridLayout**。

```
import java.awt.*;
import javax.swing.*;

public class TestGridLayout extends JFrame {
    JButton[] buttons = new JButton[20];

    public TestGridLayout() {
        for (int i = 0; i < buttons.length; i++) {
            buttons[i] = new JButton("" + (i + 1));
        }

        setLayout(new GridLayout(4, 5));

        for (int i = 0; i < buttons.length; i++) {
            add(buttons[i]);
        }

        setSize(300, 300);
        setDefaultCloseOperation(EXIT_ON_CLOSE);
        setVisible(true);
    }

    public static void main(String args[]) {
        SwingUtilities.invokeLater(() -> {
            new TestGridLayout();
        });
    }
}
```

10.2.4　通过嵌套来设定复杂的布局

由于某一个布局管理器的布局能力有限，在设定复杂布局时，程序会采用容器嵌套的方法，即把一个容器当做一个组件加入另一个容器，这个容器组件可以有自己的组件和自己的布局策略，使整个容器的布局达到应用的需求，如图 10-9 所示。

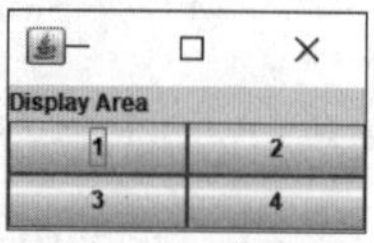

【例 10-6】 NestedContainer. java 嵌套的布局。

图 10-9　嵌套的布局

```
import java.awt.*;
import javax.swing.*;

public class NestedContainer extends JFrame {
    JLabel lbl = new JLabel("Display Area");
    JPanel pnl = new JPanel();
    JButton b1 = new JButton("1");
    JButton b2 = new JButton("2");
    JButton b3 = new JButton("3");
    JButton b4 = new JButton("4");

    public NestedContainer() {
```

```
            super("Nested Container");

            pnl.setLayout(new GridLayout(2, 2));
            pnl.add(b1);
            pnl.add(b2);
            pnl.add(b3);
            pnl.add(b4);

            add(lbl, BorderLayout.NORTH);
            add(pnl, BorderLayout.CENTER);

            setSize(200, 120);
            setDefaultCloseOperation(EXIT_ON_CLOSE);
            setVisible(true);
        }
        public static void main(String args[]) {
            SwingUtilities.invokeLater(() -> {
                new NestedContainer();
            });
        }
    }
```

程序中，JFrame 使用了 BorderLayout，而其中一个组件 JPanel 对象 pnl 使用了 GridLayout，它容纳了四个按钮。

10.2.5 其他布局管理

在实际编程中，还经常使用 JTabbedPane 来放入多个卡片，多个卡片可以进行切换，如图 10-10 所示。

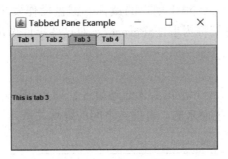

图 10-10 多个卡片

【例 10-7】 JTabbedPaneDemo.java 使用 JTabbedPane 实现多个卡片。

```
    import javax.swing.*;

    public class JTabbedPaneDemo {
        private static void createAndShowGUI() {
            JFrame frame = new JFrame("Tabbed Pane Example");
            frame.setSize(400, 260);
            frame.setVisible(true);
            frame.setDefaultCloseOperation(JFrame.EXIT_ON_CLOSE);

            JTabbedPane tabbedPane = new JTabbedPane(JTabbedPane.TOP);
            tabbedPane.addTab("Tab 1", new JLabel("This is tab 1"));
            tabbedPane.addTab("Tab 2", new JLabel("This is tab 2"));
            tabbedPane.addTab("Tab 3", new JLabel("This is tab 3"));
```

```
            tabbedPane.addTab("Tab 4", new JLabel("This is tab 4"));
            frame.getContentPane().add(tabbedPane);
        }
        public static void main(String[] args) {
            javax.swing.SwingUtilities.invokeLater(() -> {
                createAndShowGUI();
            });
        }
    }
```

程序中的 JTabbedPane 加了 4 个卡片，每个卡片中的内容是一个 JLabel（标签）。

还有一些较复杂的布局管理，如 BoxLayout、GridBagLayout 等。GridBagLayout 是较复杂、功能较强大的一种，它是在 GridLayout 的基础上发展而来。因为 GridLayout 中的每个网格大小相同，并且强制组件与网格大小也相同，从而使得容器中的每个组件也都是相同的大小，显得很不自然，而且组件加入容器也必须按照固定的行列顺序。在 GridBagLayout 中，可以为每个组件指定其包含的网格个数，可以保留组件原来的大小，可以以任意顺序随意加入容器的任意位置，从而可以真正自由地安排容器中每个组件的大小和位置。但限于篇幅，不再举例，读者可以查看 JDK 文档。

10.3 事件处理

10.3.1 事件及事件监听器

Java 中的图形用户界面中，对于用户的鼠标、键盘操作发生反应，就必须进行事件处理。这些鼠标、键盘操作等统称为事件（event）。对这些事件做出响应的程序，称为事件处理器（event handler）。

1. 事件类 AWTEvent

在 java.awt.event 包中，有相应的类来表达事件，如 KeyEvent 及 MouseEvent 等。这些事件类都是从 AWTEvent 类派生而来的。事件类之间的继承关系如图 10-11 所示。

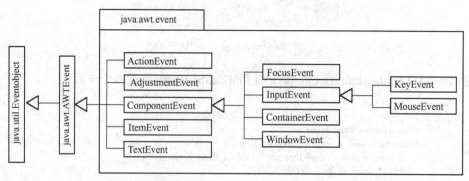

图 10-11 事件类之间的继承关系

AWTEvent 对象中包含有事件相关的信息，最重要的有：
（1）事件源（即产生事件的组件），可能通过 getSource() 来得到；
（2）事件的具体情况，如 MouseEvent 的 getX()、getY() 方法得到鼠标的坐标，

KeyEvent 的 getKeyChar( ) 得到按键对应的字符。

2. 事件处理器 AWTEventListener

事件处理器（event handler）是对事件进行处理的程序，在编程时通过实现事件监听器（event listener）来实现对事件的处理。事件监听器是一些事件的接口，这些接口是 java.awt.AWTEventListener 的子接口。接口中含有相关的方法，如：MouseMotionListener 是对鼠标移动事件的处理的接口，它含有两个重要的方法。

 ↳ void mouseDragged（MouseEvent e）：处理鼠标拖动的方法。

 ↳ void mouseMoved（MouseEvent e）：处理鼠标移动的方法。

在这些方法中，都带一个事件对象作为参数，如 MouseMotionListener 的两个方法都带 MouseEvent 参数。程序中可以根据这个参数可以得到有关事件的详细信息。

各个事件及其相关方法如表 10-1 所示。

表 10-1 各个事件及其相关方法

事件类型	接口	接口中的方法
Action 行动事件	ActionListener	actionPerformed（ActionEvent）
Item 条目事件	ItemListener	itemStateChanged（ItemEvent）
Mouse 鼠标事件	MouseListener	mousePressed（MouseEvent） mouseReleased（MouseEvent） mouseEntered（MouseEvent） mouseExited（MouseEvent） mouseClicked（MouseEvent）
Mouse Motion 鼠标移动事件	MouseMotionListener	mouseDragged（MouseEvent） mouseMoved（MouseEvent）
Key 键盘事件	KeyListener	keyPressed（KeyEvent） keyReleased（KeyEvent） keyTyped（KeyEvent）
Focus 焦点事件	FocusListener	focusGained（FocusEvent） focusLost（FocusEvent）
Adjustment 调整	AdjustmentListener	adjustmentValueChanged（AdjustmentEvent）
Component 组件事件	ComponentListener	componentMoved（ComponentEvent） componentHidden（ComponentEvent） componentResized（ComponentEvent） componentShown（ComponentEvent）
Window 窗口事件	WindowListener	windowClosing（WindowEvent） windowOpened（WindowEvent） windowIconified（WindowEvent） windowDeiconified（WindowEvent） windowClosed（WindowEvent） windowActivated（WindowEvent） windowDeactivated（WindowEvent）
Container 容器事件	ContainerListener	componentAdded（ContainerEvent） componentRemoved（ContainerEvent）
Text 文本事件	TextListener	textValueChanged（TextEvent）

10.3.2 事件监听器的注册

Java 中处理事件的基本方法,是事件监听器的注册,也就是将组件对象与监听器对象相联系。

1. 注册事件监听器

注册事件监听器只需要使用组件对象的 addXXXXListener 方法,它可以指明该对象感兴趣的事件监听器(即实现了某个 AWTEventListener 子接口的对象)。这样,当事件源发生了某种类型的事件时,则触发事先已注册过的监听器中相应的处理程序。

【例 10-8】 TestActionEvent. java 使用 ActionEvent。

```java
import java.awt.*;
import java.awt.event.*;
import javax.swing.*;

public class TestActionEvent {
    public static void main(String args[]) {
        JFrame frame = new JFrame("Test");
        JButton btn = new JButton("Press Me!");
        frame.add(btn);

        ActionListener al = new MyListener();
        btn.addActionListener(al);    //注册事件监听器

        frame.setSize(300, 120);
        frame.setDefaultCloseOperation(JFrame.EXIT_ON_CLOSE);

        SwingUtilities.invokeLater(() -> {
            frame.setVisible(true);
        });
    }
}

class MyListener implements ActionListener {
    @Override
    public void actionPerformed(ActionEvent e) {
        System.out.println("a button has been pressed");
    }
}
```

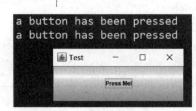

图 10-12 使用 ActionEvent

程序运行结果如图 10-12 所示。程序中定义了一个类 MyListener 来实现 ActionListener 接口,其中实现了 actionPerformed() 方法。在主程序中,用 btn.addActionListener() 来注册了事件监听器。

2. 一个对象注册多个监听器

一般情况下,事件源可以产生多种不同类型的事件,因而可以注册多种不同类型的监听器。不同对象所能注册的事件监听器参见表 10-2。

表 10-2 不同组件所能注册的事件监听器

组件	Act	Adj	Cmp	Cnt	Foc	Itm	Key	Mou	MM	Txt	Win
JButton	Y		Y		Y		Y	Y	Y		
Canvas			Y		Y		Y	Y	Y		
JCheckBox			Y		Y	Y	Y	Y	Y		

续表

组件	Act	Adj	Cmp	Cnt	Foc	Itm	Key	Mou	MM	Txt	Win
JCheckBoxMenuItem						Y					
JChoice			Y		Y	Y	Y	Y	Y		
Component			Y		Y		Y	Y	Y		
Container			Y	Y	Y		Y	Y	Y		
JDialog			Y	Y	Y		Y	Y	Y		Y
JFrame			Y	Y	Y		Y	Y	Y		Y
JLabel			Y		Y		Y	Y	Y		
JList	Y		Y		Y	Y	Y	Y	Y		
JMenuItem	Y										
JPanel			Y	Y	Y		Y	Y	Y		
JScrollBar		Y	Y		Y		Y	Y	Y		
JScrollPane			Y	Y	Y		Y	Y	Y		
JTextArea			Y		Y		Y	Y	Y	Y	
JTextField	Y		Y		Y		Y	Y	Y	Y	
Window			Y	Y	Y		Y	Y	Y		Y

其中：Act——Action 行动事件，Adj——Adjustment 调整，Cmp——Component 组件事件，Cnt——Container 容器事件，Foc——Focus 焦点事件，Itm——Item 条目事件，Key——Key 键盘事件，Mou——Mouse 鼠标事件，MM——Mouse Motion 鼠标移动事件，Txt——Text 文本事件，Win——Window 窗口事件。

【例 10-9】TestMultiListener.java 使用多个事件监听器。

```java
import java.awt.*;
import java.awt.event.*;
import javax.swing.*;

public class TestMultiListener {
    public static void main(String args[]) {
        JFrame frame = new JFrame("Test");
        JTextField msg = new JTextField(20);

        Listener1 m1 = new Listener1(frame);
        Listener2 m2 = new Listener2(frame, msg);
        frame.addWindowListener(m1);
        frame.addMouseMotionListener(m2);

        frame.add(msg, BorderLayout.SOUTH);
        frame.setSize(200, 160);
        SwingUtilities.invokeLater(() -> {
            frame.setVisible(true);
        });
    }
}

class Listener1 implements WindowListener {
    Listener1(JFrame f) {
        this.frame = f;
    }

    private JFrame frame;
```

```java
            public void windowClosing(WindowEvent e) {
                System.exit(0);
            }

            public void windowOpened(WindowEvent e) {
            }

            public void windowIconified(WindowEvent e) {
            }

            public void windowDeiconified(WindowEvent e) {
            }

            public void windowClosed(WindowEvent e) {
            }

            public void windowActivated(WindowEvent e) {
            }

            public void windowDeactivated(WindowEvent e) {
            }
    }

    class Listener10 extends WindowAdapter {
        public void windowClosing(WindowEvent e) {
            System.exit(0);
        }
    }

    class Listener2 implements MouseMotionListener {
        Listener2(JFrame f, JTextField msg) {
            this.msg = msg;
            this.frame = f;
        }

        private JTextField msg;
        private JFrame frame;
        private boolean bDragged = false;

        public void mouseMoved(MouseEvent e) {
            msg.setText("MouseMoved: " + e.getX() + ", " + e.getY());
            if (bDragged) {
                frame.setCursor(new Cursor(Cursor.DEFAULT_CURSOR));
                bDragged = false;
            }
        }

        public void mouseDragged(MouseEvent e) {
            msg.setText("MouseDragged: " + e.getX() + ", " + e.getY());
            if (!bDragged) {
                frame.setCursor(new Cursor(Cursor.CROSSHAIR_CURSOR));
                bDragged = true;
            }
            frame.getGraphics().drawLine(e.getX(), e.getY(), e.getX(), e.getY());
        }
    }
```

程序运行结果如图 10-13 所示。程序中对窗口注册了 WindowListener 以处理窗口关闭等事件，还注册了 MouseMotionListener 以处理鼠标运动事件，其中在鼠标移动时，将鼠标的坐标显示在文本框，在鼠标拖拽时，在窗口中用 drawLine 画出点（线的起始坐标与终止坐标相同)。

3. 多个对象注册到一个监听器

一个事件源组件上可以注册多个监听器,针对同一个事件源的同一种事件也可以注册多个监听器,一个监听器可以被注册到多个不同的事件源上,如图 10-14 所示。

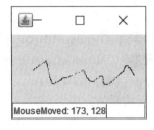
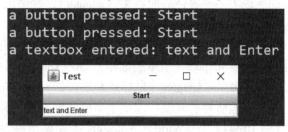

图 10-13 使用多个事件监听器　　　　图 10-14 多个组件使用相同的监听器

【例 10-10】TestMultiObjectOneListener.java 多个组件使用相同的监听器。

```java
import java.awt.event.*;
import javax.swing.*;

public class TestMultiObjectOneListener {
    public static void main(String args[]) {
        JFrame frame = new JFrame("Test");
        JButton btn = new JButton("Start");
        JTextField txt = new JTextField("text", 30);

        Monitor3 mon = new Monitor3();
        btn.addActionListener(mon);
        txt.addActionListener(mon);
        frame.add(btn, "North");
        frame.add(txt, "Center");
        frame.setDefaultCloseOperation(JFrame.EXIT_ON_CLOSE);
        SwingUtilities.invokeLater(() -> {
            frame.setVisible(true);
            frame.pack();
        });
    }
}

class Monitor3 implements ActionListener {
    public void actionPerformed(ActionEvent e) {
        Object src = e.getSource();
        if (src instanceof JButton) {
            System.out.println("a button pressed: "
                + ((JButton)src).getActionCommand());
        } else if (src instanceof JTextField) {
            System.out.println("a textbox entered: "
                + ((JTextField)src).getText());
        }
    }
}
```

程序中按钮被单击或文本字段中按了回车都会发生 Action 事件,使用 ActionEvent 事件参数的 getSource() 方法来获得事件源,如果是按钮使用 getActionCommand() 方法来获得命令(对于按钮而言,命令默认是按钮的标题),如果是文本字段,则显示其文本。

10.3.3 事件适配器

一个类要实现某个接口，需要实现接口所规定的全部方法，如 WindowListener 有 7 个方法，即使一些方法不做任何事情，也得书写。为简化编程，针对一些事件监听器接口定义了相应的实现类——事件适配器类（adapter），在适配器类中，实现了相应监听器接口中所有的方法，但不做任何事情。

常用的事件适配器包括：ComponentAdapter（组件适配器）、ContainerAdapter（容器适配器）、FocusAdapter（焦点适配器）、KeyAdapter（键盘适配器）、MouseAdapter（鼠标适配器）、MouseMotionAdapter（鼠标运动适配器）和 WindowAdapter（窗口适配器）。

在定义监听器类时就可以继承事件适配器类，并只重写所需要的方法。

【例 10-11】 TestWindowAdapter.java 使用事件适配器。

```java
import java.awt.*;
import java.awt.event.*;
import javax.swing.*;

public class TestWindowAdapter {
    public static void main(String args[]) {
        JFrame frame = new JFrame("Test");
        JTextField msg = new JTextField(20);
        Monitor1 m1 = new Monitor1(frame);
        frame.addWindowListener(m1);
        frame.add(msg, BorderLayout.SOUTH);
        frame.setSize(200, 160);
        SwingUtilities.invokeLater(() -> {
            frame.setVisible(true);
        });
    }
}

class Monitor1 extends WindowAdapter {
    Monitor1(JFrame f) {
        this.frame = f;
    }
    private JFrame frame;
    public void windowClosing(WindowEvent e) {
        System.exit(0);
    }
}
```

在程序的 WindowAdapter 只重写所需要的 windowClosing() 方法。

10.3.4 内部类及匿名类在事件处理中的应用

在 Java 事件处理程序中，由于与事件相关的事件监听器的类经常局限于一个类的内部，所以经常使用内部类。而且定义的内部类在事件处理中的使用就实例化一次，所以经常使用匿名类。

注意：

Java 8 中的 Lambda 表达式也可以在只有一个抽象方法的接口中使用，如 ActionListener, AdjustmentListener, ItemListener, TextListener 等。

【例 10-12】 TestInnerListener. java 内部类作为事件监听器。

```java
import java.awt.*;
import java.awt.event.*;
import javax.swing.*;

public class TestInnerListener {
    JFrame frame = new JFrame("内部类测试");
    JTextField txt = new JTextField(30);

    public TestInnerListener() {
        frame.add(new Label("请按下鼠标左键并拖动"), BorderLayout.NORTH);
        frame.add(txt, BorderLayout.SOUTH);

        frame.setBackground(new Color(120, 175, 175));
        frame.addMouseMotionListener(new InnerMonitor());
        frame.addMouseListener(new InnerMonitor());
        frame.setDefaultCloseOperation(JFrame.EXIT_ON_CLOSE);
        frame.setSize(300, 200);
        frame.setVisible(true);
    }

    public static void main(String args[]) {
        SwingUtilities.invokeLater(() -> {
            new TestInnerListener();
        });
    }

    private class InnerMonitor implements MouseMotionListener, MouseListener {
        public void mouseDragged(MouseEvent e) {
            String s = "鼠标拖动到位置(" + e.getX() + "," + e.getY() + ")";
            txt.setText(s);
        }

        public void mouseEntered(MouseEvent e) {
            txt.setText("鼠标已进入窗体");
        }

        public void mouseExited(MouseEvent e) {
            txt.setText("鼠标已移出窗体");
        }

        public void mouseMoved(MouseEvent e) {
        }

        public void mousePressed(MouseEvent e) {
        }

        public void mouseClicked(MouseEvent e) {
        }

        public void mouseReleased(MouseEvent e) {
        }
    }
}
```

程序运行结果如图 10-15 所示。

图 10-15　内部类作为事件监听器

【例 10-13】 TestAnonymousListener.java 匿名类作为事件监听器。

```java
import java.awt.*;
import java.awt.event.*;
import javax.swing.*;
public class TestAnonymousListener {
    JFrame frame = new JFrame("匿名内部类测试");
    JTextField txt = new JTextField(30);
    public TestAnonymousListener() {
        frame.add(new Label("请按下鼠标左键并拖动"), BorderLayout.NORTH);
        frame.add(txt, BorderLayout.SOUTH);
        frame.addMouseMotionListener(new MouseMotionListener() {
            public void mouseDragged(MouseEvent e) {
                String s = "鼠标拖动到(" + e.getX() + "," + e.getY() + ")";
                txt.setText(s);
            }
            public void mouseMoved(MouseEvent e) {
                String s = "鼠标移动到(" + e.getX() + "," + e.getY() + ")";
                txt.setText(s);
            }
        });
        frame.addWindowListener(new WindowAdapter() {
            public void windowClosing(WindowEvent e) {
                System.exit(0);
            }
        });
        frame.setSize(300, 200);
        frame.setVisible(true);
    }
    public static void main(String args[]) {
        SwingUtilities.invokeLater(() -> {
            new TestAnonymousListener();
        });
    }
}
```

程序运行结果如图 10-16 所示。

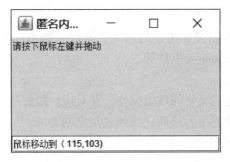

图 10-16 匿名类作为事件监听器

【例 10-14】 TestActionEventByLambda.java 使用 Lambda 表达式作为事件监听器。

```
import javax.swing.*;

public class TestActionEventByLambda {
    static void test() {
        final JFrame f = new JFrame("Test");
        JButton b = new JButton("Press Me!");
        f.add(b);
        b.addActionListener(e -> {
            ((JButton) e.getSource()).setText("" + new java.util.Date());
        });
        f.setSize(300, 120);
        f.setDefaultCloseOperation(JFrame.EXIT_ON_CLOSE);
        f.setVisible(true);
    }
    public static void main(String args[]) {
        SwingUtilities.invokeLater(() -> {
            test();
        });
    }
}
```

程序中，对于 ActionListener 这样的只有一个抽象函数的接口使用了 Lambda 表达式，这样的书写比较简洁。程序中按钮被单击后会在按钮上显示当前的时间。

10.4 常用组件的使用

下面将从创建、常用方法和事件响应几个方面逐一介绍常用的 GUI 组件和容器。

10.4.1 标签、按钮与动作事件

1. 标签（JLabel）

标签是用户不能修改只能查看其内容的文本显示区域，它起到信息说明的作用，每个标签用一个 JLabel 类的对象表示。

（1）创建标签。创建标签对象时应同时说明这个标签中的字符串，如：

　　JLabel prompt = new JLabel("请输入一个整数:");

（2）常用方法。setText（新字符串）设置标签上显示的文本，getText() 方法来获得它

的文本内容。

（3）产生事件。标签不能接受用户的输入，所以一般不处理特定的事件，当然它也可以处理许多普通的事件，如 mouse 事件等。

2. 按钮（JButton）

按钮一般对应一个事先定义好的功能操作，并对应一段程序。当用户单击按钮时，系统自动执行与该按钮相联系的程序，从而完成预先指定的功能。

（1）创建。下面的语句用来创建按钮，传递给构造函数的字符串参数指明了按钮上的文本：

    JButton enter＝new JButton("操作")；

（2）常用方法。getText()方法可以返回按钮文本，setText(String s)方法可以把按钮的文本设置为字符串 s。

（3）产生事件。按钮可以引发动作事件，当用户单击一个按钮时就引发了一个动作事件，希望响应按钮引发的动作事件的程序必须把按钮注册给实现了 ActionListener 接口的动作事件监听者，同时，为这个接口的 actionPerformed(ActionEvent e)方法书写方法体。在方法体中，可以调用 e.getSource()方法来获取引发动作事件的按钮对象引用，也可以调用 e.getActionCommand()方法来获取按钮的标签或事先为这个按钮设置的命令名。

3. 动作事件（ActionEvent）

ActionEvent 类只包含一个事件，即执行动作事件 ACTION_PERFORMED，它是引发某个动作执行的事件。

能够触发 ACTION_PERFORMED 事件的动作包括如下几种：单击按钮，双击一个列表中的选项，选择菜单项，在文本框中输入回车。

ActionEvent 类的重要方法有如下两种。

（1）public String getActionCommand()方法：返回引发事件的动作的命令名，这个命令名可以通过调用 setActionCommand()方法指定给事件源组件，也可以使用事件源的默认命令名。

按钮的默认命令名就是按钮的标签。使用 getActionCommand()方法可以区分产生动作命令的不同事件源，使 actionPerformed()方法对不同事件源引发的事件区分对待处理（区分事件的事件源也可以使用 getSource()方法）。

（2）public int getModifiers()方法：如果发生动作事件的同时用户还按了 Ctrl、Shift 等功能键，则可以调用这个事件的 getModifiers()方法来获得和区分这些功能键，实际上就是把一个动作事件再细分成几个事件，把一个命令细分成几个命令。将 getModifiers()方法的返回值与 ActionEvent 类的几个静态常量 ALT_MASK，CTRL_MASK，SHIFT_MASK，META_MASK 相比较，就可以判断用户按下了哪个功能键。

10.4.2　文本框、文本区域与文本事件

1. 文本事件（TextEvent）

TextEvent 类只包含一个事件，即代表文本区域中文本变化的事件 TEXT_VALUE_CHANGED，在文本区域中改变文本内容。例如，删除字符、输入字符都将引发这个事件。这个事件比较简单，不需要特别判断事件类型的方法和常量。

2. 文本框与文本域（JTextField、JTextArea）

Java 中用于文本处理的基本组件有两种：单行文本框 JTextField 和多行文本区域 JTextArea，它们都是 JTextComponent 的子类。另外 JPasswordField 是 JTextField 的子类，是用来输入口令的。

（1）创建。

在创建文本组件的同时可以指出文本组件中的初始文本字符串，如下面的语句创建了一个 10 行 45 列的多行文本区域：

  JTextArea textArea = new JTextArea(10,45);

而创建能容纳 8 个字符，初始字符串为"卡号"的单行文本框可以使用如下的语句：

  JTextField idcard = new JTextField("卡号",8);

（2）常用方法。

- getText()：获得其中的文字。
- setText(String)：设置其中的文字。
- setEditable(false)：将文本区域设为不能编辑的。
- isEditable()：判断当前的文本区域是否可以被编辑。
- select(int start,int end)：将根据指定的起止位置选定一段文本。
- selectAll()：将选定文本区域中的所有文本。
- setSelectionStart() 和 setSelectionEnd()：分别指定选定文本的起、止位置。
- getSelectionStart() 和 getSelectionEnd()：将获得选定文本的起、止位置。
- getSelectedText()：获得选定文本的具体内容。

除了继承 JTextComponent 类的方法，JTextArea 也定义了两个特殊的方法 append(Strings) 和 insert(Strings,intindex)。append(Strings) 方法在当前文本区域已有文本的后面添加字符串参数 s 指定的文本内容；insert(String s,int index) 方法将字符串 s 插入到已有文本的指定位置处。

（3）事件响应。

JTextField 和 JTextArea 的事件响应首先由它们的父类 JTextComponent 决定，所以先讨论 JTextComponent 的事件响应。JTextComponent 可以引发一种事件：当用户修改文本区域中的文本，如做文本的添加、删除、修改等操作时，将引发 JTextEvent 对象代表的文本改变事件。在此基础上 JTextField 还比 JTextArea 多产生一种事件，当用户在文本框中按回车键时，将引发代表动作事件的 ActionEvent 事件，JTextArea 却不能产生 ActionEvent 事件，也没有 addActionListener() 这个方法。

如果希望响应上述两类事件，则需要把文本框加入实现了 TextListener 接口的文本改变事件监听者和实现了 ActionListener 接口的动作事件监听者：

- textField.addTextListener(xxx);
- textField.addActionListener(xxx);

在监听者内部分别定义响应文本改变事件和动作事件的方法：public void textValueChanged(TextEvent e) 和 public void actionPerformed(ActionEvent e)，就可以响应文本框引发的文本改变事件和动作事件。对于文本改变事件，调用方法 e.getSource() 可以获得引发该事件的文本框的对象引用。调用这个文本框的方法，可以获得改变后的文本内容：

  String afterChange=((TextField)e.getSource()).getText();

对于动作事件，同样可以通过调用 e.getSource() 方法获得用户输入回车的那个文本框的对象引用。

10.4.3 单选按钮、复选按钮，列表与选择事件

1. 选择事件 (ItemEvent)

ItemEvent 类只包含一个事件，即代表选择项的选中状态发生变化的事件 ITEM_STATE_CHANGED。引发这类事件的动作包括：改变列表类 JList 对象选项的选中或不选中状态，改变下拉列表类 JComboBox 对象选项的选中或不选中状态，改变复选按钮类 JCheckBox 对象的选中或不选中状态，改变复选框菜单项 JCheckBoxMenuItem 对象的选中或不选中状态。

ItemEvent 类的主要方法有以下几种。

（1）public ItemSelectable getItemSelectable()：返回引发选中状态变化事件的事件源，例如选项变化的 JList 对象或选中状态变化的 JComboBox 对象，这些能引发选中状态变化事件的都是实现了 ItemSelectable 接口的类的对象。getItemSelectable() 方法返回的就是这些类的对象引用。

（2）public Object getItem()：返回引发选中状态变化事件的具体选择项，例如用户选中的 JComboBox 中的具体 item，通过调用这个方法可以知道用户选中了哪个选项。

（3）public int getStateChange()：返回具体的选中状态变化类型，它的返回值在 ItemEvent 类的几个静态常量列举的集合之内。ItemEvent.SELECTED 代表选项被选中，ItemEvent.DESELECTED 代表选项被放弃不选。

2. 复选按钮 (JCheckBox) 及单选按钮 (JRadioButton)

（1）创建。

复选按钮又称为复选框，用 JCheckBox 类的对象表示。创建复选按钮对象时可以同时指明其文本说明标签，这个文本标签简要地说明了检测盒的意义和作用。

    JCheckBox backg = new JCheckBox("背景色");

单选按钮又称为单选框，一般显示为小圆圈的样子，用 JRadioButton 类的对象表示。由于 JRadioButton 与 JCheckBox 都继承自 JToggleButton，所以它们很相似。下面以 JCheckBox 进行介绍。

（2）常用方法。

每个复选按钮都只有两种状态：被用户选中的 check 状态和未被用户选中的 uncheck 状态，任何时刻复选按钮都只能处于这两种状态之一。查看用户是否选择了复选按钮，可以调用 JCheckBox 的方法 getState()，这个方法的返回值为布尔量。若复选按钮被选中，则返回 true，否则返回 false。调用 JCheckBox 的另一个方法 setState() 可以用程序设置是否选中复选按钮。

（3）事件响应。

当用户单击复选框使其选中状态发生变化时就会引发 ItemEvent 类代表的选择事件。如果这个复选框已经用如下的语句：

    backg.addItemListener(xxx);

把自身注册给 ItemEvent 事件的监听者 ItemListener，则系统会自动调用这个 ItemListener 中的方法：

    public void itemStateChanged(ItemEvent e)

响应复选按钮的状态改变。所以实际实现了 ItemListener 接口的监听者，例如包容复选按钮的容器，需要具体实现这个方法。这个方法的方法体通常包括这样的语句：调用选择事件的方法 e. getItemSelectable( ) 获得引发选择事件的事件源对象引用，再调用 e. getState( ) 获取选择事件之后的状态。也可以直接利用事件源对象自身的方法进行操作。

注意：

getItemSelectable( ) 方法的返回值是实现了 Selectable 接口的对象，需要把它强制转化成真正的事件源对象类型。

总的来说，需要响应复选按钮事件的情况不多，通常只需要知道一个确切的时刻。例如，用户单击某个按钮的时刻、复选按钮所处的最终状态等。这可以通过调用复选按钮自身的方法很方便地获得。

3. 单选按钮组（ButtonGroup）

单选按钮的选择是互斥的，即当用户选中了组中的一个按钮后，其他按钮将自动处于未选中状态。为了表示一组单选按钮，需要将这些单选按钮加入到一个 ButtonGroup 对象中。注意它是一个逻辑上的作用，界面上并不有一个明显的对象。一般用法是：

```
JRadioButton catButton = new JRadioButton("cat");
JRadioButton dogButton = new JRadioButton("dog");
JRadioButton pigButton = new JRadioButton("pig");
//Group the radio buttons.
ButtonGroup group = new ButtonGroup();
group.add(catButton);
group.add(dogButton);
group.add(pigButton);
```

4. 下拉列表（JComboBox）

（1）创建。

下拉列表也是"多选一"的输入界面。与单选按钮组利用单选按钮把所有选项列出的方法不同，下拉列表的所有选项被折叠收藏起来，只显示最前面的或被用户选中的一个。

如果希望看到其他的选项，只需单击下拉列表右边的下三角按钮就可以"下拉"出一个罗列了所有选项的长方形区域。

创建下拉列表包括创建和添加选项两个步骤，即创建下拉列表、为下拉列表加入选项。

（2）常用方法。

下拉列表的常用方法包括获得选中选项的方法、设置选中选项的方法、添加和去除下拉列表选项的方法。

getSelectedIndex( ) 方法将返回被选中的选项的序号（下拉列表中第一个选项的序号为 0，第二个选项的序号为 1，依次类推）。getSelectedItem( ) 方法将返回被选中选项的标签文本字符串。select(int index) 方法和 select(String item) 方法使程序选中指定序号或文本内容的选项。add(String item) 方法和 insert(String item, int index) 方法分别将新选项 item 加在当前下拉列表的最后或指定的序号处。remove(int index) 方法和 remove(String item) 方法把指定序号或指定标签文本的选项从下拉列表中删除。removeAll( ) 方法将把下拉列表中的所有选项删除。

（3）事件响应。

下拉列表可以产生 ItemEvent 代表的选择事件。如果把选项注册给实现了接口

ItemListener 的监听者，即使用 addItemListener()，则当用户单击下拉列表的某个选项做出选择时，系统自动产生一个 ItemEvent 类的对象包含这个事件的有关信息，并把该对象作为实际参数传递给被自动调用的监听者的选择事件响应方法。

    public void itemStateChanged(ItemEvent e);

  在这个方法里，调用 e.getItemSelectable() 就可以获得引发当前选择事件的下拉列表事件源，再调用此下拉列表的有关方法，就可以得知用户具体选择了哪个选项。

    String selectedItem = ((Choice)c.getItemSelectable()).getSelectedItem();

  这里对 e.getItemSelectable() 方法的返回值进行了强制类型转换。

5. 列表（JList）

（1）创建。

列表也是列出一系列的选择项供用户选择。在创建列表时，可以将它的各项选择项加入到列表中去，如下面的语句：

    String[] data = {"one", "two", "three", "four"};
    JList<String> myList = new JList<String>(data);

如果要对列表中的数据进行修改（如增加或删除一条数据），则需要使用 ListModel 对象，它表明列表相关联的数据。对数据进行修改，则会自动进行界面的修改。

    List<String> data = List.of("one", "two", "three", "four");
    ListModel<String> model = new DefaultListModel<>(data); #model 对象
    JList<String> myList = new JList<String>(model); #列表对象与 model 对象相关联
    model.add("New Item"); #加入模型，界面上的列表也会增加一项

（2）常用方法。

如果想获知用户选择了列表中的哪个选项，可以调用 JList 对象的 getSelectedItem() 方法，这个方法返回用户选中的选择项文本。与单选按钮不同的是，列表中可以有复选和多选，所以 List 对象还有一个方法 getSelectedItems() 方法，该方法返回一个 String 类型的数组，里面的每个元素是一个被用户选中的选择项，所有的元素包括了所有被用户选中的选项。

除了可以直接返回被选中的选项的标签字符串，还可以获得被选中选项的序号。在 List 里面，第一个加入 list 的选项的序号是 0，第二个是 1，依次类推。getSelectedIndex() 方法将返回被选中的选项的序号，getSelectedIndexs() 方法将返回由所有被选中的选项的序号组成的整型数组。

select(int index) 和 deselect(int index) 方法可以使指定序号处的选项被选中或不选中；add(String item) 方法和 add(String item, int index) 方法分别将标签为 item 的选项加入列表的最后面或加入列表的指定序号处；remove(String item) 方法和 remove(int index) 方法与之相反，将拥有指定标签的选项或指定序号处的选项从列表中移出。这两个方法使得程序可以动态调整列表所包含的选择项。

（3）事件响应。

列表可以产生两种事件：当用户单击列表中的某一个选项并选中它时，将产生 ItemEvent 类的选择事件；当用户双击列表中的某个选项时，将产生 ActionEvent 类的动作事件。

如果程序希望对这两种事件都做出响应，就需要把列表分别注册给 ItemEvent 的监听者 ItemListener 和 ActionEvent 的监听者 ActionListener。

  ↳ myList.addItemListener(xxx);

↪ myList. addActionListener(xxx);

并在实现了监听者接口的类中分别定义响应选择事件的方法和响应动作事件的方法。

↪ public void itemStateChanged(ItemEvent e)：响应单击的选择事件。

↪ public void actionPerformed(ActionEvent e)：响应双击的动作事件。

这样，当列表上发生了单击或双击动作时，系统就自动调用上述两个方法来处理相应的选择或动作事件。

通常在 itemStateChanged(ItemEvent e)方法里，会调用 e.getItemSelectable()方法获得产生这个选择事件的列表（JList）对象的引用，再利用列表对象的方法 getSelectedIndex()或 getSelectedItem()就可以方便地得知用户选择了列表的哪个选项。e.getItemSelectable()的返回值需要先强制类型转化成 JList 对象，然后才能调用 JList 类的方法。

10.4.4 调整事件与滚动条

1. 调整事件（AdjustmentEvent）

AdjustmentEvent 类只包含一个事件——ADJUSTMENT_VALUE_CHANGED 事件。与 ItemEvent 事件引发的离散状态变化不同，ADJUSTMENT_VALUE_CHANGED 是 GUI 组件状态发生连续变化的事件，引发这类事件的具体动作有：操纵滚动条（JScrollBar）改变其滑块位置。

AdjustmentEvent 类的主要方法如下。

（1）public Adjustable getAdjustable()：返回引发状态变化事件的事件源，能够引发状态变化事件的事件源都是实现了 java.awt.Adjustable 接口的类。

（2）public int getAdjustmentType()：返回状态变化事件的状态变化类型，其返回值在 AdjustmentEvent 类的几个静态常量所列举的集合之内。

↪ AdjustmentEvent.BLOCK_DECREMENT：代表单击滚动条下方引发块状下移的动作。

↪ AdjustmentEvent.BLOCK_INCREMENT：代表单击滚动条上方引发块状上移的动作。

↪ AdjustmentEvent.TRACK：代表拖动滚动条滑块的动作。

↪ AdjustmentEvent.UNIT_DECREMENT：代表单击滚动条下三角按钮引发最小单位下移的动作。

↪ AdjustmentEvent.UNIT_INCREMENT：代表单击滚动条上三角按钮引发最小单位上移的动作。

↪ 通过调用 getAdjustmentType()方法并比较其返回值，就可以得知用户发出的哪种操作引发了哪种连续的状态变动。

（3）public int getValue()：调用 getValue()方法可以返回状态变化后的滑块对应的当前数值。

2. 滚动条（JScrollBar）

（1）创建。

滚动条是一种比较特殊的 GUI 组件，它能够接受并体现连续的变化，称为"调整"。创建 JScrollBar 类的对象将创建一个含有滚动槽、增加箭头、减少箭头和滑块的滚动条。

构造函数的第一个参数说明新滚动条的方向，使用常量 Scrollbar.HORIZONTAL 将创建横向滚动条，使用常量 Scrollbar.VERTICAL 将创建纵向滚动条。

构造函数的第二个参数用来说明滑块最初的显示位置，它是一个整型量。

构造函数的第三个参数说明滑块的大小，对滑块滚动同时引起文本区域滚动的情况。

滑块大小与整个滚动槽长度的比例应该与窗口中可视的文本区域与整个文本区域的比例相当，对于滑块滚动不引起文本区域滚动的情况，可把滑块大小设为1。

构造函数的第四个参数说明滚动槽代表的最小数据。

构造函数的第五个参数说明滚动槽代表的最大数据。

（2）常用方法。

对于新创建的滚动条，设置它的单位增量和块增量还需要调用如下的方法。

↪ mySlider.setUnitIncrement(1);

↪ mySlider.setBlockIncrement(50);

setUnitIncrement(int)方法指定滚动条的单位增量，即用户单击滚动条两端的三角按钮代表的数据改变；setBlockIncrement(int)方法指定滚动条的块增量，即用户单击滚动槽代表的数据改变。与上面两个方法相应，滚动条类还定义了 getUnitIncrement() 方法和 getBlockIncrement() 方法来分别获取滚动条的单位增量和块增量。

getValue() 方法返回当前滑块位置代表的整数值，当用户利用滚动条改变滑块在滚动槽中的位置时，getValue() 方法的返回值将相应随之改变。

（3）事件响应。

滚动条可以引发 AdjustmentEvent 类代表的调整事件，当用户通过各种方式改变滑块位置从而改变其代表的数值时，都会引发调整事件。

程序要响应滚动条引发的调整事件，必须首先把这个滚动条注册给实现了 AdjustmentListener 接口的调整事件监听者 mySlider.addAdjustmentListener(this)。

调整事件监听者中用于响应调整事件的方法是：

   public void adjustmentValueChanged(AdjustmentEvent c);

这个方法通常需要调用 e.getAdjustable() 来获得引发当前调整事件的事件源，如滚动条。另一个有用的方法是 AdjustmentEvent 类的方法 getValue()，它与滚动条的 getValue() 方法功能相同，e.getValue() 方法可以返回调整事件后的数值。调用 e.getAdjustmentType() 方法可以知道当前调整事件的类型，即用户使用何种方式改变了滚动条滑块的位置。具体方法是把这个方法的返回值与 AdjustmentEvent 类的几个静态常量相比较，如 AdjustmentEvent.TRACK 等。

10.4.5 鼠标、键盘事件

1. 鼠标事件（MouseEvent）

MouseEvent 类和 KeyEvent 类都是 InputEvent 类的子类，InputEvent 类不包含任何具体的事件，但是调用 InputEvent 类的 getModifiers() 方法，并把返回值与 InputEvent 类的几个静态整型常量 ALT_MASK，CTRL_MASK，SHIFT_MASK，META_MASK，BUTTON1_MASK，BUTTON2_MASK，BUTTON3_MASK 相比较，就可以得知用户在引发 KeyEvent 事件时是否同时按下了功能键，或者用户在单击鼠标时单击的是哪个鼠标键。

MouseEvent 类包含如下的若干个鼠标事件，分别用 MouseEvent 类的同名静态整型常量标志。

↪ MOUSE_CLICKED：代表鼠标单击事件。

- MOUSE_DRAGGED：代表鼠标拖动事件。
- MOUSE_ENTERED：代表鼠标进入事件。
- MOUSE_EXITED：代表鼠标离开事件。
- MOUSE_MOVED：代表鼠标移动事件。
- MOUSE_PRESSED：代表鼠标按钮按下事件。
- MOUSE_RELEASED：代表鼠标按钮松开事件。

调用 MouseEvent 对象的 getID( ) 方法并把返回值与上述各常量比较，就可以知道用户引发的是哪个具体的鼠标事件。例如，假设 mouseEvt 是 MouseEvent 类的对象，下面的语句将判断它代表的事件是否是 MOUSE_CLICKED：

```
if( mouseEvt. getID( ) = = MouseEvent. MOUSE_CLICKED)
```

不过一般不需要这样处理，因为监听 MouseEvent 事件的监听者 MouseListener 和 MouseMotionListener 中有七个具体方法，分别针对上述的七个具体鼠标事件，系统会分辨鼠标事件的类型并自动调用相关的方法，所以编程者只需把处理相关事件的代码放到相关的方法里即可。

MouseEvent 类的主要方法如下。

- public int getX( )：返回发生鼠标事件的 X 坐标。
- public int getY( )：返回发生鼠标事件的 Y 坐标。
- public Point getPoint( )：返回 Point 对象，包含表示鼠标事件发生的坐标点。
- public int getClickCount( )：返回鼠标单击事件的单击次数。

前面所说的 MouseListener 和 MouseMotionListener 的几个具体事件处理方法，都以 MouseEvent 类的对象为形式参数。通过调用 MouseEvent 类的上述方法，这些事件处理方法可以得到引发它们的鼠标事件的具体信息。

2. 键盘事件（KeyEvent）

KeyEvent 类包含如下三个具体的键盘事件，分别对应 KeyEvent 类的几个同名的静态整型常量。

- KEY_PRESSED：代表键盘按键被按下的事件。
- KEY_RELEASED：代表键盘按键被放开的事件。
- KEY_TYPED：代表按键被敲击的事件。

KeyEvent 类的主要方法如下。

（1）public char getKeyChar( )：返回引发键盘事件的按键对应的 Unicode 字符，如果这个按键没有 Unicode 字符与之相对应，则返回 KeyEvent 类的一个静态常量 KeyEvent. CHAR_UNDEFINED。

（2）public String getKeyText( )：返回引发键盘事件的按键的文本内容，典型的返回值有 "A" "Home" "F3" 等。

与 KeyEvent 事件相对应的监听者接口是 KeyListener，这个接口中定义了如下的三个抽象方法，分别与 KeyEvent 中的三个具体事件类型相对应。

- public void keyPressed(KeyEvent e) ;
- public void keyReleased(KeyEvent e) ;
- public void keyTyped(KeyEvent e) ;

可见，事件类中的事件类型名与对应的监听者接口中的抽象方法名很相似，也体现了二者之间的响应关系。凡是实现了 KeyListener 接口的类，都必须具体实现上述的三个抽象方法，把用户程序对这三种具体事件的响应代码放在实现后的方法体中，这些代码里通常需要用到实参 KeyEvent 对象 e 的若干信息，这可以通过调用 e 的方法，如 getSource( )，getKeyChar( )等来实现。

10.4.6 JFrame 与窗口事件

可以独立的顶层组件包括 JFrame，JDialog 等。其中 JFrame 有边框的容器（窗口），JDialog 则是对话框。

1. JFrame

在前面的例子中已经使用过 JFrame 这种容器，它是 Java 中最重要、最常用的容器之一。

JFrame 可以作为一个程序的最外层容器，也可以被其他容器创建并弹出成为独立的容器。

JFrame 有自己的外边框和自己的标题，创建 JFrame 时可以指定其窗口标题。

  JFrame(String title);

也可以使用专门的方法 getTitle( ) 和 setTitle(String) 来获取或指定 Frame 的标题。新创建的 JFrame 是不可见的，需要使用 setVisible (boolean) 方法，并使用实际参数 true 使之可见。

每个 JFrame 在其右上角都有三个控制图标，分别代表将窗口最小化、最大化和关闭的操作，其中最小化和最大化操作 JFrame 可自动完成，而关闭窗口的操作则需要进行设置：

  frame.setDefaultCloseOperation(JFrame.EXIT_ON_CLOSE)

向 JFrame 窗口中添加和移出组件使用的方法与其他容器相同，也是 add( )和 remove( )。如前面提到过的，JFrame 的 add( )方法，实际上相当于 getContentPane( ).add( )，JFrame 的 setLayout( )方法。

JFrame 可以引发 WindowEvent 类代表的所有七种窗口事件。

2. 窗口事件（WindowEvent）

WindowEvent 类包含如下几个具体窗口事件。

  （1）WINDOW_ACTIVATED：代表窗口被激活（在屏幕的最前方待命）。

  （2）WINDOW_DEACTIVATED：代表窗口失活（其他窗口被激活后原活动窗口失活）。

  （3）WINDOW_OPENED：代表窗口被打开。

  （4）WINDOW_CLOSED：代表窗口已被关闭（指已关闭后）。

  （5）WINDOW_CLOSING：代表窗口正在被关闭（指关闭前，如单击窗口的关闭按钮）。

  （6）WINDOW_ICONIFIED：代表使窗口最小化成图标。

  （7）WINDOW_DEICONIFIED：代表使窗口从图标恢复。

WindowEvent 类的主要方法有 public Window getWindow( )，此方法返回引发当前 WindowEvent 事件的具体窗口，与 getSource( )方法返回的是相同的事件引用。但是 getSource( )的返回类型为 Object，而 getWindow( )方法的返回值是具体的 Window 对象。

窗口事件对应于 WindowListener，它里面对应有 7 个方法。如前面提到的，JFrame 的 setDefaultCloseOperation(EXIT_ON_CLOSE)可以让关闭窗口时退出程序，这实际上相当处理了 WindowListener 的 windowClosing( )方法。

10.4.7　JPanel 与容器事件

1. Container 类

Container 类是一个抽象类，里面包含了所有容器组件都必须具有的方法和功能。

- add( )：Container 类中有多个经过重载的 add( ) 方法，其作用都是把 Component 组件（可能是一个基本组件，也可能是另一个容器组件）加入到当前容器中，每个被加入容器的组件根据加入的先后顺序获取一个序号。
- getComponent(int index) 与 getComponent(int x,int y)：这两个方法分别获得指定序号或指定(x,y)坐标点处的组件。
- remove(Component) 与 remove(int index)：将指定的组件或指定序号的组件从容器中移出。
- removeAll( )：将容器中所有的组件移出。
- setLayout( )：设置容器的布局管理器。

Container 可以引发 ContainerEvent 类代表的容器事件。当容器中加入或移出一个组件时，容器将分别引发 COMPONENT_ADDED 和 COMPONENT_REMOVED 两种容器事件。希望响应容器事件的程序应该实现容器事件的监听者接口 ContainerListener，并在监听者内部具体实现该接口中用来处理容器事件的两个方法。

- public void componentAdded(ContainerEvent e)：响应向容器中加入组件事件的方法
- public void componentRemoved(ContainerEvent e)：响应从容器中移出组件的方法

在这两个方法内部，可以调用实际参数 e 的方法 e.getContainer( ) 获得引发事件的容器对象的引用，这个方法的返回类型为 Container；也可以调用 e.getChild( ) 方法获得事件发生时被加入或移出容器的组件，这个方法的返回类型为 Component。

2. 容器事件（ContainerEvent）

ContainerEvent 类包含两个具体的与容器有关的事件。

（1）COMPONENT_ADDED：把组件加入当前容器对象。
（2）COMPONENT_REMOVED：把组件移出当前容器对象。

ContainerEvent 类的主要方法有两种。

- public Container getContainer( )：返回引发容器事件的容器对象
- public Component getChild( )：返回引发容器事件时被加入或移出的组件对象

3. JPanel

JPanel 属于无边框容器。JPanel 是简单的容器，它没有边框或其他的可见的边界，它不能被移动、放大、缩小或关闭。一个程序不能使用 JPanel 作为它的最外层的图形界面的容器，所以 JPanel 总是作为一个容器组件被加入到其他的容器（如 JFrame）中去。JPanel 也可以进一步包含另一个 JPanel，使用 JPanel 的程序中一般存在着容器的嵌套。使用 JPanel 的目的通常是为了层次化管理图形界面的各个组件，同时使组件在容器中的布局操作更为方便。程序不显式地指定 JPanel 的大小，JPanel 的大小是由其中包含的所有组件，以及包容它的那个容器的布局策略和该容器中的其他组件决定的。

容器的嵌套是 Java 程序 GUI 界面设计和实现中经常需要使用到的手段，实现这一类 GUI 界面时，应该首先明确各容器之间的包含嵌套关系。

10.4.8 组件事件、焦点事件与对话框

1. 组件事件（ComponentEvent）

这个类是所有低级事件的根类，一共包含四个具体事件，可以用 ComponentEvent 类的几个静态常量来表示。

（1）ComponentEvent. COMPONENT_HIDDEN：代表隐藏组件的事件。

（2）ComponentEvent. COMPONENT_SHOWN：代表显示组件的事件。

（3）ComponentEvent. COMPONENT_MOVED：代表移动组件的事件。

（4）ComponentEvent. COMPONENT_RESIZED：代表改变组件大小的事件。

把调用 getID( ) 方法的返回值与上述常量相比较，就可以知道 ComponentEvent 对象所代表的具体事件。

2. 焦点事件（FocusEvent）

FocusEvent 类包含两个具体事件，分别对应这个类的两个同名静态整型常量。

（1）FOCUS_GAINED：代表获得了注意的焦点。

（2）FOCUS_LOST：代表失去了注意的焦点。

一个 GUI 的对象必须首先获得注意的焦点，才能被进一步操作。

区域必须首先获得注意的焦点，才能接受用户输入的文字。一个窗口只有先获得了注意的焦点，其中的菜单才能被选中等。获得注意的焦点将使对象被调到整个屏幕的最前面并处于待命的状态，是默认操作的目标对象，而失去注意焦点的对象则被调到屏幕的后面并可能被其他的对象遮挡。

3. 对话框（JDialog）

与 JFrame 一样，JDialog 是有边框、有标题的独立存在的容器，并且不能被其他容器所包容；JDialog 通常起到与用户交互的对话框的作用。

JDialog 有以下这样的构造方法：

   JDialog(Frame owner, String title, boolean modal)；

第一个参数指明新创建的 JDialog 对话框隶属于哪个 Frame 窗口，第二个参数指明新建 JDialog 对话框的标题，第三个参数指明该对话框是否是模态的。所谓"模态"的对话框，是那种一旦打开后用户必须对其做出响应的对话框，例如，对话框询问用户是否确认删除操作，此时程序处于暂停状态，除非用户回答了对话框的问题，否则是不能使用程序的其他部分的，所以带有一定的强制性质；而无模态对话框则没有这种限制，用户完全可以不理会这个打开的对话框而去操作程序的其他部分。

对于已经创建的对话框，还可以用 setModal(boolean isModal) 方法来改变其模态属性，或者使用 boolean isModal( ) 方法来判断它是否是一个模态对话框。

新建的对话框使用默认的 BorderLayout。对话框默认是不可见的，可以使用 setVisible (true) 方法显示它。

10.5 绘图、图像和动画

本节主要介绍如何利用 Java 类库中的类及其方法来绘制图形。编程人员可以利用这些

方法自由地绘制图形和文字,也可以将已经存在的图像、动画等加载到当前程序中来。

10.5.1 绘制图形

绘制图形和文字将要用类 Graphics。Graphics 是 java.awt 包中一个类,其中包括了很多绘制图形和文字的方法。

1. 获得 Graphics 对象

对于一个图形用户界面中的组件,可以用 getGraphics( )方法来得到一个 Graphics 对象,它相当于组件的绘图环境,利用它可以进行各种绘图操作。

对于任何一个 JComponent 组件,paint( )方法也会带一个 Graphics 参数,通过覆盖 paint( )方法,就可以绘制各种图形。

【例 10-15】SimpleClickDraw.java 用鼠标单击画图。

```java
import java.awt.*;
import java.awt.event.*;
import java.applet.*;
import javax.swing.*;

public class SimpleClickDraw extends JComponent {
    private java.util.List<Point> points = new java.util.ArrayList<>();

    public SimpleClickDraw() {
        addMouseListener(new MouseAdapter() {
            public void mousePressed(MouseEvent e) {
                points.add(new Point(e.getX(), e.getY()));
                repaint();
            }
        });
    }

    @Override
    public void update(Graphics g) {
        paint(g);
    }

    @Override
    public void paint(Graphics g) {
        for (int i = 0; i < points.size(); i++) {
            Point p = points.get(i);
            g.drawString("x", p.x, p.y);
        }
    }

    public static void main(String args[]) {
        JFrame frame = new JFrame("MouseClick");
        frame.add(new SimpleClickDraw());
        frame.setDefaultCloseOperation(JFrame.EXIT_ON_CLOSE);
        frame.setSize(400, 300);
        SwingUtilities.invokeLater(() -> {
            frame.setVisible(true);
        });
    }
}
```

程序运行结果如图 10-17 所示。程序中继承了 JComponent,在其构造方法中添加了鼠标事件处理器,当鼠标单击时会记下坐标。覆盖了 paint( )方法以用 drawString( )的方式画个小叉。而覆盖 update( )以直接调用 paint( )，因为默认的 update( )会绘制边框、子组件等任务。值得注意的是，程序在 click 等事件的代码中不应直接调用 paint( )，而是调用 repaint( )来请求系统进行重绘，系统会调用 paint( )。

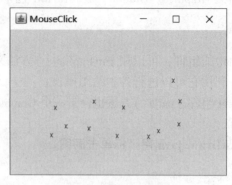

图 10-17　用鼠标单击画图

2. Graphics 的绘图方法

绘制图形的方法很多，表 10-3 列出了常用的 Graphics 方法，更详细的解释可以查阅 JDK 文档。

表 10-3　常用的 Graphics 方法

画三维矩形	draw3DRect(int x, int y, int width, int height, boolean raised)
画弧	drawArc(int x, int y, int width, int height, int startAngle, int arcAngle)
画文字	drawBytes(byte[ ] data, int offset, int length, int x, int y)
画文字	drawChars(char[ ] data, int offset, int length, int x, int y)
画直线	drawLine(int x1, int y1, int x2, int y2)
画椭圆	drawOval(int x, int y, int width, int height)
画多边形	drawPolygon(int[ ] xPoints, int[ ] yPoints, int nPoints)
画多边形	drawPolygon(Polygon p)
画折线	drawPolyline(int[ ] xPoints, int[ ] yPoints, int nPoints)
画矩形	drawRect(int x, int y, int width, int height)
画圆角矩形	drawRoundRect(int x, int y, int width, int height, int arcWidth, int arcHeight)
画文字	drawString(AttributedCharacterIterator iterator, int x, int y)
画文字	drawString(String str, int x, int y)
画填充三维矩形	fill3DRect(int x, int y, int width, int height, boolean raised)
画填充弧	fillArc(int x, int y, int width, int height, int startAngle, int arcAngle)
画填充椭圆	fillOval(int x, int y, int width, int height)
画填充多边形	fillPolygon(int[ ] xPoints, int[ ] yPoints, int nPoints)
画填充多边形	fillPolygon(Polygon p)
画填充矩形	fillRect(int x, int y, int width, int height)
画填充圆角矩形	fillRoundRect(int x, int y, int width, int height, int arcWidth, int arcHeight)

3. 几个辅助类

除了 Graphics 类，Java 中还定义了其他一些用来表示几何图形的类，对绘制用户自定义成分也很有帮助。例如，Point 表示一个点（位置）；Dimension 表示宽和高；Rectangle 表示一个矩形；Polygon 类表示一个多边形；Color 表示颜色等。

图形的颜色可以用 Color 类的对象来控制，每个 Color 对象代表一种颜色，用户可以直接使用 Color 类中定义好的颜色常量，也可以通过调配红、绿、蓝三色的比例创建自己的 Color 对象。

Color 类中定义有如下的三种构造函数：

↪ public Color(int red, int green, int blue);

↪ public Color(float red, float green, float blue);

↪ public Color(int RGB)。

不论使用哪个构造函数创建 Color 对象，都需要指定新建颜色中 R（红）、G（绿）、B（蓝）三色的比例。在第一个构造函数中通过三个整型参数指定 R、G、B，每个参数的取值范围在 0~255 之间；第二个构造函数通过三个浮点参数指定 R、G、B，每个参数的取值范围在 0.0~1.0 之间；第三个构造函数通过一个整型参数指明其 RGB 三色比例，这个参数的 0~7 位（取值范围为 0~255）代表红色的比例，8~15 位代表绿色的比例，16~23 位代表蓝色的比例。

调用 Graphics 对象的 setColor() 方法可以把当前默认的颜色修改成新建的颜色，使此后调用该 Graphics 对象完成的绘制工作，如绘制图形、字符串等，都使用这个颜色：

  g.setColor(myColor);

除了创建自己的颜色，也可以直接使用 Color 类中定义好的颜色常量，如：

  g.setColor(Color.cyan);

Color 类中共定义了多种静态颜色常量，包括 red、black、orange、pink、grey 等，使用时只需以 Color 为前缀，如 Color.red 或 Color.RED。

对于 Swing 的组件，它们有四个与颜色有关的方法分别用来设置和获取组件的背景色和前景色：

↪ public void setBackground(Color c);

↪ public Color getBackground();

↪ public void setForeground(Color c);

↪ public Color getForeground()。

【例 10-16】Draw_r_cos2th.java 画图，如图 10-18 所示。

```
import java.awt.*;
import java.awt.event.*;
import javax.swing.*;
public class Draw_r_cos2th extends JComponent {
    @Override
    public void paint(Graphics g) {
        double w = getSize().width / 2;
        double h = getSize().height / 2;
        g.setColor(Color.blue);
        for (double th = 0; th < 10; th += 0.003) {
            double r = Math.cos(16 * th) * h;
            double x = r * Math.cos(th) + w;
            double y = r * Math.sin(th) + h;
            g.drawOval((int) x - 1, (int) y - 1, 3, 3);
        }
        g.setColor(Color.yellow);
```

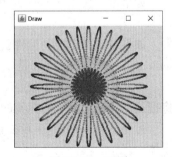

图 10-18　画图

```java
        for (double th = 0; th < 10; th += 0.003) {
            double r = Math.cos(16 * th) * h;
            double x = 0.5 * r * Math.cos(th) + w;
            double y = 0.5 * r * Math.sin(th) + h;
            g.drawOval((int) x - 1, (int) y - 1, 3, 3);
        }
        g.setColor(Color.red);
        for (double th = 0; th < 10; th += 0.003) {
            double r = Math.cos(16 * th) * h;
            double x = 0.3 * r * Math.cos(th) + w;
            double y = 0.3 * r * Math.sin(th) + h;
            g.drawOval((int) x - 1, (int) y - 1, 3, 3);
        }
    }
    public static void main(String args[]) {
        JFrame frame = new JFrame("Draw");
        frame.setDefaultCloseOperation(JFrame.EXIT_ON_CLOSE);
        frame.setSize(400, 350);
        frame.add(new Draw_r_cos2th());
        SwingUtilities.invokeLater(() -> {
            frame.setVisible(true);
        });
    }
}
```

程序中继承 JComponent，在 paint() 方法中进行绘制，使用了 Graphics 对象的 drawOval() 来画出小圆圈，由一系列小圆圈构成了美丽的图形。

10.5.2 显示文字

从前面的例子中可以知道，Graphics 类的方法 drawString() 可以在屏幕的指定位置显示一个字符串。Java 中还有一个 Font 类，表示字体的属性，包括字体类型、字型和字号。下面的语句用于创建一个 Font 类的对象：

```java
Font myFont = new Font("TimesRoman", Font.BOLD, 12);
```

myFont 对应的是 12 磅 TimesRoman 类型的黑体字，其中指定字型时需要用到 Font 类的三个常量：Font.PLAIN，Font.BOLD，Font.ITALIC。

如果希望使用该 Font 对象，则可以利用 Graphics 类的 setFont() 方法：

```java
g.setFont(myFont);
```

如果希望指定控制组件，如按钮或文本框中的字体效果，则可以使用控制组件的方法 setFont()。例如，设 btn 是一个按钮对象，语句如下：

```java
btn.setFont(myFont);
```

将把这个按钮上显示的标签的字体改为 12 磅的 TimesRoman 黑体字。

另外，与 setFont() 方法相对的 getFont() 方法将返回当前 Graphics 或组件对象使用的字体。

【例 10-17】 **DrawFonts.java** 使用字体。

```java
import java.awt.*;
import javax.swing.*;

public class DrawFonts extends JFrame {
    @Override
```

```java
    public void paint(Graphics g) {
        g.setColor(Color.blue);
        GraphicsEnvironment ge = GraphicsEnvironment.getLocalGraphicsEnvironment();
        Font[] fonts = ge.getAllFonts();
        for (int i = 0; i < fonts.length && i < 20; i++) {
            String name = fonts[i].getName();
            g.setFont(new Font(name, Font.PLAIN, 12));
            g.drawString(name, 10, 20 * i);
        }
    }

    public static void main(String args[]) {
        JFrame frame = new DrawFonts();
        frame.setSize(400, 300);
        frame.setDefaultCloseOperation(JFrame.EXIT_ON_CLOSE);
        SwingUtilities.invokeLater(() -> {
            frame.setVisible(true);
        });
    }
}
```

程序运行结果如图 10-19 所示。程序中在得到所有的字体后，循环地用不同的字体进行了字符串的绘制。程序中直接继承了 JFrame 并覆盖了其 paint() 方法。不过，最好还是像前面的例子，创建一个继承自 JComponent 的组件的对象实例，并加入到 JFrame 中。

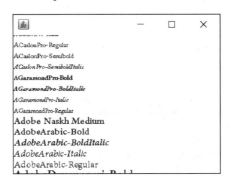

图 10-19　使用字体

10.5.3　显示图像及实现动画

Java 中可以利用 Graphics 类的 drawImage() 方法显示图像。

用 Java 实现动画的原理与放映动画片类似，取若干相关的图像或图片，顺序、连续地在屏幕上先显示，后擦除，循环往复就可以获得动画的效果。

【例 10-18】 DrawImageAnimator.java 实现动画效果。

```java
import java.awt.*;
import javax.swing.*;
import java.io.*;

public class DrawImageAnimator extends JFrame {
    private java.util.List<Image> images = new java.util.ArrayList<>();
    private int imageIndex;
    private boolean bStop;
    private MyThread thread;
```

```java
    public DrawImageAnimator(String title) {
        super(title);
        final String dir = "e:\\media\\";
        String[] files = new File(dir).list();
        int num = files.length <= 10 ? files.length : 10;
        for (int i = 0; i < num; i++) {
            if (files[i].endsWith(".jpg") || files[i].endsWith(".png")) {
                images.add(Toolkit.getDefaultToolkit().createImage(dir + files[i]));
            }
        }
        setSize(300, 200);
        setDefaultCloseOperation(JFrame.EXIT_ON_CLOSE);
        setVisible(true);
        thread = new MyThread();
        thread.setDaemon(true);
        thread.start();
    }

    @Override
    public void paint(Graphics g) {
        g.clearRect(0, 0, getWidth(), getHeight());
        g.drawImage(images.get(imageIndex), 0, 0, this);
    }

    class MyThread extends Thread {
        public void run() {
            while (!bStop) {
                SwingUtilities.invokeLater(() -> {
                    repaint();
                });
                try {
                    sleep(1000);
                } catch (InterruptedException e) {
                }
                imageIndex++;
                if (imageIndex == images.size())
                    imageIndex = 0;
            }
        }
    }

    public static void main(String args[]) {
        SwingUtilities.invokeLater(() -> {
            new DrawImageAnimator("DrawImageAnimator");
        });
    }
}
```

程序运行结果如图 10-20 所示。程序中使用 Toolkit.getDefaultToolkit().createImage() 来加载图片，在线程中每隔 1 秒更新一下 imageIndex 并调用 repaint() 来达到切换图片的目的。

图 10-20　实现动画效果

在 Java 中，Swing 是线程不安全的，是单线程的设计，这样造成的结果就是：只能从事件派发线程（或者称为"界面线程"）访问将要在屏幕上绘制的 Swing 组件。事件派发线程是调用 paint() 和 update() 等回调方法的线程，它还是事件监听器接口中定义的事件处理方法，例如，ActionListener 中的 actionPerformed( )方法在事件派发线程中调用。

Swing 是事件驱动的，所以在回调函数中更新可见的 GUI 是很自然的事情。有时需要从事件派发线程以外的线程中更新 Swing 组件，例如，在 actionPerformed( )中有很费时的操作，则在独立的线程上执行比较耗时的操作会更好，这就会立即更新用户界面和释放事件派发线程去派发其他的事件。

在新的线程中更新 Swing 界面时，不能直接调用界面组件的 getText( )、setText( )、repaint( )等方法，因为它可能造成与主界面状态不一致。解决这个问题的办法是：调用 SwingUtilities 类的 invokeLater( )或 invokeAndWait( )，它们都使事件派发线程上的可运行对象（Runnable）排队。当可运行对象排在事件派发队列的队首时，就调用其 run( )方法。正如前面的诸多示例中所看见的，这里 Runnable 对象一般用 Lambda 表达式来书写。

10.6 基于 GUI 的应用程序

10.6.1 使用可视化设计工具

随着图形用户界面的普及和界面元素标准化程度的提高，许多辅助设计和实现图形用户界面的方法和工具也相应出现，例如可视化编程方法允许设计人员直接绘出图形界面，然后交给专门的工具自动编码生成这个图形界面，免除了开发者的许多编程负担，目前许多应用软件开发工具都具有可视化编程的功能。

使用可视化设计工具，可以大大地加快界面设计。Eclipse 中的图形化窗体设计界面可以使用 WindowBuilder 插件，其安装方法是：单击菜单 Help→Eclipse MarketPlace…，在打开的对话框中输入"WindowBuilder"并回车，找到 WindowBuilder，然后单击 Install 按钮进行安装。安装后，可以用 File→New→Other…→WindowBuilder→Swing Designer→JFrame 功能设计窗体，在其中可以进行布局的设定、组件的添加、属性的设置、事件的绑定等工作，它会自动生成相应的代码。

在 IntelliJ IDEA 中，可以用 File→New→Swing UI Designer→GUI Form 来设计界面。

10.6.2 菜单的定义与使用

菜单是非常重要的 GUI 组件，每个菜单组件包括一个菜单条，称为 JMenuBar。每个菜单条又包含若干个菜单项，称为 JMenu。每个菜单项再包含若干个菜单子项，称为 JMenuItem。每个菜单子项的作用与按钮相似（事实上，它继承了 AbstractButton 类），也是在用户单击时引发一个动作命令，所以整个菜单就是一组层次化组织的命令集合，使用它可以方便地向程序发布指令。

Java 中的菜单分为两大类：一类是菜单条式菜单，通常说的菜单就是指这一类菜单；另一类是弹出式菜单。下面首先讨论菜单条式菜单的实现与使用。

1. 菜单的设计与实现

菜单的设计与实现步骤如下。

（1）创建菜单条 JMenuBar。例如，下面的语句创建了一个空的菜单条：

m_MenuBar = new JMenuBar( );

（2）创建不同的菜单项 JMenu 加入到空菜单条中。下面的语句创建了一个菜单项并把它加入到菜单条中，菜单项的标题为"编辑"：

```
menuEdit = new JMenu("编辑");
m_MenuBar.add(menuEdit);
```

（3）为每个菜单项创建其所包含的更小的菜单子项 JMenuItem，并把菜单子项加入到菜单项中去：

```
mi_Edit_Copy = new JMenuItem("复制");
menuEdit.add(mi_Edit_Copy);
```

（4）将整个建成的菜单条加入到某个容器中去：

```
this.setMenuBar(m_MenuBar);
```

这里的 this 代表程序的容器 JFrame，需要注意的是并非每个容器都可以配菜单条式菜单，只有实现了 MenuContainer 接口的容器才能加入菜单。

（5）给各菜单子项用 addActionListener() 方法注册动作事件的监听器。

（6）为监听者定义 actionPerformed(ActionEvent e) 方法，在这个方法中调用 e.getSource() 或 e.getActionCommand() 来判断用户单击的菜单子项，并完成这个子项定义的操作。

2. 使用分隔线

有时希望在菜单子项之间增加一条横向分隔线，以便把菜单子项分成几组。加入分隔线的方法是使用 Menu 的方法 addSeparator()，使用时要注意该语句的位置。菜单子项是按照加入的先后顺序排列在菜单项中的，希望把分隔线加在哪里，就要把分隔线语句放在哪里。

```
menuFile.addSeparator();    // 加一条横向分隔线
```

3. 使用二级菜单

如果希望菜单子项还能够进一步再引出更多的菜单项，可以使用二级菜单。二级菜单的使用方法很简单，创建一个包含若干菜单子项（JMenuItem）的菜单项（JMenu），把这个菜单项像菜单子项一样加入到一级菜单项中即可。

```
m_Edit_Paste = new JMenu("粘贴");                  // 创建二级菜单项
mi_past_All = new JMenuItem("全部粘贴");
mi_past_Part = new JMenuItem("部分粘贴");
m_Edit_Paste.add(mi_Paste_Part);
m_Edit_Paste.add(mi_Paste_All);                     // 为二级菜单项加入菜单子项
menuEdit.add(m_Edit_Paste);                         // 把二级菜单项加入菜单项
```

4. 使用可选择的菜单子项

Java 中还定义了一种特殊的菜单子项，称为 JCheckBoxMenuItem。这种菜单子项有"选中"和"未选中"两种状态，每次选择这类菜单子项都使它在这两种状态之间切换，处于"选中"状态的菜单子项的前面有一个小对号，处于"未选中"状态时没有这个小对号。

创建复选框菜单子项并把它加入菜单项的方法如下：

```
mi_Edit_Cut = new JCheckBoxMenuItem("剪切");       // 创建选择菜单子项
menuEdit.add(mi_Edit_Cut);
```

JCheckBoxMenuItem 引发的事件不是动作事件 ActionEvent，而是选择事件 ItemEvent，所以需要给它注册 ItemListener，并具体实现 ItemListener 的 itemStateChanged(ItemEvent e) 方法，与响应复选框的事件较为相似。

```
mi_Edit_Cut.addItemListener(this);
```

5. 使用弹出式菜单

弹出式菜单附着在某一个组件或容器上，一般它是不可见的，只有当用户用鼠标右键单击附着有弹出式菜单的组件时，这个菜单才"弹出"来显示。

弹出式菜单与菜单条式菜单一样，也包含若干个菜单子项，创建弹出式菜单并加入菜单子项的操作如下：

```
JPopupMenu popM = new JPopupMenu();           // 创建弹出窗口
JMenuItem pi_New = new JMenuItem("新建");      // 为弹出窗口创建菜单子项
pi_New.addActionListener(this);               // 使菜单子项响应动作事件
popM.add(pi_New);                             // 为弹出菜单加入菜单子项
```

然后需要把弹出式菜单附着在某个组件或容器上。例如：

```
ta.add(popM);        //将弹出窗口加在文本区域上
```

用户单击鼠标右键时弹出式菜单不会自动显示出来，还需要一定的程序处理，首先把附着有弹出菜单的组件或容器注册给 MouseListener：

```
ta.addMouseListener(new HandleMouse(this));   //文本字段响应鼠标事件,弹出菜单
```

然后覆盖 MouseListener 的 mouseReleased(MouseEvent e)方法。在这个方法里调用弹出式菜单的方法 show()把它自身显示在用户鼠标单击的位置：

```
public void mouseReleased(MouseEvent e)       // 鼠标按键松开事件弹出菜单
{
    if(e.isPopupTrigger())                    // 检查鼠标事件是否由弹出菜单引发
        popM.show((Component)e.getSource(), e.getX(), e.getY());
}
```

这里 e.getSource()方法返回的是附着有弹出式菜单的组件或容器，弹出式菜单应该显示在这个组件或容器中鼠标单击的位置（由 e.getX()方法和 e.getY()方法确定鼠标单击的坐标位置）。

【例 10-19】TestMenuItem.java 使用菜单。

```
import java.awt.*;
import javax.swing.*;

public class TestMenuItem {
    public static void main(String[] args) {
        JFrame frame = new JFrame("Test JMenu");
        JMenuBar mbar = new JMenuBar();
        frame.setJMenuBar(mbar);

        JMenu mFile = new JMenu("File");
        JMenu mEdit = new JMenu("Edit");
        JMenu mHelp = new JMenu("Help");

        mbar.add(mFile);
        mbar.add(mEdit);
        mbar.add(mHelp);

        JMenuItem mFileNew = new JMenuItem("New");
        JMenuItem mFileSave = new JMenuItem("Save");
        JMenuItem mFileLoad = new JMenuItem("Load");
        JMenuItem mFileQuit = new JMenuItem("Quit");

        mFile.add(mFileNew);
        mFile.add(mFileSave);
        mFile.add(mFileLoad);
        mFile.addSeparator();
        mFile.add(mFileQuit);
```

```java
    mFileQuit.addActionListener( e -> {
        System.exit(0);
    });

    SwingUtilities.invokeLater( ( )->{
        frame.setSize(250, 200);
        frame.setVisible(true);
    });
  }
}
```

程序运行结果如图 10-21 所示。

图 10-21　使用菜单

10.6.3　菜单、工具条及对话框的应用

下面以一个简单的文本编辑器来具体地介绍菜单、工具条、对话框，如图 10-22 所示。为了读者便于阅读，在程序的重要地方都加了简单的注释。

图 10-22　一个简单的文本编辑器

【例 10-20】TextEditorApp.java 一个简单的文本编辑器。

```java
import java.awt.*;
import java.awt.event.*;
import javax.swing.*;
import java.io.*;

class TextEditor extends JFrame {

    File file = null;
    Color color = Color.black;

    TextEditor() {
        initTextPane();
        initMenu();
        initAboutDialog();
        initToolBar();
    }

    void initTextPane() {                           // 将文本框放入有滚动对象,并加入到 Frame 中
        getContentPane().add( new JScrollPane(text) );
    }

    JTextPane text = new JTextPane();               //文本框
    JFileChooser filechooser = new JFileChooser();  //文件选择对话框
    JColorChooser colorchooser = new JColorChooser(); //颜色选择对话框
    JDialog about = new JDialog(this);              //关于对话框
    JMenuBar menubar = new JMenuBar();              //菜单
```

```java
        JMenu[] menus = new JMenu[]{ new JMenu("File"), new JMenu("Edit"), new JMenu
("Help") };
        JMenuItem menuitems[][] = new JMenuItem[][]{
                { new JMenuItem("New"), new JMenuItem("Open..."), new JMenuItem
("Save..."), new JMenuItem("Exit") },
                { new JMenuItem("Copy"), new JMenuItem("Cut"), new JMenuItem("Paste"), new
JMenuItem("Color...") },
                { new JMenuItem("About") } };
        void initMenu(){                              //初始化菜单
            for(int i = 0; i < menus.length; i++){
                menubar.add(menus[i]);
                for(int j = 0; j < menuitems[i].length; j++){
                    menus[i].add(menuitems[i][j]);
                    menuitems[i][j].addActionListener(action);
                }
            }
            this.setJMenuBar(menubar);
        }
        ActionListener action = new ActionListener(){     //菜单事件处理
            public void actionPerformed(ActionEvent e){
                JMenuItem mi = (JMenuItem) e.getSource();
                String id = mi.getText();
                if(id.equals("New")){
                    text.setText("");
                    file = null;
                } else if(id.equals("Open...")){
                    if(file != null)
                        filechooser.setSelectedFile(file);
                    int returnVal = filechooser.showOpenDialog(TextEditor.this);
                    if(returnVal == JFileChooser.APPROVE_OPTION){
                        file = filechooser.getSelectedFile();
                        openFile();
                    }
                } else if(id.equals("Save...")){
                    if(file != null)
                        filechooser.setSelectedFile(file);
                    int returnVal = filechooser.showSaveDialog(TextEditor.this);
                    if(returnVal == JFileChooser.APPROVE_OPTION){
                        file = filechooser.getSelectedFile();
                        saveFile();
                    }
                } else if(id.equals("Exit")){
                    System.exit(0);
                } else if(id.equals("Cut")){
                    text.cut();
                } else if(id.equals("Copy")){
                    text.copy();
                } else if(id.equals("Paste")){
                    text.paste();
                } else if(id.equals("Color...")){
                    color = JColorChooser.showDialog(TextEditor.this, "", color);
                    text.setForeground(color);
                } else if(id.equals("About")){
                    about.setSize(100, 50);
                    about.setVisible(true);
                }
            }
        };
```

```java
    };
    void saveFile() {                               //保存文件,将字符写入文件
        try {
            FileWriter fw = new FileWriter(file);
            fw.write(text.getText());
            fw.close();
        } catch (Exception e) {
            e.printStackTrace();
        }
    }

    void openFile() {                               //读入文件,并将字符置入文本框中
        try {
            FileReader fr = new FileReader(file);
            int len = (int) file.length();
            char[] buffer = new char[len];
            fr.read(buffer, 0, len);
            fr.close();
            text.setText(new String(buffer));
        } catch (Exception e) {
            e.printStackTrace();
        }
    }

    void initAboutDialog() {                        //初始化对话框
        about.getContentPane().add(new JLabel("简单编辑器 V1.0"));
        about.setModal(true);
        about.setSize(100, 50);
    }

    JToolBar toolbar = new JToolBar();              //工具条
    JButton[] buttons = new JButton[] { new JButton("", new ImageIcon("copy.jpg")),
        new JButton("", new ImageIcon("cut.jpg")),
        new JButton("", new ImageIcon("paste.jpg")) };
    void initToolBar() {                            //加入工具条
        for (int i = 0; i < buttons.length; i++)
            toolbar.add(buttons[i]);
        buttons[0].setToolTipText("copy");
        buttons[0].addActionListener(new ActionListener() {
            public void actionPerformed(ActionEvent e) {
                text.copy();
            }
        });
        buttons[1].setToolTipText("cut");
        buttons[1].addActionListener(new ActionListener() {
            public void actionPerformed(ActionEvent e) {
                text.cut();
            }
        });
        buttons[2].setToolTipText("paste");
        buttons[2].addActionListener(new ActionListener() {
            public void actionPerformed(ActionEvent e) {
                text.paste();
            }
        });
        this.getContentPane().add(toolbar, BorderLayout.NORTH);
    }
}
```

```java
public class TextEditorApp                          //应用程序
{
    public static void main(String[ ] args) {
        JFrame frame = new TextEditor( );
        frame.setTitle("简单的编辑器");
        SwingUtilities.invokeLater(( ) -> {
            frame.setSize(400, 300);
            frame.setVisible(true);
        });
    }
}
```

程序中实现了文件的打开及内容的显示，实现了剪切、复制、粘贴等编辑功能，还使用 JColorChoose 来让用户选译颜色。

【例 10-21】BlockMoveGame.java 排块小游戏，类似于拼图游戏，不过用的是数字按钮，结果如图 10-23 所示。

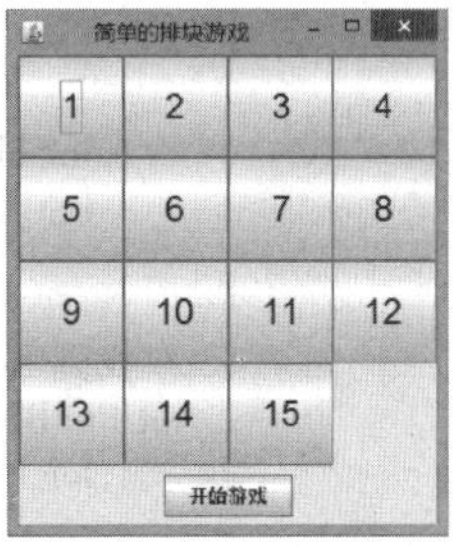

```java
import java.awt.*;
import java.awt.event.*;
import javax.swing.*;

class BlockMoveGame extends JFrame {
    final int RC = 4;                               //行列数
    final int N = RC * RC;                          //块的个数
    //数组 num 用于记录每个按钮上的数字-1
    int[ ] num = new int[N];
    JButton[ ] btn = new JButton[N];
    JButton btnStart = new JButton("开始游戏");

    public BlockMoveGame( ) {
        setTitle("排块游戏");
        setSize(300, 350);
        setDefaultCloseOperation(EXIT_ON_CLOSE);
        // 程序开始,对数组赋值,并显示按钮文字
        JPanel pnlBody = new JPanel( );
        JPanel pnlFoot = new JPanel( );
        pnlBody.setLayout(new GridLayout(RC, RC));
        pnlFoot.add(btnStart);
        getContentPane( ).setLayout(new BorderLayout( ));
        getContentPane( ).add(pnlBody, BorderLayout.CENTER);
        getContentPane( ).add(pnlFoot, BorderLayout.SOUTH);

        Font font = new Font("Times New Rome", 0, 24);
        for (int i = 0; i < N; i++) {
            num[i] = i;
            btn[i] = new JButton("" + (num[i] + 1));
            btn[i].setFont(font);
            pnlBody.add(btn[i]);
            btn[i].setVisible(true);
        }
        btn[N - 1].setVisible(false);     // 数字为 N-1 的按钮不显示

        btnStart.addActionListener(e -> {
            btnStart_Click( );
        });
        for (int i = 0; i < N; i++) {
            btn[i].addActionListener(e -> {
                for (int j = 0; j < N; j++)
                    if ((JButton) e.getSource( ) == btn[j])
```

图 10-23 排块小游戏

```java
                    btn_Click(j);
            });
    }
}
public void btnStart_Click() {
    // 打乱顺序,开始游戏
    // 随机找两个下标,交换其对应的数组元素
    for (int i = 1; i < 500; i++) {
        int j = (int) (Math.random() * N);
        int k = (int) (Math.random() * N);
        int t = num[j];
        num[j] = num[k];
        num[k] = t;
    }
    for (int i = 0; i < N; i++) {           // 显示它们
        btn[i].setText("" + (num[i] + 1));
        btn[i].setVisible(true);
    }
    int blank = findBlank();                 // 其中有一个按钮需要隐藏
    btn[blank].setVisible(false);
}

//找到哪一个为空位
int findBlank() {
    for (int i = 0; i < N; i++) {
        if (num[i] == N - 1)
            return i;
    }
    return -1;
}

//第 Index 个按钮的事件处理
void btn_Click(int index) {
    int blank = findBlank();                 // 找到空白按钮(隐藏的)
    if (isNeighbor(blank, index)) {          // 如果相邻
        btn[index].setVisible(false);        // 一个隐藏,一个显示
        btn[blank].setVisible(true);         // 并交换其上的数字
        int t = num[blank];
        num[blank] = num[index];
        num[index] = t;
        btn[blank].setText("" + (num[blank] + 1));
        btn[index].setText("" + (num[index] + 1));
        btn[blank].requestFocus();           // 焦点移到原按钮上,以让用户看清
    }
    checkResult();                           // 调用过程,检查是否完成
}

//判断是否相邻
boolean isNeighbor(int a, int b) {
    boolean r = false;
    if (a == b - RC || a == b + RC)
        r = true;                            // 上下相邻
    if ((a == b - 1 || a == b + 1) && a / RC == b / RC)
        r = true;                            // 左右相邻,注意要在同一排
    return r;
}

//检查结果是否完全到位
```

```
            void checkResult() {
                for (int i = 0; i < N; i++) {
                    if (num[i] != i)
                        return;
                }
                JOptionPane.showMessageDialog(this, "你赢了！请点击 [开始] 再来一次.");
            }

            public static void main(String... args) {
                SwingUtilities.invokeLater(() -> {
                    new BlockMoveGame().setVisible(true);
                });
            }
        }
```

程序中 JFrame 使用了 BorderLayout 布局，而中部的 JPanel 使用了 GridLayout 布局。按钮则用动态生成的 JButton 来实现，其中有一个按钮是隐藏状态。当与隐藏按钮相邻的按钮被单击时，它的数字与隐藏按钮的数字相交换，并且交换显示或隐藏状态，从而实现"移动"按钮的效果。

习题

1. 试列举出图形用户界面中你使用过的组件。
2. Java 中常用的布局管理各有什么特点？
3. 简述 Java 的事件处理机制。
4. 什么是事件源？什么是监听者？
5. 列举 java.awt.event 包中定义的事件类，并写出它们的继承关系。
6. 列举 GUI 的各种标准组件和它们之间的层次继承关系。
7. Component 类有何特殊之处？其中定义了哪些常用方法？
8. JPanel 与 JFrame 有何关系？JPanel 在 Java 程序里通常起到什么作用？
9. 为什么说 JFrame 是非常重要的容器？JFrame 如何实现单击关闭按钮时退出程序？
10. 将各种常用组件的创建语句、常用方法、可能引发的事件、需要注册的监听者和监听者需要重载的方法综合在一张表格中画出。
11. 编写 JFrame 程序，包括一个标签、一个文本框和一个按钮，当用户单击按钮时，程序把文本框中的内容复制到标签中。
12. 编写 JFrame 程序，包含三个标签，其背景分别为红、黄、蓝三色。
13. 使用 JCheckBox 标志按钮的背景色，使用 JCheckBoxGroup 及 JRadioButton 标志三种字体风格，使用 JComboBox 选择字号，使用 JList 选择字体名称，由用户确定按钮的背景色和前景字符的显示效果。
14. 编写一个 JFrame 程序，包含一个滚动条，在 JFrame 中绘制一个圆，用滚动条滑块显示的数字表示该圆的直径，当用户拖动滑块时，圆的大小随之改变。
15. 编写一个 JFrame 响应鼠标事件，用户可以通过拖动鼠标在 JFrame 中画出矩形，并在状态条显示鼠标当前的位置。使用一个 List 保存用户所画过的每个矩形并显示、响应键盘事件，当用户按 Q 键时清除屏幕上所有的矩形。

16. 编写 JFrame 程序实现一个计算器，包括十个数字（0~9）按钮和四个运算符（加、减、乘、除）按钮，以及等号和清空两个辅助按钮，还有一个显示输入输出的文本框。程序中使用 BorderLayout 和 GridLayout。

17. 编写 JFrame 程序，画出一条螺旋线。

18. 编写 JFrame 程序，用 paint( ) 方法显示一行字符串，包含两个按钮【放大】和【缩小】，当用户单击【放大】时显示的字符串字体放大一号，单击【缩小】时字体缩小一号。

19. 绘出以下函数的曲线：

$$y = 5\sin x + \cos 3x$$
$$y = \sin x + (\sin 6x)/10$$

20. 绘出以下函数的曲线：

$$r = \cos 2\theta$$
$$r = \cos 3\theta$$

21. 编写一个简单的文本编辑器。给文本编辑器增设字体字号的功能。

22. 编写一些小的游戏程序，如连连看、贪吃蛇、2048，等等。

第 11 章　网络、多媒体和数据库编程

Java 语言在网络、多媒体、数据库等方面的应用十分广泛，本章介绍 Java 在这些方面的编程方法，一方面可以复习 Java 语言语法，另一方面也用 Java 来解决一些实际问题。本章最后还简要介绍了 Java 语言在 Java EE 及 Java ME 中的应用。

11.1　Java 网络编程

11.1.1　使用 URL

Java 的网络编程经常要使用 java.net 包中的一些类，其中 java.net.URL 类是对网络资源地址的表示。URL 即 uniform resource locator（统一资源地址），基本格式是：

协议名:主机名/目录及文件名

如：

https://www.pku.edu.cn/index.html

java.net.URL 类是一个使用十分方便的类，它对网络资源的访问进行了封装。通过 URL 来可以获取网页的内容，其步骤如下。

(1) 创建一个 URL 类型的对象。

URL url = new URL("https://www.pku.edu.cn")

(2) 利用 URL 类的 openStream()，获得对应的 InputStream 类的对象。

InputStream filecon = url.openStream();

(3) 通过 InputStream 来读取内容。

【例 11-1】URLGetDemo.java 通过 URL 读取网页内容并在文本区显示出来。

```java
import java.io.*;
import java.net.*;
import java.awt.*;
import javax.swing.*;

public class URLGetDemo extends JFrame {
    JTextField txtUrl = new JTextField("https://www.pku.edu.cn", 40);
    JTextField txtCharset = new JTextField("UTF-8", 10);
    JButton btn = new JButton("获取");
    JTextArea txtContent = new JTextArea("数据:");

    public URLGetDemo() {
        JPanel pnl = new JPanel();
        pnl.add(txtUrl);
        pnl.add(txtCharset);
        pnl.add(btn);
        add(pnl, BorderLayout.NORTH);
        add(new JScrollPane(txtContent), BorderLayout.CENTER);
```

```java
            btn.addActionListener(e -> {
                new Thread(() -> {
                    downloadPageAndShow();
                }).start();
            });

            setTitle("获取网页内容");
            setSize(800, 500);
            setDefaultCloseOperation(WindowConstants.EXIT_ON_CLOSE);
            setLocationRelativeTo(null);                             // 在屏幕居中显示
        }
        void downloadPageAndShow() {
            String strurl = txtUrl.getText();
            try {
                URL url = new URL(strurl);
                String charset = txtCharset.getText().trim();
                String content = getPageContent(url, charset);        // 得到内容
                SwingUtilities.invokeLater(() -> {
                    txtContent.setText(content);                      // 显示出来
                    txtContent.setCaretPosition(0);                   // 光标位于最前面
                });
            } catch (MalformedURLException murle) {
                System.out.println("URL 格式有错");
            }

        }
        public static String getPageContent(URL url, String charset) {
            try {
                InputStream stream = url.openStream();
                BufferedReader reader = new BufferedReader(
                        new InputStreamReader(stream, charset));
                StringBuilder sb = new StringBuilder();
                String line;
                while ((line = reader.readLine()) != null) {
                    sb.append(line + "\n");
                }
                reader.close();
                return sb.toString();
            } catch (IOException e) {
                e.printStackTrace();
            }
            return "";
        }
        public static void main(String[] args) {
            SwingUtilities.invokeLater(() -> {
                new URLGetDemo().setVisible(true);
            });
        }
    }
```

程序中，使用了线程进行网页内容的获取及显示。其中使用了 URL、流及线程，并且注意到线程中要更新界面时一定要使用 SwingUtilities.invokeLater()。另外，注意到将 JTextArea 用 JScrollPane 进行包装，它会让文本区域有滚动条。运行结果如图 11-1 所示。

图 11-1　通过 URL 读取网络上文件内容

11.1.2　用 Java 实现底层网络通信

用 Java 实现计算机网络的底层通信，就是用 Java 程序实现网络通信协议所规定的功能，这是 Java 网络编程技术的一部分。网络通信协议的种类有很多，这里只讨论其中基于套接字（Socket）的 Java 编程。

套接字是基于 TCP/IP 协议的编程接口，通信双方通过 Socket 来进行通信。在 Java 中，相关的类有 InetAddress、Socket、ServerSocket 等。

1. InetAddress 类

InetAddress 类主要用来区分计算机网络中不同节点，即不同的计算机并对其寻址。每个 InetAddress 对象中包括了 IP 地址、主机名等信息。使用 InetAddress 类可以在程序中实现用主机名代替 IP 地址，从而使程序更加灵活，可读性更好。

2. 流式 Socket 的通信机制

流式 Socket 所完成的通信是基于连接的通信，即在通信开始之前先由通信双方确认身份并建立一条连接通道，然后通过这条通道传送数据信息，当通信结束时再将连接拆除。Server 端首先建立一个 ServerSocket 对象，调用 listen( ) 方法在某端口监听 Client 请求。当 Client 端向该 Server 发出连接请求时，ServerSocket 调用 accept( ) 方法接受这个请求，并建立一个 Socket 与客户端的 Socket 进行通信。通信的基本方式是通过 Socket 得到流对象，在流对象上进行输入和输出。

3. Socket 类

客户端要与服务端相连，则客户端需要建立 Socket 对象。Socket 的建立方法如下：

　　Socket s = new Socket("机器名或 IP 地址", 端口号);

其中，端口号要与服务器上提供服务的端口号一致。

Socket 有两种重要的方法：getInputStream( ) 和 getOutputStream( )，利用它们可以得到相关的输入流及输出流，用流来读数据及写数据，从而达到了与对方通信的目的。

Socket 通信完毕，要使用 close( ) 方法关闭。

4. ServerSocket 类

服务器程序不同于客户机，它需要初始化一个端口进行监听，遇到连接呼叫，才与相应的客户机建立连接。java.net.ServerSocket 类包含了编写服务方所需的功能。下面给出 ServerSocket 类的部分方法。

- public ServerSocket(int port)：构造方法。
- public Socket accept() throws IOException：接收客户的请求。
- public InetAddress getInetAddress()：得到地址。
- public int getLocalPort()：得到本地的端口。
- public void close() throws IOException：关闭服务。
- public synchronized void setSoTimeout(int timeout) throws SocketException：设置超时的时间。
- public synchronized int getSoTimeout() throws IOException：得到超时的时间。

ServerSocket 构造器是服务器程序运行的基础，它将参数 port 指定的端口初始化作为该服务器的端口，监听客户机连接请求。Port 的范围是 0~65 536，但 0~1023 是标准 Internet 协议保留端口，一般自定义的端口号在 8000~16 000 之间。

ServerSocket 需要调用该类的 accept() 方法接受客户呼叫。accept() 方法直到有连接请求才返回通信套接字的实例。通过这个实例的输入/输出流，服务器可以接收用户指令，并将相应结果回应客户机。

5. 简单的服务器程序

【例 11-2】 TestServer. java 简单的服务器程序。

```java
import java.net.*;
import java.io.*;

public class TestServer {
    public static void main(String args[]) {
        ServerSocket serversocket = null;
        try {
            serversocket = new ServerSocket(8888);
        } catch (IOException e) {
            e.printStackTrace();
            return;
        }
        while (true) {
            try {
                Socket socket = serversocket.accept();
                OutputStream os = socket.getOutputStream();
                DataOutputStream dos = new DataOutputStream(os);
                dos.writeUTF("Hello,bye-bye!");
                dos.close();
                socket.close();
            } catch (IOException e) {
                e.printStackTrace();
            }
        }
    }
}
```

本服务程序用 ServerSocket 在 8888 号端口上进行监听，一旦有服务相连，则用 Socket 并用流来接受请求，并向客户发送一串信息。

6. 简单的客户机程序

【例 11-3】 TestClient. java 简单的客户机程序。

```java
import java.net.*;
import java.io.*;
```

```java
public class TestClient {
    public static void main(String args[]) {
        try {
            Socket socket = new Socket("127.0.0.1", 8888);
            InputStream ins = socket.getInputStream();
            DataInputStream dis = new DataInputStream(ins);
            System.out.println(dis.readUTF());
            dis.close();
            socket.close();
        } catch (ConnectException connExc) {
            System.err.println("服务器连接失败!");
        } catch (IOException e) {
            e.printStackTrace();
        }
    }
}
```

本客户机程序与本地机器（127.0.0.1）的 8888 号端口相连，从服务器上读取信息并显示。

11.1.3 实现多线程服务器程序

上面的例子中，针对一个客户进行服务后，才能进行对其他客户进行服务，为了同时对多个客户进行服务，需要利用多线程，每个线程针对一个客户进行服务。

在下面的例子中，客户机与多个服务器进行交谈（chat）。对于每个客户服务，都使用一个线程（这里类名为 Connection），线程的任务是接收客户机的字符并显示出来。

1. 服务器程序

【例 11-4】ChatServer.java 服务器程序。

```java
import java.awt.*;
import java.awt.event.*;
import javax.swing.*;
import java.io.*;
import java.net.*;

public class ChatServer extends JFrame implements Runnable {
    JTextField txtInput = new JTextField("please input here", 20);
    JButton btnSend = new JButton("Send");
    JList<String> lstMsg = new JList<>();
    DefaultListModel<String> lstMsgModel = new DefaultListModel<>();

    public ChatServer() {
        try {
            init();
            ServerListen();
        } catch (Exception e) {
            e.printStackTrace();
        }
    }

    private void init() throws Exception {
        getContentPane().add(new JScrollPane(lstMsg), BorderLayout.CENTER);
        JPanel pnlFoot = new JPanel();
        pnlFoot.add(txtInput);
        pnlFoot.add(btnSend);
        getContentPane().add(pnlFoot, BorderLayout.SOUTH);

        lstMsg.setModel(lstMsgModel);
        btnSend.addActionListener((e) -> {
```

```java
            broadcastMsg(this.txtInput.getText());
        });

        this.setSize(400, 300);
        this.setTitle("Chat Server");
        this.setDefaultCloseOperation(EXIT_ON_CLOSE);
        this.setVisible(true);
    }

    public static void main(String[] args) {
        SwingUtilities.invokeLater(() -> {
            new ChatServer();
        });
    }

    public void processMsg(String str) {
        SwingUtilities.invokeLater(() -> {
            lstMsgModel.addElement(str);
        });
        broadcastMsg(str);
    }

    public void broadcastMsg(String str) {
        try {
            for (Connection client : clients) {
                client.sendMsg(str);
            }
        } catch (Exception e) {
            e.printStackTrace();
        }
    }

    void btnSend_actionPerformed(ActionEvent e) {
        broadcastMsg(this.txtInput.getText());
    }

    public final static int DEFAULT_PORT = 6543;
    protected ServerSocket listen_socket;
    Thread thread;
    java.util.Vector<Connection> clients = new java.util.Vector<>();

    public void ServerListen() {
        try {
            listen_socket = new ServerSocket(DEFAULT_PORT);
        } catch (IOException e) {
            e.printStackTrace();
        }
        processMsg("Server: listening on port " + DEFAULT_PORT);
        thread = new Thread(this);
        thread.start();
    }

    public void run() {
        try {
            while (true) {
                Socket client_socket = listen_socket.accept();
                Connection c = new Connection(client_socket, this);
                clients.add(c);
                processMsg("One Client Comes in");
```

```java
                }    catch (IOException e) {
                    e.printStackTrace();
                }
            }
        }
    }

    class Connection extends Thread {
        protected Socket client;
        protected BufferedReader in;
        protected PrintWriter out;
        ChatServer server;

        public Connection(Socket client_socket, ChatServer server_frame) {
            client = client_socket;
            server = server_frame;
            try {
                in = new BufferedReader(new InputStreamReader(client.getInputStream()));
                out = new java.io.PrintWriter(client.getOutputStream());
            } catch (IOException e) {
                try {
                    client.close();
                } catch (IOException e2) {

                }
                e.printStackTrace();
                return;
            }
            this.start();
        }

        public void run() {
            try {
                for (;;) {
                    String line = receiveMsg();
                    server.processMsg(line);
                    if (line == null)
                        break;
                }
            } catch (IOException e) {
                e.printStackTrace();
            } finally {
                try {
                    client.close();
                } catch (IOException e2) {

                }
            }
        }

        public void sendMsg(String msg) throws IOException {
            out.println(msg);
            out.flush();
        }

        public String receiveMsg() throws IOException {
            try {
                String msg = in.readLine();
                return msg;
            } catch (IOException e) {
```

```
                e.printStackTrace();
            }
            return "";
        }
    }
```

2. 客户机程序

【例 11-5】ChatClient.java 客户机程序。

```java
import java.awt.*;
import java.awt.event.*;
import java.applet.*;
import javax.swing.*;
import java.net.*;
import java.io.*;

public class ChatClient extends JFrame implements Runnable {
    public ChatClient() {
        try {
            init();
        } catch (Exception e) {
            e.printStackTrace();
        }
    }

    public static void main(String[] args) {
        SwingUtilities.invokeLater(() -> {
            new ChatClient();
        });
    }

    JTextField txtInput = new JTextField("please input here", 20);
    JButton btnSend = new JButton("Send");
    JButton btnStart = new JButton("Start connect to server");
    JList<String> lstMsg = new JList<>();
    DefaultListModel<String> lstMsgModel = new DefaultListModel<>();

    Socket sock;
    Thread thread;
    BufferedReader in;
    PrintWriter out;
    public final static int DEFAULT_PORT = 6543;
    boolean bConnected;

    public void startConnect() {
        bConnected = false;
        try {
            sock = new Socket("127.0.0.1", DEFAULT_PORT);
            bConnected = true;
            processMsg("Connection ok");
            in = new BufferedReader(new InputStreamReader(sock.getInputStream()));
            out = new java.io.PrintWriter(sock.getOutputStream());
        } catch (IOException e) {
            e.printStackTrace();
            processMsg("Connection failed");
        }
        if (thread == null) {
            thread = new Thread(this);
            thread.start();
        }
    }
```

```java
    }

    public void run() {
        while (true) {
            try {
                String msg = receiveMsg();
                Thread.sleep(100L);
                if (msg != null) {
                    processMsg(msg);
                }
            } catch (IOException e) {
                e.printStackTrace();
            } catch (InterruptedException ei) {
            }
        }
    }

    public void sendMsg(String msg) throws IOException {
        out.println(msg);
        out.flush();
    }

    public String receiveMsg() throws IOException {
        try {
            String msg = in.readLine();
            return msg;
        } catch (IOException e) {
            e.printStackTrace();
        }
        return "";
    }

    public void processMsg(String str) {
        SwingUtilities.invokeLater(() -> {
            lstMsgModel.addElement(str);
        });
    }

    private void init() throws Exception {
        JPanel pnlHead = new JPanel();
        pnlHead.add(btnStart);
        getContentPane().add(pnlHead, BorderLayout.NORTH);

        getContentPane().add(new JScrollPane(lstMsg), BorderLayout.CENTER);
        JPanel pnlFoot = new JPanel();
        pnlFoot.add(txtInput);
        pnlFoot.add(btnSend);
        getContentPane().add(pnlFoot, BorderLayout.SOUTH);

        lstMsg.setModel(lstMsgModel);

        btnSend.addActionListener(e -> {
            if (txtInput.getText().length() != 0) {
                try {
                    sendMsg(txtInput.getText());
                } catch (IOException e2) {
                    processMsg(e2.toString());
                }
            }
```

```
            });
            btnStart.addActionListener(e -> {
                this.startConnect();
            });
            this.setSize(400, 300);
            this.setTitle("Chat Client");
            this.setDefaultCloseOperation(EXIT_ON_CLOSE);
            this.setVisible(true);
        }
    }
```

程序运行结果如图 11-2 所示。

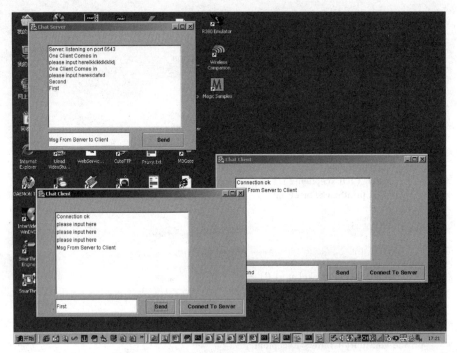

图 11-2 多线程的 chat 程序

11.1.4 与 E-mail 服务器通信

使用 Socket 编程来获取 E-mail, 就是使用 Socket 向 E-mail 服务器的 POP 端口 (110 号端口) 通信, 向服务器发送相关信息, 从服务器得到相关信息。这些信息的格式要遵循邮件的协议 (POP 协议)。

【例 11-6】 MailGet.java 使用 Socket 与邮件服务器通信。

```
        import java.awt.*;
        import java.awt.event.*;
        import java.applet.*;
        import java.net.*;
        import java.io.*;
        import javax.swing.*;

        public class MailGet extends JFrame {
            public void init() {
```

```java
        // {{INIT_CONTROLS
        setLayout(null);
        setSize(540, 393);
        label1 = new JLabel("Server");
        label1.setBounds(60, 48, 48, 12);
        add(label1);
        label2 = new JLabel("User");
        label2.setBounds(60, 72, 48, 12);
        add(label2);
        label3 = new JLabel("Passwd");
        label3.setBounds(48, 96, 48, 12);
        add(label3);
        txtServer = new JTextField();
        txtServer.setBounds(108, 48, 324, 23);
        add(txtServer);
        txtUser = new JTextField();
        txtUser.setBounds(108, 72, 324, 22);
        add(txtUser);
        txtPass = new JPasswordField();
        txtPass.setBounds(108, 96, 324, 24);
        add(txtPass);
        btnGet = new JButton();
        btnGet.setActionCommand("button");
        btnGet.setText("Get");
        btnGet.setBounds(444, 48, 68, 60);
        btnGet.setBackground(new Color(12632256));
        add(btnGet);
        txtReply = new JTextArea();
        txtReply.setBounds(60, 144, 415, 213);
        add(txtReply);
        // }}

        btnGet.addActionListener(e -> getMail());
    }

    // {{DECLARE_CONTROLS
    JLabel label1;
    JLabel label2;
    JLabel label3;
    JTextField txtServer;
    JTextField txtUser;
    JPasswordField txtPass;
    JButton btnGet;
    JTextArea txtReply;
    // }}

    public void getMail() {
        String sHostName;
        int nPort = 110;                                      // 获取邮件的端口号
        String sReply;
        sHostName = txtServer.getText();
        try {
            Socket socket = new Socket(sHostName, nPort);
            PrintStream stream = new PrintStream(socket.getOutputStream());
            sReply = getReply(socket);
            if (sReply.indexOf("+ERR") == -1) {
                txtReply.append(sReply + "\n");
                stream.println("USER xxxx");                  // 用户名
                txtReply.append(getReply(socket) + "\n");
```

```
                    stream.println("PASS " + new String(txtPass.getPassword()));    // 口令
                    txtReply.append(getReply(socket) + "\n");                        // 得到邮件内容
                }
                stream.println("QUIT ");                                             // 退出
                txtReply.append(getReply(socket) + "\n");
            } catch (IOException e) {
                System.out.println(e.getMessage());
            }
        }

        String getReply(Socket socket) {
            try {
                BufferedReader reader = new BufferedReader(
                        new InputStreamReader(socket.getInputStream()));
                return reader.readLine();
            } catch (IOException e) {
                return e.getMessage();
            }
        }

        public static void main(String[] args) {
            MailGet frame = new MailGet();
            frame.init();
            frame.setDefaultCloseOperation(EXIT_ON_CLOSE);
            SwingUtilities.invokeLater(() -> {
                frame.setVisible(true);
            });
        }
    }
```

程序运行结果如图 11-3 所示。程序中连接服务器的 110 端口,并按照 POP3(收取邮件的协议),向服务端发出了一些请求,并获取服务端返回来的信息。

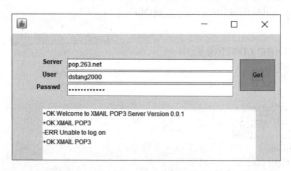

图 11-3 使用 Socket 编程来获取 E-mail

11.1.5 使用 HttpClient

除了使用 JDK 中所提供的 API 进行网络编程,还可以使用第三方提供的库。这些库有的免费、有的开源、有的收费,一般这些库是 jar 形式打包的,可以将它们添加到 classpath 环境变量中,如果使用集成化开发环境(如 IDEA 或 Eclipse),则要加到项目的库(library)中。

在网络编程方面,一个比较好的开源库是 Apache 的 HttpClient,它能很方便地获取网络中信息,例如,以下一段代码可以直接获得网页的信息:

```
String str = Request.Get("https://www.baidu.com")
        .execute().returnContent().asString();
```

关于这个库的详细信息,可以参见网址 https://hc.apache.org。

值得注意的是,从 Java 11 开始,Java SE 已经内置了 HttpClient 功能,它位于 java.net.http 模块的 java.net.http 包中。下面是其示例代码:

```
HttpClient client = HttpClient.newHttpClient();
HttpRequest request = HttpRequest.newBuilder()
        .uri(URI.create("http://foo.com/"))
        .build();
client.sendAsync(request, BodyHandlers.ofString())
        .thenApply(HttpResponse::body)
        .thenAccept(System.out::println)
        .join();
```

11.2 多媒体编程

11.2.1 Java 图像编程

Java 的类库中有很多便于图像编程的类,这些类存在于 java.awt、javax.swing、java.awt.image、com.sun.image 等包中,这里举一个应用的例子。

创建一个 BufferedImage 对象,将所要的"画"放到缓冲区里(使用 BufferedImage 的 getGraphics() 方法得到一个 Graphics,使用 Graphics 对象的 drawLine 即可画线),再打开一个文件,将图像流编码后输入到文件中,这样就可以产生 JPG 图像文件,如图 11-4 所示。

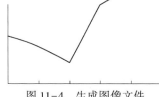

图 11-4 生成图像文件

【例 11-7】 JpegCreate.java 生成图像文件。

```
import java.io.*;
import java.awt.*;
import java.awt.image.*;
import javax.imageio.*;
import java.net.*;

public class JpegCreate {
    public static void main(String[] args) throws Exception {
        int width = 400, height = 200;
        BufferedImage image = new BufferedImage(
            width, height,
            BufferedImage.TYPE_INT_RGB);
        drawInBufferedImage(image);

        URI path = JpegCreate.class.getResource(".").toURI();
        System.out.println(path);    //class 文件所在路径
        File file = new File(new File(path), "t.jpg");
        ImageIO.write(image, "JPEG", file);
        System.out.println("生成的文件为" + file.getAbsolutePath());
    }

    public static void drawInBufferedImage(BufferedImage image) {
        java.util.List<Integer> data =
            java.util.Arrays.<Integer>asList(20, 50, 150, 130, 170);
        int count = data.size();
```

```java
            int width = image.getWidth();
            int height = image.getHeight();
            int padding = 10;
            int w = width - 2 * padding;
            int h = height - 2 * padding;
            int x0 = padding;
            int y0 = h + padding;

            // get Graphics object
            Graphics g = image.getGraphics();
            // draw axes
            g.setColor(Color.white);
            g.fillRect(0, 0, width, height);
            g.setColor(Color.blue);
            g.drawLine(x0, y0, x0, h - y0);
            g.drawLine(x0, y0, x0 + w, y0);
            // draw data
            int old = data.get(0);
            for (int i = 1; i < count; i++) {
                int cur = data.get(i);
                g.drawLine(x0 + i * w / count, y0,
                           x0 + i * w / count, y0 - 5);
                g.drawLine(x0 + (i - 1) * w / count, y0 - old,
                           x0 + i * w / count, y0 - cur);
                old = cur;
            }
        }
    }
```

11.2.2 Java 播放声音

多媒体编程概念很广泛，这里先介绍如何用程序来实现 MIDI 及 mp3 音乐的播放。

MIDI 格式专用于音乐，并且是以音符与乐器而不是数字化的声音来描述声音的。javax.sound 包及其子包提供了声音处理的能力。MidiSystem 类代表 MIDI 系统；Sequencer 接口代表设备，Sequence 类代表 MIDI 音乐。下面的例子是播放 MIDI 音乐的程序。

【例 11-8】MidiFilePlay.java 播放 MIDI 音乐。

```java
import javax.sound.midi.*;
import java.io.*;

class MidiFilePlay {
    public static void main(String[] args) {
        Sequencer sequencer;
        try {
            sequencer = MidiSystem.getSequencer();
            sequencer.open();
            File myMidiFile = new File("passport.mid");
            Sequence mySeq = MidiSystem.getSequence(myMidiFile);
            sequencer.setSequence(mySeq);
            sequencer.start();
        } catch (Exception e) {
            e.printStackTrace();
        }
    }
}
```

对于 mp3 的播放，则可以采用第三方的库，比较常用的是 javalayer，具体可见 http://www.javazoom.net/javalayer/sources.html。它可以播放 mp3 文件形成的一个输入流。

【例 11-9】 MP3Player.java 播放 mp3。

```java
import java.io.BufferedInputStream;
import java.io.FileInputStream;
import javazoom.jl.player.Player;
public class MP3Player {
    private String filename;
    private Player player;

    public MP3Player(String filename) {
        this.filename = filename;
    }

    public void play() {
        try {
            BufferedInputStream stream = new BufferedInputStream(
                    new FileInputStream(filename));
            player = new Player(stream);
            player.play();
        } catch (Exception e) {
            e.printStackTrace();
        }
    }

    public static void main(String[] args) {
        MP3Player mp3 = new MP3Player("e:\\media\\1.mp3");
        mp3.play();
    }
}
```

11.2.3 Java Media API 简介

JavaMedia API 是 Java 中提供与多媒体相关的程序包。Java Media 系列软件包括 Java 3D、Java 2D、Java Sound 和 Java Advanced Imaging 等 API, 这些 API 除少部分包括在 JDK 中外, 大部分需要单独下载。关于 Java Media API 更多的信息可参见: https://www.oracle.com/java/technologies/javase/media-apis.html。

Java Media API 中关于音视频的功能则在 Java Media Framework（JMF）中。JMF 的功能包括: 媒体捕获、压缩、回放, 以及对各种主要媒体形式和编码的支持, 如 M-JPEG、H.263、MP3、RTP/RTSP（实时传送协议和实时流转协议）、Macromedias Flash、IBM 的 HotMedia 和 Beatniks 的 Rich Media Format（RMF）等。JMF 还支持 Quicktime、Microsofts AVI 和 MPEG 等多种媒体。此外, JMF 软件中包括了一个开放的媒体架构, 可使开发人员灵活开发各种媒体回放、捕获组件。

关于 JMF 的详细信息, 可以参见: https://www.oracle.com/java/technologies/javase/java-media-framework.html。

11.3 Java 数据库编程

数据库的应用十分广泛, Java 对数据库编程也提供了很好的支持, 这里介绍一下数据库编程的基础, 在实际编程时, 用 Eclipse、IDEA、NetBeans 等 IDE 工具, 可以更快速地进行 Java 数据库的连接、查看及数据管理。

在 Java 中，访问数据库会用到 java.sql 包。Java 中访问数据库的基本方式称为 JDBC（Java database connectivity，Java 数据库连接）。

11.3.1　Java 访问数据库的基本步骤

1. 驱动程序

Java 程序为了与 DBMS（database managerment system，数据库管理系统）建立连接，首先需要装载驱动程序。

针对不同的数据库（如 SQLite、MySql、Oracle、SQL Server）要加载不同的数据库驱动，这些驱动可以在相应的网站下载。例如，SQLite 的驱动程序可从 https://github.com/xerial/sqlite-jdbc/releases 下载，MySql 的驱动程序可从 https://dev.mysql.com/downloads/connector/j/下载。

驱动程序（一般是.jar 文件）下载后，可以将它放置到程序库所在目录。在 javac 及 java 的命令行上，使用 classpath 选项来包含它。如果使用 Eclipse 则可以设置【项目属性】→【Java Build Path】→【Libraries】→【Add External JARs】在其中加入.jar 文件。IDEA 也可类似设置。

在程序中一般使用 Class.forName()来加载相关的驱动程序。如：

　　Class.forName("org.sqlite.JDBC");

不过，在新版本的程序中这一步一般可以省略，因为系统会自动加载。

2. 与数据库建立连接

与数据库建立连接的一般方法是：

　　Connection con = DriverManager.getConnection(url, "myLogin", "myPassword");

其中 url 是表示数据库的连接信息，一般称为连接串。它是一个字符串，针对不同的数据库，连接串的写法不同，可以参考 https://www.connectionstrings.com/。下面是常见的写法：

　　String url = "jdbc:mysql://127.0.0.1:3306/mysql";　　//mysql 的连接串,包括服务器及库名
　　Stringurl = "jdbc:sqlite:d:/ch11/ test3.db";　　　　　//SQLite 的连接串,包括路径及文件名

如果使用的是第三方开发的 JDBC 驱动程序，JDBC URL 的格式可查看相关的文档。如果装载的驱动程序识别了连接串，通过 DriverManager.getConnection()方法可以建立连接。

3. 创建 JDBC Statements 对象

Statement 对象用于把 SQL 语句发送到 DBMS。用 Connection 对象来创建 Statement 对象的实例，如：

　　Statement stmt = con.createStatement();

Statement 对象可以把 SQL 语句发送到 DBMS。

4. 执行 SQL 语句

使用 Statement 对象可以执行 SQL 语句。对 SELECT 语句使用 executeQuery()来查询数据。对于 CREATE、UPDATE、DELETE 等要创建表、修改表、删除数据的 SQL 语句，使用的方法是 executeUpdate()。

可以写一个 SELECT 语句来取得数据库表中的数据。下面的 SQL 语句中星号（*）表示选择所有的列。因为没有用 WHERE 子句来限制所选的行，因此下面的 SQL 语句选择的是整个表。

　　SELECT * FROM 表名

下面的语句执行 SQL 语句并得到结果集：

```
ResultSet rs = stmt.executeQuery("SELECT * from DemoTable");
```

除了 Statement 对象，还可以用其子类 PreparedStatement。用 PreparedStatement 的好处是可以使用占位符（即 SQL 语句的参数，一般用 ? 表示，不过，不同的数据库的占位符的表示方式有所不同）。使用 PreparedStatement 效率更高一点、安全性也更好一点（可以防止SQL 注入问题）。下面是一般的使用方式：

```
PreparedStatement perstmt = con.prepareStatement("select * from users where lastname = ?");
perstmt.setString(1,"Li Ming");    //设置第 1 个参数。注意参数序号是从 1 开始算的。
ResultSet rs = perstmt.executeQuery();
```

5. 获得 SQL 语句的执行结果

通过 executeQuery() 方法得到的是一个结果集（ResultSet），循环地通过 ResultSet 的 next() 方法可以定位到不同的记录，在每条记录中，为了取得字段可以用 getInt() 及 getString() 等方法。

下面是一个演示使用 JDBC 的完整例子。

【例 11-10】 JDBC4Sqlite.java 演示使用 JDBC。

```java
import java.sql.*;

public class JDBC4Sqlite {
    public static void main(String[] args) throws Exception {
        // 驱动程序,可从 https://github.com/xerial/sqlite-jdbc/releases 下载
        // Class.forName("org.sqlite.JDBC");

        // 连接,对于 SQLite 而言,如果没有数据库,会自动创建(但要求目录必须存在)
        String connString = "jdbc:sqlite:d:/javaExample/ch11/jdbcDemo/test3.db";
        Connection conn = DriverManager.getConnection(connString);

        conn.setAutoCommit(false);            // 如果不自动提交,则要用 commit() 进行提交

        // 语句
        Statement stat = conn.createStatement();

        // stat.executeUpdate("drop table if exists people;");
        stat.executeUpdate("create table if not exists people "
                + "(id char(10), name char(20), age int, gender bit );");
        stat.executeUpdate("insert into people values ('001', 'Tom', 18, 1);");
        stat.executeUpdate("insert into people values ('002', 'Marry', 20, 0);");
        stat.executeUpdate("insert into people values ('003', 'Peter', 25, 1);");
        stat.executeUpdate("update people set age=age+1 where id='003';");
        conn.commit();                        // 提交。如果是自动提交,则不用该语句

        // 查询
        String sql = "select * from people;";
        ResultSet rs = stat.executeQuery(sql);

        // 遍历结果集
        while (rs.next()) {
            String id = rs.getString("id");         // 用字段名到字段
            String name = rs.getString("name");     // 用字段名到字段
            int age = rs.getInt("age");
            boolean gender = rs.getBoolean(4);      // 用下标得到字段

            System.out.printf("%d: name = %s; age = %d, gender = %s\n",
```

```
                id, name, age, gender);
        }
        // 关闭
        rs.close();
        conn.close();
    }
}
```

11.3.2 使用 JTable 显示数据表

JTable 组件是 Swing 组件中比较复杂的组件,位于 javax.swing 包,它能以二维表格的形式显示数据。JTable 在显示数据时具有以下特点。

- 可定制性:可以定制数据的显示方式和编辑状态。
- 多数据显示:可以显示不同类型的数据对象,甚至包括颜色、图标等复杂对象。
- 简便性:可以方便地建立起一个二维表格。

JTable 可满足不同用户和场合的要求,对于数据库访问结果集中属性类型不一的数据也能很好地显示。JTable 提供了丰富的二维表格操作方法,如设置编辑状态、显示方式、选择行列等。

使用 JTable 显示数据之前,应根据情况生成定制模型、单元绘制器或单元编辑器。类 AbstractTableModel 用来定制用户自己的数据模型。

类 AbstractTableModel 是一个抽象类,提供了 TableModel 接口中绝大多数方法的默认实现。要想生成一个具体的 TableModel 作为 AbstractTableMode 的子类,应实现下面三个方法。

- public int getRowCount():得到行数。
- public int getColumnCount():得到列数。
- public Object getValueAt(int row, int column):得到某行某列单元格的数据。

下面给出一个例子,从数据库中查出数据并在 JTable 中显示,如图 11-5 所示。

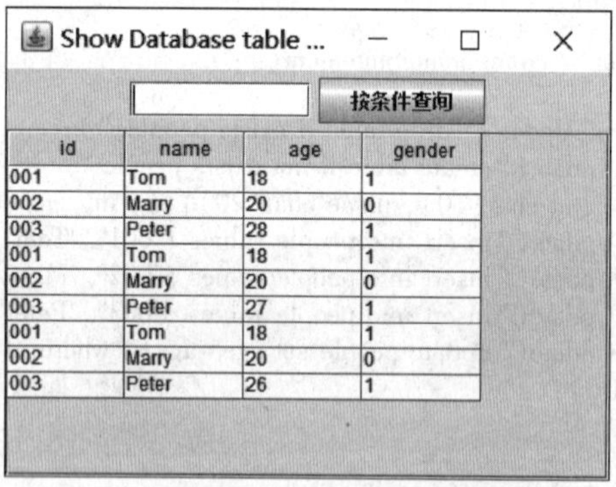

图 11-5 使用 JTable 显示数据表

【例 11-11】 JDBCJTable.java 使用 JTable 显示数据表。

```
import java.awt.*;
import java.awt.List;
import java.awt.event.*;

import javax.swing.*;
```

```java
import java.sql.*;
import java.util.*;

import javax.swing.table.*;
class JDBCJTable extends JFrame {
    JTextField txtQuery = new JTextField(10);                  //查询文本框
    JButton btnQuery = new JButton("按条件查询");              // 按钮
    JTable table = new JTable();                                //表格对象

    AbstractTableModel tm;                                      //声明一个类 AbstractTableModel 对象
    String titles[];                                            //二维表列名
    Class<?> colClasses[];                                      //二维表列的类型
    java.util.List<java.util.List<Object>> records;             //用于记录数据

    public JDBCJTable() {
        // 设置界面
        JPanel pnl = new JPanel();
        pnl.add(txtQuery);
        pnl.add(btnQuery);
        getContentPane().add(pnl, BorderLayout.NORTH);

        // 设置表格
        table.setToolTipText("显示全部查询结果");                // 设置帮助提示
        table.setAutoResizeMode(JTable.AUTO_RESIZE_OFF);        // 设置表格调整尺寸模式
        table.setCellSelectionEnabled(false);                   // 设置单元格选择方式
        table.setShowVerticalLines(true);
        table.setShowHorizontalLines(true);

        JScrollPane scrollpane = new JScrollPane(table);        // 给表格加上滚动条
        getContentPane().add(scrollpane, BorderLayout.CENTER);

        // 事件处理
        btnQuery.addActionListener(e -> {
            try {
                showData();
            } catch (Exception ex) {
                ex.printStackTrace();
            }
        });

        setSize(400, 300);
        setTitle("Show Database table in JTable");
        setDefaultCloseOperation(JFrame.EXIT_ON_CLOSE);
        this.setLocationRelativeTo(null);
        setVisible(true);
    }

    public void showData() throws SQLException, ClassNotFoundException {
        // 加载驱动程序
        Class.forName("org.sqlite.JDBC");

        // 连接数据库
        String connString = "jdbc:sqlite:d:/javaExample/ch11/jdbcDemo/test3.db";
        Connection connection = DriverManager.getConnection(connString);

        // 执行查询
        String sql = "select * from people where name like ?";
        PreparedStatement stmt = connection.prepareStatement(sql);
        stmt.setString(1, "%" + txtQuery.getText().trim() + "%");    // %表示模糊查询
```

```java
        ResultSet rs = stmt.executeQuery();
        ResultSetMetaData meta = rs.getMetaData();      // 得到元数据

        // 显示结果
        int colCnt = meta.getColumnCount();
        System.out.println(colCnt);
        titles = new String[colCnt];
        colClasses = new Class[colCnt];
        for (int i = 0; i < colCnt; i++) {
            titles[i] = meta.getColumnName(i + 1);      // 得到列名,注意下标是从1开始的
            String className = meta.getColumnClassName(i + 1);
            Class<?> clz = String.class;                // 得到数据类型
            if (className != null) {
                try {
                    clz = Class.forName(className);
                } catch (Exception ex) {
                    ex.printStackTrace();
                }
            }
            colClasses[i] = clz;
        }

        records.clear();                                // 清空已有数据
        while (rs.next()) {
            java.util.List<Object> one_record = new ArrayList<>();
            // 从结果集中取数据放入记录中
            for (int i = 0; i < titles.length; i++) {
                Object obj = rs.getObject(i + 1);
                System.out.print(obj + ";");
                one_record.add(obj == null ? null : obj.toString());
            }
            records.add(one_record);
            System.out.println();
        }

        table.setModel(tm);                             // 设定数据模型
        tm.fireTableStructureChanged();                 // 更新表格

        // 注:设定数据,也可以用以下的构造方法
        // JTable(TableModel dm)
        // JTable(Object[][] rowData, Object[] columnNames)
        // JTable(List rowData, List columnNames)
    }

    public void initTableModel() {
        records = new ArrayList<>();
        tm = new AbstractTableModel() {
            public int getColumnCount() {
                return titles.length;                   // 取得表格列数
            }

            public int getRowCount() {
                return records.size();                  // 取得表格行数
            }

            public Object getValueAt(int row, int column) {
                if (!records.isEmpty())                 // 取得单元格中的属性值
                    return (records.get(row)).get(column);
                else
                    return null;
            }
```

```java
            public String getColumnName(int column){
                return titles[column];                    // 设置表格列名
            }
            public Class<?> getColumnClass(int column){
                return colClasses[column];
            }
            public void setValueAt(Object value, int row, int column){
                // 数据模型不可编辑,该方法设置为空
            }
            public boolean isCellEditable(int row, int column){
                return false;                             // 设置单元格不可编辑,为默认实现
            }
        };
    }
    public static void main(String[] args){
        SwingUtilities.invokeLater(() -> {
            JDBCJTable frame = new JDBCJTable();
            frame.initTableModel();
            try {
                frame.showData();
            } catch (Exception e) {
                e.printStackTrace();
            }
        });
    }
}
```

程序中建立数据库连接、用 PreparedStatement 执行 SQL 语句,并将查询得到的结果集中的数据放入列表的列表中,从而根据列表中的数据来构造 TableModel 对象,将这个模型对象设置给 JTable,从而达到用表格显示数据的目的。

11.4 Java EE 及 Java ME 简介

Java 平台有 3 个版本,它们是适用于桌面系统的 Java 平台标准版(Java platform standard edition, Java SE)、适用于创建服务器应用程序和服务的 Java 平台企业版(Java platform enterprise edition, Java EE)、适用于小型设备和智能卡的 Java 平台 Micro 版(Java platform micro edition, Java ME)。这三种版本从 Java 语言语法的角度上来看是一致的,但在功能的裁减、系统的构架、应用的环境等方面又各有特色。在本书的前面章节中主要是基于 Java SE 的应用,这里简要介绍 Java EE 及 Java ME 的特点。

11.4.1 Java EE 简介

1. Java EE 的概念

Java EE 是一种利用 Java 平台来简化企业解决方案的开发、部署和管理相关的复杂问题的体系结构。Java EE 技术的基础就是核心 Java 平台或 Java 平台的标准版,Java EE 不仅巩固了标准版中的许多优点,例如"编写一次、随处运行"的特性、方便存取数据库的 JDBC API、CORBA 技术,以及能够在 Internet 应用中保护数据的安全模式,等等。同时,还提供了对 EJB(Enterprise JavaBeans)、Java Servlets API、JSP(Java Server Pages)及 XML 技术的

全面支持。其最终目的就是成为一个能够使企业开发者快速开发 Web 应用程序。

Java EE 体系结构提供中间层集成框架用来满足高可用性、高可靠性及可扩展性的应用的需求。通过提供统一的开发平台，Java EE 降低了开发多层应用的费用和复杂性，同时提供对现有应用程序集成强有力支持，有良好的向导支持打包和部署应用，添加目录支持，增强了安全机制，提高了性能。

2. Java EE 的多层模型

Java EE 使用多层的分布式应用模型，应用逻辑按功能划分为组件，各个应用组件根据他们所在的层分布在不同的机器上。事实上，Java EE 的设计初衷正是为了解决两层模式（客户-服务器）的弊端。在传统模式中，客户端担当了过多的角色而显得臃肿，在这种模式中，第一次部署的时候比较容易，但难于升级或改进，可伸展性也不理想，而且经常基于某种专有的协议——通常是某种数据库协议，它使得重用业务逻辑和界面逻辑非常困难。Java EE 的多层企业级应用模型将两层化模型中的不同层面切分成许多层。一个多层化应用能够为不同的每种服务提供一个独立的层。以下是 Java EE 典型的多层结构。

（1）Java EE 应用程序组件：Java EE 应用程序是由组件构成的，Java EE 组件是具有独立功能的软件单元，它们通过相关的类和文件组装成 Java EE 应用程序，并与其他组件交互。

（2）客户层组件：Java EE 应用程序可以是基于 Web 方式的，也可以是基于传统方式的。Web 层组件 Java EE Web 层组件可以是 JSP 页面或 Servlets。

（3）业务层组件：业务层代码的逻辑用来满足银行、零售、金融等特殊商务领域的需要，由运行在业务层上的 enterprise bean 进行处理。

有三种 enterprise bean：会话（session）bean、实体（entity）bean 和消息驱动（message-driven）bean。会话 bean 表示与客户端程序的临时交互。当客户端程序执行完后，会话 bean 和相关数据就会消失。相反，实体 bean 表示数据库的表中一行永久的记录。当客户端程序中止或服务器关闭时，就会有潜在的服务保证实体 bean 的数据得以保存。消息驱动 bean 结合了会话 bean 和 JMS 的消息监听器的特性，允许一个业务层组件异步接收 JMS 消息。

（4）企业信息系统层：企业信息系统层处理企业信息系统软件，包括企业基础建设系统，如企业资源计划（ERP）、大型机事务处理，数据库系统和其他的信息系统。例如，Java EE 应用组件可能为了数据库连接需要访问企业信息系统。

3. Java EE 的核心 API 与组件

Java EE 平台由一整套服务（Services）、应用程序接口（APIs）和协议构成，它对开发基于 Web 的多层应用提供了功能支持，如图 11-6 所示。

下面是 Java EE 中常用的技术规范。更多信息参见 https://www.oracle.com/javaee。

- JDBC（Java database connectivity）：数据库访问。
- JNDI（Java name and directory interface）：名字和目录服务。
- EJB（enterprise Java bean）：开发和实施分布式商务逻辑。
- RMI（remote method invoke）：远程对象调用。
- Java IDL/CORBA：Java 和 CORBA 的集成。
- JSP（Java server pages）：基于 Java 的活动网页。
- Java Servlet：运行服务端的应用程序。
- XML（extensible markup language）：全面支持 XML。

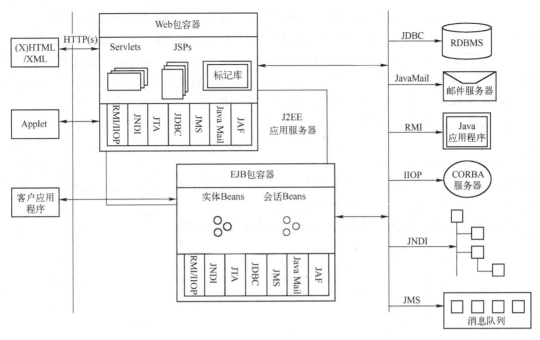

图 11-6 Java EE 的系统框架

- JMS（Java message service）：面向消息的中间件。
- JTA（Java transaction API）：分布式事务处理。
- JTS（Java transaction service）：事务服务。
- JavaMail：存取邮件服务器。
- JAF（Javabeans activation framework）：可以处理 MIME 编码的邮件附件。

4. Java EE 到 Jakarta EE

2017 年，Oracle 宣布开源 Java EE 并将项目移交给 Eclipse 基金会，由 Eclipse 基金会全面接管 Java EE 的管理和发展。该基金会将 Java EE 重命名为 Jakarta EE，2020 年宣布推出 Jakarta EE 9 平台、Web Profile 规范，并且从 javax.* 命名空间过渡到 Eclipse 的 jakarta.*。详情可参见 https://jakarta.ee/。

11.4.2 Java ME 简介

Java ME 是针对嵌入式设备及消费类电器的 Java 版本。Java ME 可广泛应用于多种设备。例如，应用于手机（移动电话），可以使手机具有电话簿和电话铃声编辑功能、记事本功能、字典、图书、游戏、遥控家电和定时提醒等新的应用，并能访问电子邮件、即时消息、股票和电子地图等信息。由于 Java 是跨平台的语言，可以将第三方开发的软件方便地将集成到各种设备中。

Java ME 的体系框架可以分为 3 层，从下到上分别是 VM（Java 虚拟机），Configuration（配置）和 Profile（框架）。VM 负责建立 Java 虚拟机，解释 Java 代码。Configuration 负责建立核心类库，功能比较少（比如没有用户接口），主要面向水平市场。Profile 负责建立高级类库，功能丰富，面向垂直市场。

与 Java SE 相比，针对手机等设备内存小、速度慢和 I/O 差的特点，Java ME 对 VM、

Configuration 和 Profile 等三层结构做了特殊的实现。例如：在 VM 层，在有的手机或嵌入式设备上移植了 KVM，KVM 只需要几百 KB 的内存就可以运行；在 Configuration 层，Java ME 规定了连接限制设备配置（connected limited device configuration，CLDC），它适用于有双向网络连接但硬件资源有限的设备；在 Profile 层，Java ME 规定了移动信息设备框架（mobile information device profile，MIDP），适用于手机或寻呼机。

Java ME 在不同的 Configuration 实现了不同的类库，如 CLDC 中的包有 java.lang、java.util、java.io、javax.microedition 等，而其他类库则没有定义。

Java ME 相关的软件可以从 https://www.oracle.com/javame 下载。下面举的一个例子，是用 Java ME 的 Wireless Toolkit 开发的程序。该程序是 MIDlet 的子类，它也是图形用户界面的，有按钮、文本框等组件，也有事件监听器。

【例 11-12】HelloMIDlet.Java 一个简单的 Java ME 程序。

```
import Javax.microedition.midlet.*;
import Javax.microedition.lcdui.*;
public class HelloMIDletextends MIDlet implements CommandListener {
    private Command exitCommand;              // 命令按钮
    private Display display;                  // 输出画面,即显示设备

    public HelloMIDlet() {
        display = Display.getDisplay(this);
        exitCommand = new Command("离开", Command.BACK, 1);
    }

    //开始应用程序,创建文本框及命令按钮,并加入事件监听器
    public void startApp() {
        TextBox t = new TextBox("Hello MIDP 应用程序",
                "Welcome to MIDP Programming", 256, 0);
        t.addCommand(exitCommand);
        t.setCommandListener(this);
        display.setCurrent(t);
    }

    //暂停应用
    public void pauseApp() { }

    //结束应用
    public void destroyApp(boolean unconditional) { }

    //事件监听程序
    public void commandAction(Command c, Displayable s) {
        if (c == exitCommand) {
            destroyApp(false);
            notifyDestroyed();
        }
    }
}
```

程序的运行环境是在手机上，程序运行结果如图 11-7 所示。

值得一提的是，在智能设备，特别是智能手机领域，由于安卓系统的广泛使用，Java 语言得到了新的应用，开发安卓系统应用 App 用的主流语言是 Java，并且使用与 Java SE 基本相同的 API。

图 11-7　一个简单的 Java ME 程序

习题

1. 创建一个服务器，用它请求用户输入密码，然后打开一个文件，并将文件通过网络连接传送出去。创建一个同该服务器连接的客户，为其分配适当的密码，然后捕获和保存文件。在自己的机器上用（本地 IP 地址是 127.0.0.1）测试这两个程序。
2. 修改前一练习的程序，用多线程机制对多个客户进行控制。
3. 通过阅读 JDK 的文档，了解 Java 2D、Java 3D、Java Sound 等 API 的内容。
4. 通过 JDK 中的 Demo 程序，了解 Java 2D 中强大的图像处理能力。
5. Java SE、Java EE、Java ME 有什么差别？
6. 了解 Java EE 中的关键技术。
7. 了解 Java ME，阅读相关的文档。
8. 结合所学的网络、IO、正则表达式、集合、图形界面等知识编写一个网络爬虫程序。

附录 A Java 语言各版本增加的重要特性

表 A-1 Java 语言各版本增加的重要特性

版本	新增特性	所在章节
JDK 1.4	assert	6.4.1 使用 assert
	Image I/O API	11.2.1 Java 图像编程
	正则表达式	9.4 正则表达式
Java 5	泛型	7.4.1 泛型
	增强的 for 语句	3.4.3 数组与增强的 for 语句
	自动装箱拆箱	7.4.2 装箱与拆箱
	枚举	4.7 枚举
	可变长参数	5.1.5 不定长参数变量
	静态导入	4.5.1 static
	注解	5.7.1 注解的定义与使用
	printf	2.3.1 字符界面的输入与输出
Java 6~7	带资源的 try	6.3.2 使用 try...with...resource
	重抛异常	6.1.2 捕获和处理异常
	NIO2	9.2.2 使用 NIO2 文件系统 API
	一些常量的写法	3.1.3 常量
Java 8	日期 API	7.2.4 日期相关类
	Lambda 表达式	5.6.1 Lambda 表达式的书写与使用
	流式操作	8.4 流式操作及并行流
	函数式接口	5.6.2 函数式接口
	默认方法	4.6.5 Java8 对接口的扩展
Java 9~11	javac 直接编译及运行	2.2.2 程序的编译与运行
	jshell	2.2.2 程序的编译与运行
	模块	4.3.5 模块
	推断类型 var	8.4.1 使用流的基本方法
	readAllBytes( ) 及 transferTo( )	9.1.4 文本文件及二进制文件流应用示例
	HttpClient	11.1.5 使用 HttpClient
Java 12~17	文本块	3.1.3 常量
	switch 表达式	3.3.3 分支语句
	record 类型	4.7.2 枚举的深入用法

参 考 文 献

[1] 林信良. Java JDK 9学习笔记. 北京：清华大学出版社，2018.
[2] 李刚. 疯狂Java讲义. 北京：电子工业出版社，2019.
[3] 印旻. Java语言与面向对象程序设计教程. 北京：清华大学出版社，2014.
[4] ECKEL B. Java编程思想：Thinking in Java. 英文影印版. 北京：机械工业出版社，2013.
[5] DEITEL. Java大学教程：Java How to Program. 英文影印版. 北京：电子工业出版社，2017.
[6] GOSLING J JOYB，STEELE G L. The Java® Language Specification Java SE 8 Edition. Boston：Addison-Wesley Professional，2014.
[7] LEWIS J. Java程序设计教程. 英文影印版. 北京：电子工业出版社，2018.
[8] MORELLI R，WALDE R. Java，Java，Java，object-oriented problem solving. 2nd ed. NJ：Prentice Hall，2012.